世界三大奇书

——修身智慧的圣经——

智慧书

（西班牙）巴尔塔萨·格拉西安 著　辉浩 译

民主与建设出版社
·北京·

ⓒ 民主与建设出版社,2020

图书在版编目(CIP)数据

智慧书／(西)巴尔塔萨·格拉西安著；辉浩译.
—北京:民主与建设出版社,2020.7(2023.4 重印)
(世界三大奇书／辉浩主编)
ISBN 978 - 7 - 5139 - 3092 - 5

Ⅰ.①智… Ⅱ.①巴… ②辉… Ⅲ.①人生哲学 - 通
俗读物 Ⅳ.①B821 - 49

中国版本图书馆 CIP 数据核字(2020)第 109269 号

智慧书
ZHIHUISHU

著　　者	(西)巴尔塔萨·格拉西安	
译　　者	辉　浩	
责任编辑	王　颂　郝　平	
封面设计	胡小静	
出版发行	民主与建设出版社有限责任公司	
电　　话	(010) 59417747 59419778	
社　　址	北京市海淀区西三环中路 10 号望海楼 E 座 7 层	
邮　　编	100142	
印　　刷	三河市宏顺兴印刷有限公司	
版　　次	2020 年 7 月第 1 版	
印　　次	2023 年 4 月第 4 次印刷	
开　　本	880 毫米×1092 毫米　1/32	
印　　张	18	
字　　数	105 千字	
书　　号	ISBN 978 - 7 - 5139 - 3092 - 5	
定　　价	98.00 元(全 3 册)	

注:如有印、装质量问题,请与出版社联系。

序

巴尔塔萨·格拉西安（Baltasar Gracián, 1601 – 1658）是 17 世纪西班牙文学的代表人物，与《堂吉诃德》作者塞万提斯齐名。

格拉西安出生于阿拉贡地区贝尔蒙特小镇一个虔诚的天主教家庭，早年先后于贝尔蒙特、托莱多及萨拉戈萨求学，18 岁时加入耶稣会，后获得神父职衔。他当过讲经师、军旅神父、告解神父，也曾担任过耶稣会学校校长的职务，虽然毕生献身于耶稣会，却始终得不到修士会上层人物的欢心。

格拉西安除了是一位恪尽职守的神父，还是一个思想家、哲学家。他对人性、人品、修身、处世等方面有着透彻的研究，对世俗、世风做过尖锐的批判。其特立独行的个性，也许正是他终生不能跻身修士会上层集团的本质原因。

作为一名心系红尘的修道士兼心灵作家，格拉西安的绝大部分作品都是假托他的兄弟洛伦索·格拉西安的名字发表的。正是由于这个原因，他曾一再被修士会以"未经许可，化名发表有欠严肃且与其身份不符的著述"的罪名予以谴责和处罚，最后沦落到被解除职务，软禁在家，禁止拥有纸笔的境地。

格拉西安的第一部作品《圣贤》虽然只是一本仅有二十段文字的小书，却使他一夜成名。作品援引了许多古代帝王和名人的事迹，其用意却不在于宣扬他们的丰功伟绩，而是着重解读他们之所以能够成功的内在品德，从而寄希望于后人将这些人杰所有的特长齐聚于一人之身，从而塑造出一个理想中的"完人"。他在《致读者》中明白宣示，"渴想用一本小书造就一个巨人"，所以奉献给读者的是一系列的修身要诀——"修身的标准，导航的罗盘，通过自律而超凡脱俗的要义"。

此后，他先后出版了《政要》《智者》《机敏与智巧》《圣餐祷辞》，这些著作毫无例外都是在阐述做人的规范和处世理念，有着明显的教化意图：《圣贤》教人成为人杰，《政要》教人治国，《智者》教人处世，《机敏与智巧》教人做人，《圣餐祷辞》则教人清心寡欲。他的三卷本《漫评人生》，则将叙事同对社会丑恶现象的鞭挞融为一体，被誉为与《堂吉诃德》并驾齐驱的不朽经典。

格拉西安被后人奉为西班牙语的文学大师。他尚在人世时，其作品就已经开始流传到国外，首先是法国，很快就被介绍到了意大利、英格兰、荷兰、德国、俄国、匈牙利、罗马尼亚，其中尤以在法国传播最广、影响深远。拉罗什富科、拉布吕耶尔、圣埃弗勒蒙、费奈隆、尚福尔、沃夫纳格、伏尔泰及高乃依等道德伦理学家的作品，都显露出受其思想影响的痕迹。他的思想对 17 世纪至 19 世纪的德国哲学家，特别是叔本华和尼采，都产生过重要的影响。

叔本华在 1832 年 4 月 16 日给友人的一封信中写道："格拉西安是我最喜欢的作家，我读过他所有的作品。我认为，他的《漫评人生》是世界上最优秀的作品之一。"他在其代表作《意志与表象的世界》中更进一步说道："《漫评人生》也许是有史以来最伟大、最优美的寓言。"

不过，格拉西安最重要、流传最广的作品，当属荟萃了作者理想中有关做人、处世原则的箴言录——《智慧书》。这本书被认为是西班牙文学中"最有趣味、最能引人入胜的作品"。由于其形式为格言，从某种意义上来讲，也最能引发读者的思索与联想。本书也是格拉西安的作品在国外流传最广、再版次数最多的一部：仅 1686 年至 1934 年间，在德国就先后出现过十种译本。其中，叔本华的译本从 1935 年到 1953 年竟然接连再版了十二次。

作为一部永恒的人生处世经典，该书荟萃了作者大半生的人生经验和处世智慧，这对我们后学之人无疑具有极大的启发意义。基于此，我们遴选名家名译版本，摘其精要编撰了这本书，旨在帮助广大读者培养积极向上的人生观，树立正确的价值观，并从中学会必要的处世策略，以便更好地融入社会，展示自己的才华，实现应有的人生价值。

目　录

做事要常留有悬念

人们对新奇出众的事物的赞叹，就是对成功者的欣赏。

和盘托出不仅于事无补，而且也不会讨人喜欢。隐而不宣自会令人浮想联翩，职位越高所能引发的关注也就愈加广泛。任何时候都要显得有些神秘，并以高深莫测的姿态让人敬畏。即便在吐露实情的时候，也应力避直白，就像在与人交往的过程中不能对什么人都推心置腹一样。

刻意缄默是慎行的铁律。公开了的决策绝对不会得到他人的尊崇，反倒会招致非议；而且，一旦出现意外，结局必将惨之又惨。因此，面对睽睽众目，你还是效法神明比较妥当。

有智有勇方能成就伟业

智勇长存，故而造就不朽之人。

人有多少知识，就有多大本领。

智者无往而不利。

孤陋寡闻者，活得浑浑噩噩。

兼听而勤奋，眼明加力行，倘若无勇辅佐，知识难显其功。

让别人依赖你

神灵之所以成为神灵，并非因为他身着金装，而是由于人们膜拜他。聪明人更希望的是被人所求而不是被人感戴。相信鄙俗的感激是对谦恭的期待的漠视。因为，期待历久难忘，而感激则会因时过境迁而淡漠。

人们通常都是从别人对自己的依赖而不是感戴中获得更多的好处。人在解决了干渴之后，必定马上转身离开泉源；柑橘只要被榨干了汁液，立刻就会从宝贝变成粪土。依赖关系一旦完结，回报也就必然终止，随之而去的还有那份敬重之情。

因此，请尽量把延续这种依赖而不令其结束当作人生经历中的教训和辅助手段吧。即便是对自己的君主，也要使之保有永远都离不开自己的感觉。

不过，万万不可滑入极端的地步——眼看着他误入歧途也默不作声，也不能为了一己之私而让别人遭受不可弥补的伤害。

至善至美的境界

这个世界上没有天生的完人。

操守、事业都是日积月累渐至极致，从而使美德和声名聚于一身：拥有高雅的情趣、纯正的动机、成熟的思辨、高尚的志向。

不过，有些人永远也成不了完人，他们总会缺点什么；还有些人需要磨砺很久才能达到完美的境界。

真正尽善尽美之人总是敏于言、慎于行，能够被精英分子这一特殊群体接纳乃至心仪。

不可逞能以至盖主

处于下风总是令人懊恼的事情，因而奴仆强过主子不是愚笨就是自寻末路。

卓尔不群向来令人讨厌，尤其是在面对位居己上者的时候。

一般的长处可以借助刻意遮掩，比如用不修边幅来掩饰天生丽质。肯在时运和性情方面示弱者大有人在，可是自认才不如人者却绝对没有，人君尤甚。

才智是至高无上的天赋，所以，亵渎天赋也就成了大不韪的事情。君临天下者总是希望在这个最重要的天赋方面高居人上。王公贵胄喜欢得到辅佐而不是被人超越。

谏言最好是作为对人君计划疏漏的提示，而不应直指人君才气不足。流星给了我们这样的启示：尽管它与太阳同属发光物体，而且它也的确能够发出耀眼的光芒，但它却绝对不敢同太阳争辉。

不要被情感左右

一个人不被情感左右，是拥有健全的精神境界的至高表现。

自身的卓越可以使人不致被一时的鄙俗情绪所左右。没有什么比把握自己、把握自己的情感更难的事情了，因为这是意志的胜利。

即便负面情绪蠢蠢欲动到了难以控制的地步，也不能令其殃及职位，更不可使之损害比职位更为重要的其他事务。这是维护自身声名、减少乃至消除不快的文雅方式。

摒弃出生地的影响

流经河床的水，其水质会因沿途的环境而变得或好或坏，人会因为出生地的环境而有所差异。

每个人都或多或少地会受其出生地的环境的影响，因为那里的环境更具"感染性"。所有的国家，即便是最文明的地方，都难免会有某种独特的欠缺，而这类欠缺又总会被邻邦或出于警惕或出于自我安慰的动机予以诟病。能够克服或至少是清楚地认识到这类源于地域的欠缺，应是值得称道的聪明。

努力去博取"出类拔萃"的美誉吧。因为，凡事都会因为出乎意料而格外受到人们的重视。此外，血统、地位、职务乃至年龄都可能成为负累，如果令其齐聚一身而不着意加以提防，它们必定会造就出一个令人无法容忍的"怪物"。

天资与智慧

天资与智慧是展现才情的两大根基，少了哪个都会酿成半途而废的苦酒。

只有聪敏是不够的，还得要有天赋。误将命运寄托于身份、职位、乡谊或家世，是傻瓜失败的根由。

钱财与声名

钱财可数，声名恒久。前者用于生计，后者可以流播。钱财只有招致妒羡的可能，声名则要面对湮灭的前景。

钱财可求，也许还会越聚越多；声名不可求，它是日积月累而成。

毁誉源自于一个人的人品。从古至今，声名总是与要人相伴而行，而且一向只取极端：要么是奸雄，要么是俊杰；不是面对诟骂，就是备受称颂。

择师而交

从交友中获得学识，从交谈中汲取教益。要化友为师，将学习的苦心融汇于言来语往的愉悦之中。要尽享同智者交往的乐趣，借所见所闻增长自己的才干。

一般说来，正是自身的品格——当然是指高尚的品格——决定我们是否能够得以接近智者。有心者只出入于君子贤人高雅清新的陋室，而不踏足权贵奢靡浮华的殿堂。

有些公认的仁人志士不仅能够以其举止言谈表明自己集高贵的品德于一身，而且他们身边的亲朋好友也必定是一些温文敦厚的儒雅君子。

实质与表象

事物常常不是以其实质而是以其表象为人所认知的。

能内察实质者寡，被表象所惑者众。

谚语说：相貌狰狞者，有理也难服人。即是。

大彻大悟

大彻大悟者是指正直的智者、尊贵的哲人。不过，不应貌似，更不能假装。

推导哲理尽管是学究们的主业，但是现在他们却已声名扫地，如今这门诲人的学问也已失去信誉。塞内加曾经将其引入罗马，虽然也曾时髦过一阵子，如今却已经被视为屠龙之技。

彻悟，一向都是审慎的依托、刚正的精粹。

不要嘲笑别人全是傻瓜

世界上，一半人，以人所共有的傻气，嘲笑另一半人。

要么一切都好，要么一切都坏，全凭印象。任何一件事，有些人崇尚，就会有些人贬斥，以一己之偏衡量一切，是令人难耐的愚笨。

好与坏没有唯一的尺度。口味随人，相貌各异。没有无人偏好的瑕疵，也不必担心有什么事物会不招喜欢，因为总会有人将它们视为珍宝。

得到赞赏不必沾沾自喜，必定还会有些人起而攻讦。真正可以庆幸的标准是：得到那些确有资格发表意见的有识之士的认可。

世人并非按照同一观念、同一模式，活在同一时代。

有大肚量方能享大福

若将城府比作人的躯体，那么绝对不可小觑一副大肚量。因为，肚量大者方有大容。

能致远者不会惑于一时之利。可是令一些人餍足之物，却不足以让另一些人果腹。

许多人天生薄命，消受不了任何美食佳肴。他们既不习惯，也注定没有享受高位显爵的福分，一旦受此待遇，虚荣之心顿长，于是便心乱神迷。这种人位高必险，注定会忘乎所以，因为他们本来就不该拥有如此好运。

因此，有志之士应当显示出尚有更上层楼的余力，并力避一切可被视为心胸狭窄的形迹。

人各有威势

君子虽非君王，其所有的行为却应不输于君王。

所谓王者风范，就是符合自己身份的高雅举止以及超凡的思想。君子尽管不能成为真正的人君，却应以王者之姿行事，因为真正的威势在于做人的刚正。

君子可以成为他人的楷模，自然不必艳羡人杰。唯愿位居君侧者能够显出些许真正的不凡，多点王者之姿而不是虚妄之气，不沾骄奢之弊而务高尚之实。

把握职事的脉搏

每个人的职事各有不同，必须准确了解和清醒对待。做不同的事，有的需要胆识，有的则需要机敏。事情的成败若取决于刚正者则易于驾驭，若仰赖计谋者则难以把握。对于前者，除了要求他们有好的素质，别无他求；至于后者，无论你多么用心和努力都不足以应付。

治人最难。如果被治者是疯子或笨蛋，则会难上加难。同没有头脑的人打交道要费双倍的脑筋。

要求一个人全身心投入的职事往往令人难以忍受。因为，一个人的时间是有限的，而且能力也是恒定的。较为惬意的是那种不惹人厌烦且兼具变化和重要性的职事，因为这种调剂能够提高办事人的兴致。最能自主完成的是那种独立性强的职事，最为糟糕的是那种让人活着受累、死后也不得安宁的职事。

莫要使人生厌

直截了当才是最好的。做事、讲话没完没了通常惹人生厌。简洁既讨好又更加有效。简洁的不足可以由周全的礼数来弥补。

好，若再加上精练，就会好上加好。即便是糟糕，如果简短，就会显得没有那么糟糕。精华之少，远胜于秕糠之多。

人所共知：一个人倘若说很多话，很少能够被人理解。不是因为这些话条理不清，而是表述不当。有些人不能为世界增彩，只会添乱。他们就像废弃了的器物，人人都会踢上一脚。

精明的人应该力避给人制造麻烦，尤其不能搅扰重要人物，因为他们全都非常忙碌。倘若你冒犯了其中的某一位，结果很可能比触怒所有的世人还糟。

对智者的要求

当下人们对于智者的要求，远比过去高上十倍。

现如今，我们仅同一个人交往，就需要具有古时候应对整个民族的才智。

天资与修炼

不经修饰，无以为美；不加雕琢，璞不成玉；瑕当除，瑜宜显。

人皆生而为善，我们应当自勉。

天生佳材，未予加工也只是毛坯。不经雕琢的结果只会是瑕瑜参半。

倘若缺少修炼，谁都难免流俗，因此我们必须认真打磨自己，使之臻于完美。

认真观察，明辨伎俩

人生，原本就是同人的恶念进行斗争的历程。

工于心计的人惯用各种狡诈手段，他们说的与做的永远都是相互背离的：他们口中所言只是在施放烟幕。他们这样做其实是刻意佯装无所用心力图以奇致胜，并时刻准备否认他们所言。他们先是抛出一种漫不经心的说辞，以期确保不被对手注意，随后又立即加以反驳，让人始料不及，从而博得先机。

不过，真正聪明的人恐怕早已对他们有所防备，并时刻思索着如何应对：反向理解有助于我们立刻识破这类人的任何虚假企图，这样我们就可以忽略他们一切明示的动因，并着力对付他们暗藏着的用心，乃至其他奸诈的招数。

别有用心的人一旦看到计谋得逞，必定会加倍掩饰自己的企图，并试图以假乱真。这其实只是他们变换了手法而已，这种伎俩并不能改变他们的恶癖，他们惯于以"不擅计谋"为计谋，将自己的狡诈寄希望于别人的天真。皮松就是这样以其"热忱"来对付阿波罗耀眼光辉的纯真的。

这就需要我们认真观察，明辨其伎俩，揭示出光明遮掩下的暗影，破解其表象越是简单实质也就越虚伪的真实图谋。

行事与方式

只有实质是不够的，还需要有相应的配搭。

错误的方法会葬送一切，甚至包括理性与利益。方法得当，一通百通。它能使拒绝变得柔和，能使忠言听来不那么逆耳，甚至能使老人变得年轻。

如何行事至关重要，谨言慎行能够讨巧。举止得体是生存的诀窍，是确保诸事顺遂的奇妙法宝。

让他人之智为己所用

位高权重者之所以能够成功，在于他们能够得到可以为之解惑、排难的有识之士的辅佐。

善用有识之士是一种不凡的大德，远远胜过提格兰那种强逼降君为仆役的恶俗趣味。巧妙地使那些生而强于自己的人臣服，是更好地把握住人生的一种方式。

学海无涯。人生苦短，不善学者则难以为生。因此，不耗劳自己而能够增长见识是一种超凡的智慧。知众人之所知，就能化众人之学为己学，然后就可以公开地代众言事，或者成为所有谏言者的喉舌，从而假他人之力博得大智大慧的声名。

智者，首先是学有所专，然后再将其所得精髓为己所用。不过，倘若不便求教于仆从，则应当就教于亲朋。

心正而后求知

心正而后求知，才能确保成效卓著。

聪慧一旦同邪念结亲，必定贻害无穷。

对劭德而言，心术不正无异于毒药；如果再佐之以学识，危害更甚。

才高而行恶，实在堪悲！有才学而无头脑，实为双倍的疯狂。

变换行为方式

为了迷惑别人（尤其是对手），我们不能总是按照一个模式行事。不要死守初衷，因为对手一旦摸清了你的行为模式后，就会对你有所提防，这样迟早会使你遭受挫折。

鸟儿如果总是按照一条直线飞翔，就很容易会被猎杀。若是盘旋飞翔，结果自然会有所不同。同时，你也不可以改变一次后就不再变化。

计谋试过两次就会被人识破。高明的棋手绝对不会走出对手已经预料到的步子。

勤勉与聪慧

一个人倘若没有勤勉与聪慧的特质，绝对不可能成器；若二者兼具，功成名就则轻而易举。

一个勤勉的普通人往往会比一个慵懒的才俊更有作为。用奋斗去博取功名吧。因为，能够轻易得手的东西值不了多少钱。即便是简单的工作，有些也需要刻苦努力。

一个人的勤勉很少会湮没他的才情。天赋和后天习得，二者都是必要的，而起决定作用的则是勤勉。

不可事先怀有奢望

凡事如果预想得过于美好，结果一旦不如预期，就会让人大失所望。现实永远都不可能与设想得完全一样，因为想象得如何圆满是容易的，而达到它却很难。想象向来同愿望紧密相连，而且总是非常不切实际；结果即便再好，也不可能与预期完全一样。

而且，由于好的结果常常会因为期待过高而落空，于是接下来我们得到的就是失望，而不是欣喜。

希望，是不同凡响的假象制造者，因此我们要用理智去加以校正，力求让知足胜过欲望。合理的预期是为了唤起我们做事的兴趣，而不是让我们拿所追求的目标去做抵押。

结果好过设想、好过预期，自然是最佳的收场。但这一原则不适用于失败：因为，对于失败，我们想象得严重些反而有益。这样，当结果揭晓时，可以让我们庆幸它其实没有那么坏，甚至让人觉得并没有像原来担忧得那么糟糕而变得可以让人接受。

善用期待

要善于利用别人对自己的期待，并时刻使之不断增大；要让他人已有的企望引发其更大的希冀，而最好的办法就是让人不断追加更大的赌注。

万万不可刚一试手就罄尽所能。在能力与才学上厚积薄发，在履职与行事上渐次推进，才是上佳之策。

精准的判断力

精准的判断力是理智的峰顶，是审慎的基石。有了它，成功也就不再是什么难事了。

唯其重要和难得，它便成了上天的恩赐和人间的至望。它如同精美的甲胄，其重要程度自然不言而喻。一个人一旦拥有了它，即使在其他方面有所欠缺也不必抱憾。

判断力的大小很容易感知。人一生中每一个举措都受到它的影响，都需要得到它的认可，因为凡事都得用脑子去判断。

精准的判断力是天然的选择，是理性的趋向，而且总是与成败息息相关。

成名与护名

护名是为了享用名望。名望难得，因为它源自卓越。如今，由于平庸泛滥，卓越已成罕见的素质。

名望既已获得，保持起来却很难。名望是一种制约，同时又有更多的产出。

名望一旦成为众人仰慕的目标，就会化成一种威慑。不过，只有实至名归者的名望才能长盛不衰。

秘藏胸臆

情绪是心灵的窗口。世界上最有用的知识是掩饰情绪的技能。

开诚布公者常常会有失败的危险。要以审慎者的精细，去应对觊觎者的用心。

我们应当用乌贼喷墨的方式去抵御他人猞猁似的窥察。万不可让人了解自己的意趣，以免被人设计陷害，违拗或逢迎。

切勿装腔作势

炫耀身份比自赞自夸更让人讨厌。硬充大人物简直可恶至极，因其一心只想被人羡慕。尊崇，一个人越是想得到它，就越是得不到。尊崇仰赖于别人的敬重，因此不能强求，而且不仅要配得上自己的品行，并且还要耐心等待。

显赫的职位要求与之相匹配的权威。倘若没有权威，就不能很好地履行相应的职责。一个人必须维护其应有的权威，以便尽到自己应负的责任。权威可以强加于人，但不可滥用。假借职位作威作福的人，表明其本身不配享有这种权威，实属人微而位尊。

如果非要找点什么依凭的话，最好还是求助于自己的品德而不是外在条件。因为，就连君王也得仰仗自己的品格去驾驭他的国民，而不是仰仗权势来博取国民的敬重。

勿自鸣得意

既不可一天到晚自怨自艾（这是猥琐的表现），也不可一天到晚志得意满（这是愚笨的证据）。

除了智者，慎独向来有益：或在事情顺遂时构思谋划，或在时乖运塞时寻求慰藉。一个人独处时心有顾忌，可以避免再遭命途挫折。荷马也会有打盹儿的时候，亚历山大也可能遭逢失势和被愚弄。

事情的成败取决于多种因素。成功于一时一地的事情，换一个场合就可能一败涂地。然而，愚笨之所以不可救药，是因为无知者将无端的自满变成了娇艳的花朵，而其种子又在不断萌芽。

进步的捷径

进步的捷径，是善于以人为师，同高人交往至为有效。不知不觉中，你们的习气和意趣可以互有影响，脾性乃至才智也会互有补益。

因此，我们应该努力结交平和之人，同时也不忘与其他性情的人交往，这样有助于你形成温而不暴的性格。要知道，随和，是一种大本事。

相反相成，不仅令宇宙万物绚丽多姿，并且是使之得以维系的秘诀。既然相反相成能使自然和谐地运转，它理当能让我们的精神更加谐美。将这一警世良言用于选友、择佣吧。用相反相成造就出异常完满的中庸之道，对于你的人生将大有裨益。

切忌尖刻

有的人生性暴戾，他们对任何事都看不顺眼，这并非由于认知偏激，而是天性所致。这种人往往苛以责人，或因其所为，或因其将为。

这种暴戾的心态甚于凶残，我们可称之为卑劣。这种人总是夸大其词，甚至敢将草芥说成栋梁，以惑乱他人视听。无论在什么地方，他们都乐于扮演苦役船上的监工，他们总能把乐土变成地狱。如果再加上他们自己的好恶，必定常常将事情推向极端。

与之相反，心地淳厚则能化解一切苦难。这种人即便不是刻意为之，他们的淳厚也会于不知不觉中产生良好的效果。

生逢其时

旷世奇才都是由时代造就的，并非人人都能生逢其时。许多人虽然生逢其时，却又未能很好地把握时机。

但凡成功者均得其时，才俊无不是应时而生。不过，这其中，学识对成功的决定作用是永恒不变的：如果此非其时，他必将另有许多勃发之机。

成功之道

时运自有一定之规。对智者而言,它并非全然不可捉摸,而是可以通过人力加以掌控的。

有些人满足于讨好地站在命运之神的门前等其赐福。另一些人却不然,他们会继续前行。因为有节操和勇气作为助力,他们能够理智地毅然与命运之神接近,并博取她的欢心。

不过,倘若说得哲学味浓一点,那就是:品格加用心是获得成功的不二法宝。因为,对他们而言,成功与失败只不过是操作得体与不得体的差别罢了。

广闻博识

高雅的学识是有为者的资本。博采一切有用之学,取其精髓,去其糟粕。言谈成珠玑,举止显洒脱,并能收放得宜。

戏谑中的警示,常常会胜过一本正经的说教。

对某些人而言,可以融入交谈的知识,远比七艺更有价值。

消除瑕疵

很少有人在品德或生理上没有欠缺。这些欠缺原本是很容易消除的，但是人们却常常会出于自尊或虚荣为自己护短。

一个很小的瑕疵就可能让一个人所有的长处受损。一片乌云足以遮住整个太阳，这委实会让明智的人为之叹息。

一个人声名上的瑕疵往往立刻就会被心怀叵测的人注目。善于化瑕为瑜，才是一种绝顶的聪明。恺撒就曾经用桂冠来掩饰自己天生的欠缺。

约束欲望

对于欲望，有时我们应该遏制它，有时却要为它助推。因为，欲望制约着一个人的悲喜，乃至影响理智。

犹如一个暴君，不仅不会止于思，而且还会显于行，甚至常常会左右我们的生活。它会视我们的贤愚程度，使我们变得或惬意或沮丧。因为它既能让人生出不满足的空虚心理，又能让人生出无缘无故的满足感。

对于某些蠢材而言，欲望仿佛就是他们的杀手。因为，欲壑难平无疑是一种持续不断的折磨；而对另一些人而言，欲望又使他们以轻松的自负造就成功与奇迹。如果不极其慎重地把握它，欲望完全可能导致各种各样的灾难性后果。

能察善辨

善于思索曾被人视为处世之道，但是现在已经远远不够用了：一个人除了要善于思索，还须拥有预判能力，尤其是在他想避免上当受骗的时候。

一个人倘若做不到能察善辨，就注定成不了聪明人。

有些人就善知人心，善解人意。与人交谈时，至关重要的信息常常隐藏在对方欲言不言中，我们必须竭力揣度：对我们有利的事，我们要多留点心眼；对于讨厌的事，我们宁信其真。

察知他人的弱点

察知他人的弱点是左右其行为意识的诀窍，在这方面尤其要靠技巧而不是意愿，你必须知道该从哪里入手。

　　凡人皆有癖好，而这癖好又因各人的志趣不同而千差万别。正所谓人各有志：有些人重名，有些人趋利，大多数人则偏爱享乐。

　　察知他人弱点的诀窍在于摸清每个人的追求，以便加以调动。了解了每个人的真正所图，就如同掌握了打开其心扉的钥匙。首先我们必须找到一个突破口，这个突破口并不一定得是他的终极追求。大多数情况下，这突破口都很不起眼。因为，人世间纵欲贪欢者总是多于循规蹈矩者。

　　对一个人，左右其行为意识的诀窍在于，首先一定要了解其脾性，继而直击其要害，投其所好，并最终摧垮其意志。

精胜于博

　　完美，指的是质，而不是量。

　　举凡真正的好，必定是少而奇——多则必滥。人也一样。举凡成大事者，其往往都是现实中的矮个子。有些人评价一本书的优劣只看其厚度，仿佛写书靠的是手臂而不是脑子。

　　单纯的广博永远超越不了平庸。一事无成恰恰是刻意求全的芸芸众生的通病。精能出彩。如果将其用在重大的事情上，必成伟业。

切忌流俗

在情趣上，万万不可流俗。

噢，因为得宠于大众而心生不悦者，才算得上是了不起的聪明人！凡夫俗子的鼓噪喝彩，不会让有头脑的人沾沾自喜。有些人瞬息百变以媚俗邀宠，他们并不钟情于阿波罗的温煦清风，而一味仰嗅俗众的鼻息。

在才智方面，万万不可受愚氓的"妙思奇想"的蛊惑，因为那都不过是蒙骗傻瓜的把戏，只能让一般的蠢货瞪目，却欺骗不了有真知灼见的人。

刚正不阿

永远都要坚定不移地维护正义，绝对不可迫于舆论或淫威而逾越正义的界限。

然而，谁又真正能成为这种秉公持正的人杰呢？刚正不阿，从之者寡。虽然许多人对它称颂有加，但却并不肯身体力行。或许有些人愿意遵从此道，但也有一定的限度：危难关头，伪善者将其弃之如敝屣，官场政客则虚与委蛇。

刚正不阿，因其不计情谊、权势乃至私利，这就是人们对它敬而远之的原因。

危难关头，奸狡之徒背叛"刚正不阿"时，常常会假借顾全大局或国家利益的巧言来搪塞。然而，仁人志士却将虚饰视为背叛。他们自重于坚毅而不是自恃精明。他们唯真理是从：如果他们背弃了别人，不是因为他们自己改变了初衷，而是别人首先背弃了真理。

勿做为人不齿之事

不能做为人所不齿之事，更不能胡作非为。胡作非为只会招致毁贬而不会获得赞誉。

乖僻之事五花八门，精明之人理当谨慎规避。许多奇情异趣一向都与为智者所不屑的事物紧密相关。耽于猎奇的人尽管可以声名广布，但主要是遗臭而非流芳。

谨慎的人不可以智者自居，尤其不能做那些可能会令人尴尬或众口皆非的事情。

趋福避祸

灾祸通常源自愚笨，而且常常殃及与之相关联的人。因此千万不能对哪怕最微小的祸患大开方便之门，因为其背后总是潜藏着更多或更大的灾殃。

牌戏的妙诀在于取舍恰当：准备出手的"最小王牌"，要比已经出过的"最大王牌"管用得多。

在游移犯难的时候，正确的做法是亲近博学而谨慎的人，因为他们迟早会交上好运。

讨人喜欢的秘诀

享有讨人喜欢的口碑，是治人者赢得人心的重要保证，是君王得到万民拥戴的独门绝技。当权者唯一的优势是，可以比别人做更多的好事。

善结人缘者广得朋友。与之相反，有一类人怎么也不讨人喜欢，他们不只是讨人嫌或阴险，而是由于他们为人行事总是有悖亲和的常理。

学会规避

如果说善于拒绝是人生要诀的话，其尤为重要的几点是：善于拒绝自己的欲念，善于拒绝有利可图的事情，善于拒绝要人的邀请。

许多营生确实非常耗费宝贵的时间。与其忙些无聊的营生，倒不如无所事事。有心人仅仅无视生活的琐事是远远不够的，他还需力求不让琐事牵连自己。不能一味想着别人而不顾自己。即便是对至亲好友也不能过分，同样不能强求人家为自己做勉为其难的事。

凡事过则无益，尤其是在与人交往的时候。理智地克制自己保持应有的分寸，能够更好地确保别人对自己的好感和尊重，因为这样不会损伤至贵的人格。因此，你必须发扬崇尚精美极致的天性，永远都不要亵渎自己对高雅品味的忠诚。

知己之长

知己之长，以补不足。有些人长于思辨，有些人勇武超凡。

一个人如果能真正了解自己的优势，必定会在某一方面大有作为。

找出自己最为突出的特长，并努力将其发扬光大吧。

大多数人都错用了心智，结果一事无成：单凭兴致，悔之晚矣。

凡事心中有数

凡事都应心中有数，大事尤当如此。

愚人之失在于凡事不用脑子：遇事草率，不辨利弊，所以也就不能尽心竭力。有些人过分关注细枝末节而忽略关键要害，总是本末倒置。有些人原本就缺乏理性，也就不存在丧失理性的问题。

有些事情应该仔细掂量并铭记心底。聪明人凡事都会做到心中有数，不过他们更加着意事物的本质和疑难之处，仿佛唯恐虑之不周，留有疏漏。

把握时机

凡做事，做与不做，是进是退，都要看准时机。

这可是比关注身体变化重要得多的事情。因为，如果说人到四十才找希波克拉底看病是一种愚笨行为的话，那么，到了这个年纪才向塞内加求教可就是蠢上加蠢了。

善于把握时机是一门大技艺：当事人或早就开始等待，因为等待也适用于时机；或努力创造，因为时机总会到来，并且出其不意，尽管其行踪捉摸不定、难以掌控。

发觉时机有利，就应果断行动：时机常常青睐勇敢者，甚至犹如妙龄佳丽偏爱青葱少年。命塞时乖者不可盲动，应以韬光养晦为宜，勿令雪上加霜；而一旦掌握了时机，就要勇往直前。

熟知并善用探察的招数

熟知并善用探察的招数，是人际交流中的诀窍。这个招数可以用来探测人的心机，对他人的心地进行最隐蔽、最深刻的窥视。

有些招数应该归之于险恶之列，犹如涂有妒忌之毒、怨怼之鸩的投枪；又好似不带声光的雷霆，足以使人失势，名誉尽毁。

许多人，流言蜚语和异常的恶意的合力夹击，都不足以损其毫发，却因为受到此类招数的中伤，而失去上司的宠幸和下属的拥戴。

反之，另有一类好的招数却能为其助势壮名。不过，在决意施行的时候，还必须以同样的熟巧慎重地识破别人使出的招数，早有准备方能免受其害。

功成勇退

善赌者无不见好就收。激流勇退与锐意进取同等重要：功高之时，就该退而守成。

一个人持续顺遂终归堪忧：适可而止更为牢靠。即便是在得意的时候，也最好留点酸甜苦辣的滋味。好运的势头越是凶猛，就越有衰落和葬送一切的危险。

时运持续时间的长短和福泽的予夺，或许恰成互补。幸运之神肯定会厌倦过久地背负同一个人。

得宠于众

获得人们的普遍敬重固然了不起，然而被人喜爱却更加重要，这在一定程度上属于运气，但更多的要靠经营：以运气为始，然后借经营加以维系。

光有优秀的品格是不够的，尽管品格优秀可以得到他人的认同，容易博取他人好感。因为，一个人想表明其仁心就需要善行，言语随和，行事仁慈，爱人以求被爱。

谦和是成功者的最大魅力。

先立功，后立言，由武到文。因为，拥有立言者的宠爱，将使你声名恒久。

切勿言过其实

要千万注意：不可把话说绝。这样做，既是为了不冒违背事实的风险，也是为了不让自己有失慎重。

言过其实等同判断失度，是见识短浅和品位不佳的表现。

溢美之词能够唤起好奇，激发欲望；继而，如果名不副实（通常都是这样），期待就会化作对骗局的愤怒和对受赞对象及施赞之人的不屑。

因此，明智者总是非常谨慎，宁可失之于不足，而绝不失之于过分。

不同凡响毕竟少见：褒奖定当有度。过誉是谎骗的变种，会令"情趣高雅"（十分难得）和"聪慧理智"（更为难得）的名声丧失殆尽。

天生霸气

天生霸气是一种隐性的优势力量。

天生霸气的人做人行事无须苦心谋划，而是靠与生俱来的威势。由于认可其天生威严背后的神秘力量，人们情不自禁地对其俯首帖耳。

这种人是治人之奇才，论其品德堪为人君，视其固有威仪可比雄狮，仅凭其令人仰慕的气度，就能博得他人的倾心乃至拥戴。如果再辅之以其他美德，他简直就是天生的安邦定国的栋梁之材，因为这种人处世主要靠的是灵性，而别人却要依赖繁琐的铺排。

心向精英，口随大众

违逆潮流，不仅难免招致失败而且易遭风险。也许只有苏格拉底可以这么做。因为否定别人的观点，好发异议，常被视为侮慢之举：心生不悦者蜂拥而起，或是同情被质疑的人，或是针对随声附和者。

真理常常掌握在少数人手中，昏昏然上当受骗者众多而鄙俗。

智者之所以能够成为智者，绝对不是因其当街发表振聋发聩的议论。因为大庭广众不是吐露心声的场合，无论你的内心深处是多么不情愿，都只能说些人云亦云的蠢话。

聪明人总是既努力避免被人顶撞，也刻意不去顶撞别人：始于责人，必定止于被责。

情感是自由的，不能也不应被强制。沉默是金。倘若可能，心思还是应该托付给少数明达事理的人。

讲求实际

学习知识，应以实际需要为准绳，无用的东西必须弃之不学。一个人的思维和情趣会随着时代的推移而不断改变。思维不能固守旧有的模式，情趣也需顺应时代潮流。

人的喜好各有不同，当以入时和趋雅为宜：明智者，尽管可能崇尚过去，但还是应该在心理和行为上适应现实。这一准则唯独不适用于心地淳厚。因为，无论任何时候，做人都须以德为本。

说老实话、信守承诺，如今已不再时髦，它们仿佛成了古董。正人君子似乎是专为美好时代打造的，尽管他们永远都会受人爱戴。如今即使还有正人君子，也既不多见也不会再有人效法。唉，如今这个时代实在是太可悲了：美德稀缺，邪恶盛行。

既然不能按照自己的意愿生活，聪明人就该随遇而安：甘心接受命运的赐予而不奢求注定得不到的东西。

莫把没事当有事

正如有些人事事敷衍一样：有些人爱事事较劲。这种人总是煞有介事，芝麻绿豆之事无不当真，或抵死坚持，或困惑迷茫。

人生在世，必须慎重应对的大事并不多，因而无须过分认真。对原本应该弃之不顾的事情耿耿于心，其实是一种本末倒置。对于许多本来该用心的事情，倘若不予理会，它也就不再成为事情；一旦当真，它就会变得奇大无比。

万事开头易，坚持难。良药使用不当也会致病，因而有些事听之任之并非下策。

言威行重

言威行重，气熏势灼，先声夺人。

威重表现在各个方面：交谈，演讲，行坐的姿势，乃至眼神，好恶。博得人心才是巨大的胜利。

威重同愚笨的鲁莽及烦人的敷衍无关，它源于非凡的天赋，并辅以高尚的品格和堂皇的威严。

切勿做作

多些美德，少点做作。因为，做作是对美德最为鄙俗的亵渎。

做作，观者讨厌，为者也因刻意求之而苦不堪言。一个人，他原本就有的长处会由于做作而失去光彩。因为人们会觉得他的那些长处是勉强装扮出来的而非自然天成。一切属于自然天成的东西都总是比人造的姿态更可人心。

做作，通常会被认为与为者强装出来的样子无关。任何事情，越没有些人工雕琢的痕迹越好。十足完美，就是浑然天成。也不可为逃避做作之嫌而强装，并最终跌入做作的泥潭。

聪明人绝对不该让人看出他自己知道自己的优点，因为这样就会引起别人的注意。能够藏德于心而不借以邀宠者，实为双倍的聪明，长此以往必成众望所归。

争为众望所归

如今，能孚众望的人已不多。这类人，如果能得到有识之士的赏识，就更加值得庆幸。势衰遇冷，乃世之常情。得宠于众自有其道：

德业双馨，确凿无疑。

要让荣名从属于自己。要使人知道，是职位需要自己，而不是自己需要那个职位：有些人能为职位增辉，有些人依靠职位添荣。

因后继者不才而显得卓越并非好事。因为，那并不表明你绝对是众望所归，而只会同样被人厌弃。

切勿成为绯闻主角

关注他人劣行者表明自己已声名扫地：有些人想借他人之短来遮掩——如果不是洗刷的话——自己之短，或者是聊以自慰——真是愚笨至极。这种人的嘴巴臭不可闻，恰似藏污纳垢的阴沟，谁在里面翻腾得越凶，就越会自污得越厉害。

很少有人能够做到无可挑剔。人或有所长，或有所短。人无名气，其短不显。

精明的人理当拒绝成为流言蜚语的主角，否则定会遭人唾弃。即使活着，也是了无生趣。

人应藏情，更应藏拙

人应藏情，更应藏拙。人皆有失，其差异在于：聪明人能够弥补已犯之过，傻瓜却大肆宣扬将犯之错。

声名更赖于心智而不是实际。人，既非圣贤，就该审慎。名望高者，其短亦显，恰似日月之食，为众人瞩目。

交友之道，切忌露短。一旦暴露，如有可能，自己也应置若罔闻。学会忘却，乃是做人之要诀，对于露短同样适用。

事事从容

从容是品德的生命，言谈的气势，举止的灵魂，是光彩中的光彩。人的一切长处都是天性的点缀，而从容却是美德本身的华彩，甚至连思维推断也对它青睐有加。

从容多为天赐的禀赋，后天习得是辅。因为，即便强化训练绝少能使之有所增益。

从容超越了安闲，它更接近于优雅、豪爽，意味着坦荡，能够为美德增添光彩。离开了从容，美不再诱人，巧亦可变拙。

从容对胆识、聪慧、机敏乃至威仪本身，至关重要。从容是处事
的捷径，成功的妙诀。

心高志豪

心高志豪，由于它能够提升一个人所有的高尚品格，而成为英雄
豪杰必备的条件之一：它能陶冶性情，开阔胸襟，拓展思维，提高素
质，培植威仪。

无论在什么地方，心高志豪者都会脱颖而出。即便命运之神嫉妒
掣肘，它也会极尽可能、意气风发地冲破藩篱，绽放光彩。

宽宏，大度，以及其他一切优秀品质，全都以心高志豪为源泉。

切勿怨天尤人

怨天尤人，势必损及自己的声誉。它只会令人不屑和讨厌，而不
能博得他人的安慰和同情。它还可能让听者效法：述说者的怨艾，恰
好可能成为听者的辩白。

许多人常会因对往事的抱怨而招致新的凌辱：他们原本想向他人
寻求一点对策或慰藉，结果却换来了他人的暗喜，甚至轻蔑。

最好的策略是：称赞某人的情义以唤起听者的回应，复述某人的恩惠等同于向在场的听者寻求帮助。这是将某人的信任转售给他人的恰当方式之一。

聪明人绝不随意表露自己的挫折与缺点，而是只坦露那些有助于交友的得意壮举。

假象盛行，物以形论

事物并非以其实质而是以其表象为人所知。

物有皆所值。若能令其尽显其价值，则其价值倍增。眼不得见，形同乌有：即便是真理，如果它不具备真理的形貌，也不可能得到捍卫。

昏昏者众，昭昭者鲜。假象盛行，物以形论。形实不符者，俯拾皆是。一个美丽的外观，是一个美好的内涵的最好招牌。

气度高雅

襟怀之中应有雅量，亦即精神上的豪爽。举止洒脱，自然会令人心旷神怡。

然而，并非人人皆能如此。因为，这意味着该人的襟怀必须宽宏大度。

首先，要能善待对手。其最能出彩的时候，是当报复之机来临之际，他不是打消报复的念头，而是善加利用，越有得手的把握，就越要将其化作出其不意的宽容。这也是为政策略之一，甚至堪称为政的精髓。

切忌强装志得意满。因为，没有什么是强装得来的。而且，就算在的确可以得意的时候，我们也要坦然地加以掩饰。

三思而后行

反复思量是稳妥之道。没有明确把握之时尤当如此。或认可，或修正，均需假以时日。做任何决定之前都需要找到新的理由作为依据，或加以佐证。

如果事关赐予，审慎地赐予会比随兴地赐予更被人重视。人，只有如愿以偿后，才会对赐予备加珍惜。如果必须拒绝他人的赐予，应当讲求方式，"不"字要说得得体。

大多数情况下，赐予者须待初始的窘迫冷却后，遭拒的失落才会慢慢消失，这样他才不至于耿耿于心。对求赐心切者，赐予者应缓以回应，这是平抑求赐者热望的良方。

宁可同醉，不可独醒

宁可与众人同醉，而不可独自清醒。——这是政客们常念的处世经。如果人人都是疯子，那你的癫狂也就不会被人发觉；如果只有你一个人清醒，那你肯定会被所有人认为是"疯子"。

随波逐流是如此的重要：有时候，无知或假装无知，恰是大智大慧的表现。

既然必须与世人共处，而世人又大多愚昧无知，因而要想生存，就必须有神一样的先知先觉，或者将自己变成畜生。不过，我倒是很想将这一格言改为："宁同大多数人一起清醒，而不独自发疯。"

不过，有些人就是希望以其癫狂来显示自己与众不同。

努力拓展生存条件

努力拓展生存条件，等于延展了人生。

生存条件的依凭不该单一，事物不该受到局限。不管这种依凭和事物是多么超凡脱俗，一切都应加倍拓展，尤其是涉及利益、恩泽和情趣等方面，更当加以拓展。

月有盈亏，终难长圆；人心易变，事无永恒。应当蓄备更多的生存凭借以备不测。当把积善增裕看作生存之道的要义。

正如上天使我们最重要、最能承担风险的肢体成双成对一样，我们应当加倍扩充我们赖以生存的条件。

切忌逆反心理

切忌逆反心理。逆反是犯傻，极其惹人讨厌。

要用理智去克服这种心态：凡事设疑可以视作明智的表现，然而，偏颇固执总难逃脱愚笨之嫌。

偏颇固执的人总爱把甜美的交流化作干戈。这样虽然对局外人并无大碍，却会招致亲友的腻烦。在本该享用美味佳肴的时候；如果有一个偏颇固执的人在场，必定令人如鲠在喉。这类傻瓜无异于害群之马，不仅愚昧，而且横蛮。

摆正自己的位子

摆正自己的位子，是指能够迅速把握事物的实质。

许多人为细枝末节绞尽脑汁，费尽唇舌，可就是抓不住事情的要害。他们老是在一个地方打转转，兜来转去也搞不清楚问题的关键所在，结果是自己烦，也惹人烦。

办事理不清头绪的人，行事必然糊涂。这种人总是将时间和精力耗费在本该放弃的枝节上，却又因为能力不逮，无法顾及那本不该舍弃的事情。

智者自足

智者必当能够处理自己的一切事务。身之所负，即其所有。

如果无缘结识一位足以创建罗马并创造宇宙万物的"全能的朋友"，那么，我们还是宁愿自己就是那位"全能的朋友"，并独自傲立于天地之间。

既然没有人能在观念和意趣上胜过自己，那么，对于自己来说，还有谁是不可或缺的呢？

你，只应依靠你自己。因为，将自己等同于至尊，就是至大的幸福。能够如此特立独行者，绝不会有冥顽之气。这样的你，无疑富有智者风范，无异于神明。

放任之术

日常生活中，当与亲友的情谊涌起波澜的时候，尤其应当听之任之。人际交往中常常会遇到惊涛骇浪，人的情绪也时有狂风暴雨，这时候，退守安全的港湾静息，乃是明智之举。

很多时候，病痛会越治越重，这时候最好的医治办法就是顺其自然。良医，不仅应该知道什么时候能用药，还得知道什么时候不能用药。有时候，不施针石反而更显高明。

要使顺其自然成为平息俗世风波的策略。放任一时，必能收到良好的效果。

一盆淘米水会因晃动而变得浑浊，要想使之澄清，只能等它停止晃动后自行沉淀。对待俗世纷争，最好的办法就是顺其自然，让它自生自灭。

知时认命

时乖运蹇，时而有之。面对事事不顺，尽管我们的行为方式可以改变，但乖舛的命运却难以改变。遇到这种情况时，我们理应有所觉醒，韬光养晦以待。

聪明人，难免也有浑噩之时，没人能够时刻保持清醒。一如文章落笔成章，思路顺畅只是运气，能否至善则有赖机缘。美，也并非是一成不变的。精明，常会有失：有时不足，有时过分。而为了成功，一切必须适得其时。

正如有些人事事不顺，有些人则无往不利，而且还无须大费周章：才思敏捷，神清气爽，福星高照，一切水到渠成。此时，你理当紧紧抓住机遇不放，而不要错失哪怕最小的机会。

但是，明智的人万万不可以一时的表象判断顺与不顺。因为，顺，可能是侥幸；不顺，可能是偶然。

倾慕贤者

惺惺相惜，是贤达的特质之一。因其隐秘，而且趋善，而成为大自然的奇迹。

人世间，确有心相通、性相近的事情。其效应恰如无知者所说的迷魂汤药。这种亲近并不只是停留在认知上，它进而会衍生出好感乃至激发出倾慕之情，能够无言而折服对方，无为而大功告成。这种情感有主动和被动之分，两者都正当而高尚。

了解、分辨以及促成此种情感是一大智慧。因为，没有此种心有灵犀的神明暗助，你努力再多也终将一事无成。

慎思而不过虑

思虑不可假装，更不可外泄。

一切心机都应藏而不露，因为它可能引起旁人的猜疑。狡计更当如此，因为它会让人讨厌。欺诈颇为常见，必须备加小心。但是，你的小心却不能表露出来，否则就会引起对方疑心，或引发对方的报复，从而造成意想不到的恶果。

三思而后行，是做事的要诀。除此之外，更无其他妙法。事情的成败取决于进行过程中你对它的把握程度。

消除抵触心理

我们常常会莫名其妙地对他人心生憎恶，甚至是在了解对方可以想见的长处之前。此种与生俱来的，并可能致人庸俗的反感心理，也许只针对高尚之人。

要用理智克服这种情绪。因为，没有什么会比妒贤嫉能更能损害人的名声了。

仰慕俊杰是美德，嫌怨俊杰则是卑劣。

抛弃执念

抛弃执念，是明智的重要标志之一。

举凡雄才大略的人多有宏图大志，但他们常常会遭遇极端的窘困。从窘困到辉煌，其间的路途是何其漫长，而且时时刻刻都要面对无尽的难题。面对艰难险阻，抽身远离显然比战胜它要容易得多。

艰难险阻是对雄才大略的人的理智的考验，退避要比战胜它更为安全。一次坚持将会导致更加执着地坚持，直至濒临崩溃的边缘。

有些人受天性或民族特性的驱使，很轻易地让自己卷入无限的责任之中。不过，头脑清醒的人，应时刻关注自己的处境，知道中途放弃比坚持到底需要更大的勇气。而且，既然有了铤而走险的傻瓜，自己又何必步其后尘呢？

做有内涵的人

任何事物，内涵都比表象更为重要。

有的人虚有其表，就像由于缺乏资金而没能竣工的房子：门厅好似宫殿，内室却如同茅舍。这种人毫无可取之处。与这种人交谈，恐怕毫无乐趣可言：刚开始时，他们风度翩翩，好似西西里的名驹，转瞬之间就变得张口结舌。既然他没有真知灼见，你和他之间自然无话可谈。

这种人能够轻易糊弄浅薄之流，却蒙骗不了睿智之人。睿智之人一眼就能够洞察他们的内心，对他们的空空之腹视若无物，因此他们只配做聪明人的笑柄。

明察善断

明察善断者能够把握事态的进展而不被其左右。再深的原委，他们也能立即悟透其根底；再纷繁复杂的关系，他们也能立即理清头绪。

对人，见而能知，论则切中要害。他们目光犀利，善于破解他人最为隐秘的内心世界。他们观察敏锐，细致入微，判断果决。他们无所不辨，无所不察，无所不能，无所不解。

不失自重

任何时候都不能有失自重，也不可庸人自扰。

让自身的刚正成为洁身自好的规范，为自己拟订严苛的戒条，而不是受制于世俗的硬性的律令。

不行不义，是基于对理智的敬畏，而不是慑于他人严苛的监督。应努力自爱自尊，这样也就无须塞内加所谓的"虚拟的家庭教师"了。

择善而从

在多数情况下，人都需要进行选择。选择意味着高尚的情趣、精准的见地。因为，要想做到择善而从，只有学识是远远不够的。

不经扬弃，无以至极致。扬弃包含两个方面：挑选和择善。许多人天生聪慧机敏，严谨理智，勤奋而博学，但是当需要抉择的时候却无所适从，或总是选择最下者。因此，择善而从是一种至高的天赋。

切忌失态

绝对不要说蠢话，绝对不要做蠢事，这是理智的要义。

大丈夫总是心平气和。因为，他们心胸开阔。心胸开阔，必定绝少激动。冲动是情绪的宣泄，一旦过分就会导致丧失理智。而口无遮拦，势必损及声名。

因此，大丈夫必须知道自我约束的重要性，且必须做到：无论处境顺遂还是艰难，都不要被人指责为"失态""反常"。这样，他反而因为超凡脱俗而受到旁人的尊敬。

敏行与慎思

敏行，指的是尽快将久思未决的念头转化为行动。

仓促行事是一种愚笨的行为：因为他们未计后果。与之相反，聪明人常常会失之于犹豫不决：因为警惕易生狐疑。

迅疾是成功之本。迟疑不决多会断送正确的决策。当日事当日毕，收效必然显著。行事，不疾不徐，才是上策。

果敢须加理性

狮子死后，兔子也敢在它身上拔毛。不应将勇气视同儿戏：退缩一次，势必会有第二次，第三次……以至一败涂地。

是困难就得克服，宜早不宜迟。

精神上的果敢胜似肉体上的威猛：好比利剑，必须以理性为鞘，藏而待机。精神上的果敢是灵魂的铠甲。精神萎靡之害甚于肉体的孱弱。

许多人原本颇具天分，但由于缺少精神上的果敢，结果却形同行尸走肉，并最终默然沉沦。上天将蜜与刺同时赋予蜜蜂，绝非无意之举。须知，肉体由精神和骨骼组成，因而切勿让精神变为一坨烂泥。

善于等待

善于等待的人，表明他心胸博大，承受打击的能力强。

任何时候都不要急躁。一个人首先要学会自我约束，然后才能制人。必须豁出工夫以待时机。审慎的迟延能够确保谋划的周密，并顺利达到目的。

把时间当作武器，要比赫拉克勒斯的狼牙铁棒更为管用。就连上帝惩罚世人都不用棍棒而用机遇。

俗话说得好："给我时间，一个顶俩。"命运之神对等待的犒赏，是巨大的成功。

善用灵感

灵感源自于敏锐。灵感不是仓促间和侥幸可得的，它有赖于自身的聪慧与警醒。

有些人绞尽脑汁，最后却是一败涂地；有些人不假思索，反倒事事遂心。相反相成的事例数不胜数：有些人，越是艰难越能出彩；而不做不错、越做越错的倒霉蛋也屡见不鲜。

不能马上得到的灵感，则永不可得，不必寄希望于日后。

机敏的人值得赞赏，因为他们具有异乎寻常的本领：思虑敏捷，行事精明。

深谋无虞

好，才是真正的快。

成之愈速者，其毁亦愈速；同理，能历久者，其成也必久。因此，我们当以至善为终极所求，这样唯有成功者方能留存其至善。

深思熟虑可致久远。价高者难获，最贵重的金属最难提炼。

善于藏锋

不可对任何人都毫无顾忌地展露自己的才情。不可对任何事投以超出必需的精力。不可随意暴露自己的学识和身价。好猎手不会随意撒出猎鹰，捕获猎物时除外。

切勿炫耀自己的学识和身价，时过境迁，你可能不再令人仰慕。

毋需时时显露令人刮目之处。日日出新以求别人对自己保持过高的期许，终会发现自己有才尽技穷的一日。

唯求善终

人生的迷宫，从喜门而入者，常常会由苦门而出；从苦门入者，却可能会经喜门而出。因此，人生的最后时刻，我们更应关注的是结束的完满，而不是进入的风光。

始于顺畅，终于悲惨，是侥幸者常有的结局。重要的不是开场时赢得俗套的喝彩（人人都能得到），而是终结时普遍的不舍（如愿者实属罕见）。

幸福绝少青睐将去之人。它对来者谄媚，必对去者不恭。

真知灼见

有的人生而睿智，他们凭借这种与生俱来的优势遨游于知识的海洋，未及出发就已经获得了一半的成功。

随着年龄和阅历的增长，他们的理性会日臻成熟，进而铸就沉稳冷静的鉴别力。

他们会杜绝一切有悖理智的随意言论，尤其是议论国家大事时。因其事关重大，必须保证万无一失。

这种人堪称时代的掌舵者，他们或亲自操控舆论，或督导指引舆论，无往不利。

做至强者

至强者方能凸显于强者之林。平庸不值得称道，俊杰无不具有某种极佳的特质。显赫的职位可以使强者超凡脱俗，并使他跃升到至强者的行列。

在贱业中称雄，只不过是矮子里面拔将军。卑贱的事情没有多少荣耀可言。处于显赫的职位而具有王者风范，定会让人钦慕，令人倾心。

与能者共事

有些人喜好借器具的粗劣彰显自己才智的奇绝。须知：自作聪明，贪念危险，必受万劫不复的惩罚！

部下的优秀绝对无损于主将的英明。成功的荣耀最后总是记在将帅的名下，而失败的罪责则恰恰相反。声名永远都与领袖者共行。世人从来不说"某某的部下真精明"或"某某的部下昏庸"，而会说"某某真精明"或"某某真昏庸"。

因此，领袖必须认真挑选部下，仔细考察他们。因为，不朽的功名全仰赖于他们。

占得先机

占得先机者，犹如鹤立鸡群。占得先机而又优秀者，荣耀倍显。

在平等的竞争中，占得先机者必胜。许多人本该成为行业中的骄子，只是被人抢占了先机，结果一辈子默默无闻。

善于占得先机者，独享翘楚之名；不善于占得先机者，只能得到残羹冷炙。

英才的精明在于另辟蹊径而出人头地，不过首先要让理智确保成功。智者无不凭借标新立异而跻身俊杰之列。因为，他们的处世法则是：宁为鸡首，不为牛后。

学会排解烦忧

免除不快，是有益的明智之举。

审慎能够避免许多烦恼。审慎是给人幸福的卢西娜，因而也能给人快乐。对那些飞短流长，我们不要传播，更不能相信。即便我们不能消除它，也一定要设法阻遏它。

有些人双耳"失聪"，或因习惯了阿谀奉承的甜蜜，或因恐惧于流言蜚语的尖刻。还有些人像没有了毒药的米特里达梯一样，每天不找点苦头吃就无法度日。

为了取悦别人（哪怕是最为亲近的人）于一时，而宁愿自己终生快快不乐，亦非自珍之道。

绝不能以自身的幸福为代价，去博取那些不吝指手划脚却又置身局外者的欢心。

在任何情况下，凡遇到必须以自己的痛苦来换取他人的快乐的时候，最好还是让这人现在就不快乐，而不要让自己事后在痛苦中煎熬。

高雅的情趣

与才智一样，高雅的情趣也需要培养。一个人悟性的高低决定着他欲望的大小，以及欲望得到满足后的快意程度。从喜好的雅俗可以看出一个人品格的高低。

度量大才能有大容，正如大块的食物专为大嘴而准备，崇高的事业只同高尚的才俊相配。

优秀者对高雅的情趣心怀惧意，完美者对高雅的情趣难免猜疑。至善者稀，切勿轻易赞赏他人。情趣会在交往中相互传染，并且积久而承袭：能与有高雅情趣的人交往实为人生之大幸。

关注结局圆满

有些人更为看重过程的规范，而忽视意图的圆满实现。然而，孜孜以求的投入总是无法弥补失败造成的声名上的损失。

成功者无须作出说明。人们大多不会注意具体细节，而只关心事情的成败。因此，只要达到了目的，你的声望就永远不会受损。

好的结果能使成功者的一切变得光鲜，尽管过程中原本有着许多失误。因而，在非得如此不能确保成功的情况下，以诈对诈也不失为一种良策。

选择被人称道的行当

世事的成败大多有赖于人们的毁誉。口碑之于完美，就像和风之于花朵。它是气息，是命脉。

一些行当受到人们的普遍欢迎，另一些行当虽然更为重要，却不被人们看好：前者，因为人人欢迎而深得人心；后者，尽管更为重要和美好，由于鲜为人知，却无人喝彩。

王公贵胄中，战功显赫者会备受推崇。因此，阿拉贡诸王才会因为勇武善战、宽宏大量而被人称颂。

因此，志向远大者应该选择人人得见、人人乐从的行当，并在众口交赞声中流芳百世。

给人以启迪

给人启迪胜过让人留下记忆。更何况，有时候人们需要的是纪念，有时候需要的却是警示。

人们常常会因为不知所措而不能将事情做得恰到好处。这时候，就该用善意的提醒助其大功告成。

头脑的最大功用之一就是能抓住事情的要害。许多人正是由于做不到这一点，许多事情在他们手中才会功败垂成。

能给人以启迪者，当不吝赐教；需要他人给予启迪者，应虚心求教。教者谆谆，听者孜孜，但应点到为止。为使受教者获益甚多，启迪者这样做尤为重要：应该表现出耐心，并能循循善诱。

勿受情绪左右

从不受制于一时情绪的人，堪称不同凡响。

自省是自警的途径，是了解自己的现实状态，并加以调整乃至改弦更张，以求在本能和刻意之间做出正确决断的方式。

自知是自律之始。因为，确有那种狂放不羁之徒，无时无刻不在某种情绪的控制之下，他们好恶随性，并因此而喜怒无常。由于他们的情绪总是这样变化无常，就常常导致他们做事南辕北辙。这种恣意的行为方式不仅耗损他们的心志，而且还会伤及他们的理智，以至颠倒爱恨。

学会拒绝

不能对任何事和任何人都无条件认可和依从。这同善于谦让一样重要。位居人上者尤应谨记。

关键在于方式：有些人的拒绝比另一些人的认可还要容易被人接受。因为婉言拒绝比轻描淡写的认可更能令人心服。

许多人总喜欢把"不"字挂在嘴边，事事让人扫兴。他们开口先说"不"，尽管之后步步退让，到头来还是不讨人喜欢，因为对方心里抹不去最初的不快。

对任何事情都不要断然拒绝，应该一点一点地让人打消念头。拒绝不应是全盘否定，那样会使人断绝指望。

任何时候都要给人留下些许希望，从而减轻对方遭遇拒绝而引发的苦涩。用礼遇填充实惠的空白，让好言弥补行动的缺憾。"不"与"是"，说说容易，但却需要认真掂量。

勿前后不一

做人行事不可朝三暮四，无论是本能使然，还是刻意为之。

聪明人总是始终如一，无可挑剔，这是睿智的证明。要让自己的姿态变化顺应事物因果的演化。就理智而言，反复无常绝不可取。

有些人一天一副嘴脸，甚至连智力都会有所不同，更不要说心思和意愿了。昨天无所不好，今天无所不坏，这种人无疑是在自毁声名，招人讨厌。

做人要果决

犹豫不决之弊甚于执行不力。物之损耗，停滞大于流动。

有些人优柔寡断，凡事都要别人来推动。这种人常常并非困于不能决断，其实他们的头脑非常聪明，只是不看重效率而已。知难，通常是聪明的表现；解难，则更显智慧。

还有些人精明果断，无往而不利：这种人是生而成大事者，其清醒的头脑可以确保他们决断而无不当，行动而无不果。他们所向披靡，解决一个难题之后，尚有余暇顾及其他。在确有成功把握的时候，他们做起事情来就更加胸有成竹。

善施脱身之计

善施脱身之计，是聪明人的招数。

这种人往往能够从容有余地摆脱尴尬的境遇，或笑对难解的争斗，潇洒地全身而退。那位最伟大的统帅的过人之处恰在于此。

改变话题是以礼婉拒的良策，佯作不懂乃是自保的妙计。

切忌不近人情

人烟密集之处，常有真正的野兽藏身。拒人于千里之外是那些脾气随着地位变化、无自知之明的人的恶癖。动辄横眉竖目，不是博取敬重的佳径。

这种随时都会无端发怒、不可接近的怪物，实在可恶！下属不幸需要与他交谈简直如同面对猛虎。这种人时时戒备，事事怀疑。图谋升迁的时候，他们逢人就谄媚讨好，达到目的之后，立即事事发威以泄愤。

对这种人，最好的惩罚就是敬而远之，用断绝交往的办法使之无计可施。

树立雄心立壮志

树立雄心立壮志，主要是为了激励自己，而不是为了步人后尘。

世上有许多英雄豪杰可以做我们迈向成功的鲜活的榜样。我们每个人都应该将其中的佼佼者作为自己的楷模，不是为了模仿他们，而是为了超越他们。

亚历山大在阿喀琉斯坟前流泪，不是因为哀悼埋葬在那里的死者，而是为自己未能建立丰功伟绩而伤心。

别人的荣名犹如号角，最能唤起自己的内心的雄心壮志。不过，只有消除了嫉妒之心的人才能拥有博大的胸襟。

切忌嬉笑无时

审慎见于严肃之中，严肃比智巧更能取信于人。

倘若一个人总是嬉皮笑脸，那么他绝对不可能是个严肃认真的人。我们通常会把这种人视为插科打诨的小丑而不敢轻易相信他的话：或者怀疑他的话不符实，或者害怕自己受其愚弄。我们无法知道这种人的话什么时候可以当真，因为他们说话似乎就没有当真的时候。

嬉笑无时是对生命最大的不恭。一个人一旦背上"嬉皮笑脸"的名声，他就失去了做人的信誉。适当的时候可以嬉笑，多数时候则应严肃认真。

广结人缘

普罗透斯实在是精明：遇上智者他便成为智者，遇上圣贤他便成为圣贤。

广结人缘是一大本事，人与人之间意气相投后才能惺惺相惜。我们必须观察每个人的性情（有庄重的、有欢快的），针对不同性格的人加以变通，顺势而为地与他们交往。

练就这种重要的生存技能需要付出极大的努力。不过，对于一个学识广博、情趣多样的人来说，这并不会很难。

探试之道

蠢行总是始于冒失，愚人无不鲁莽。愚人头脑简单，先是对危难失察，而后又不能对失败有所预感。反之，明智者则事事小心谨慎，常怀警惕与顾忌之心，凡事摸索而行，以求平安到达目的地。

尽管莽撞之举偶尔也会侥幸成功，但因谋划不周，从而注定了失败的命运。在深浅不明的水域应当缓行，必须小心探试。现如今，世事险恶，应时刻注意摸索、探测。

诙谐的性情

诙谐，如果能有所节制，是长处而非缺点。任何时候，风趣都能起到调剂的作用。

大人物偶尔也会用讨巧的谐谑手段博得民众的欢心，只要分寸适度，便无伤大雅。也有些人擅长利用打趣来摆脱困窘，因为有些事情——有时恰恰是对方特别在意的——本来就该一笑了之。

风趣可以通向平和，而平和可以抚慰人心。

慎于采信

世间事，道听途说的多，亲眼目睹的少。我们的生活离不开他人的说辞：耳朵成了事实的旁门和谎言的主干道。

通常情况下，眼见为实，耳听为虚。因为真相绝少能够以其原貌流行传播，传得越远就越会走样。每次辗转势必都会融入转述者的喜好倾向，而这些倾向又总是带有打动人心的情感色彩。

因此，针对某人某事的赞誉，我们应当戒备；针对某人某事的诅咒，我们更应当小心。只有这样我们才能借以洞查传播者的动机和居心。总之，我们必须花心思避虚就实，去伪存真。

再造辉煌

浴火重生是凤凰的天赋。禀赋卓异通常也会老去，继之而来的是声名黯然。习以为常能够销蚀我们景仰的情怀，而刚刚展现出来的平庸通常会胜过衰朽的超凡。

所以，志向，才思，心境，一切的一切，均须时时更新。

应当永葆蓬勃的朝气，就像太阳一样重复不断地升腾，或以孤高，或以独创，博取众人的喝彩或倾慕。

好坏均不可至极

智者的全部智慧在于：凡事都有节制。

物极必反。柑橘榨过头就会沁出苦涩。即便是好事，也不可让它至于极端。才思用得过分也会枯竭。婴儿强行吮吸乳房，嗫出来的将是鲜血而不是奶水。

小失可宥

微小的疏失也许更能凸显事物的长处。

妒忌包含着排斥，它的形式越文明，它的本质就越凶狠。美玉的罪过正是在于它没有瑕疵，妒忌因其无可挑剔，便对它吹毛求疵。妒忌就像阿耳戈斯，为求自我安慰，执意要从完美中找出疵点。它的苛责犹如雷电，专门寻找最高的地方施威。

因此，荷马有时也会打盹，故意在才思或气度方面露出某种破绽。但在理智上，他却总是百无一疏，以期消解邪恶欲念，不使之流毒四方。这就好比斗牛士将斗篷扔给愤怒的公牛，以确保自己声名不朽。

利用对手的缺点

对任何事情我们都应善加把握，不可触碰那可能伤人的锋刃，而要执其可以确保安全的把柄。

这个道理尤其适用于竞技的时候。怨敌常常有助于清除被亲朋视为畏途的繁难。许多人之所以能够成就伟业，要归功于自己的对手。

奉承比憎恨更为凶险。因为，憎恨能够有效地令人弥补被奉承掩饰的缺漏。

聪明人会将他人的冷眼当作比怜爱更为忠实的镜子，以消弭或改正自己的缺点。一个人在与竞争对手或殊死仇敌狭路相逢时，其戒备之心必定大增。

莫做百事通

因好而致滥已成定规。人人喜爱，最终变成人人讨厌。一无是处是莫大的悲哀，事事皆通同样也是一种悲哀：这种人会因为过分得势而转向衰败，先前有多受宠，嗣后就会多么令人讨厌。

一切完美的事物都会遭遇这种变数，一旦不像先前那样以其难得而被珍视，就会因其平庸而遭鄙夷。

避免极端的唯一办法就是表现适中：完美当求极致，显露应有节制。火把燃得越旺，灭得也越快。敛迹藏形，反而能够使之更受重视。

谨防非议

人聚而成众，因而恶眼、毒舌也多。

人群之中常有毁人信誉的非议流播，这种非议一旦变成众口一词，就会使人声名狼藉。非议一般起自当事人一次明显的轻慢，或某些恰可成为街谈巷议话题的缺点。如果某人确有供心怀叵测的对手恶意散布的污点，对手往往无须直言抨击，谈笑间就能使该人令名扫地。

美名难立，恶名易得。因为，坏事更容易被人采信，而且当事人还有口莫辩。因此，聪明人总是用谨言慎行应对无聊的俗众，以避免这类麻烦。因为，防范要比弥补更容易。

文化与教养

人生而愚顽，唯修养磨砺可使人摆脱兽性的愚顽。知识可以造就人。智慧愈高，人品就愈佳。正是基于这些道理，希腊人才将所有异邦称为蛮族。

无知注定导致粗俗，没有什么比知识更具教化磨砺的功能。然而，知识原本也是鄙陋的，如果不经雕琢，也无法达到智慧的境界。不只人的认知能力需要磨砺，欲求也一样，谈吐尤甚。

有些人天生仪态不凡，慧于内，秀于外，思虑智巧，出言隽永，衣着得体，心中美德无数。与之相反，还有一类人粗俗不堪，无以复加，不说也罢。

厚以待人

君子不行卑琐之事，厚以待人，以求高远。

任何时候，都不可过分较真。在那些不甚高雅的事情上尤应如此。因为，尽管善察的确是一种长处，而刻意探求可就不然了。

时时显露出君子的大度，这是潇洒的表现。藏而不露，是服人的要诀。与亲属、朋友的龃龉或误会大多都应一笑了之，而对对手则是还要再加上一个"更"字。

小肚鸡肠惹人生厌。把制造不快当作娱乐是一种乖僻。你有什么样的胸襟，就会有什么样的表现。

自知之明

须在性情、才思、见地、情感等各个方面都有自知之明。无自知者不可能自我约束。

世上只有能照出容貌的镜子，却没有可以照出心灵的镜子。因此，我们应该将理智的反躬自省当作了解自己的镜子。当一个人不再过度关注自己的外表的时候，那他就会专注于自己的内心，以便随时对它加以修整、完善。

先要了解自己有多大的智慧和才情，然后再开始行动。先要弄清自己有多大的承受苦痛的能力，然后再决定是否坚持下去。面对任何事情，都要对自己的储备和本钱有个恰当的估量。

长寿之道

长寿之道在于活得惬意。

短命的原因有二：愚笨和堕落。有些人由于不擅长保养而丧生，有些人因不知自爱而殒命。

正所谓：德乃德的奖赏，癖是癖的报应。贪欢纵欲者其死何速，行善积德者龟寿可待。以心之美律身之行，健康长寿不仅可期，而且可及。

不疑而后行

当局者的失败之忧在旁观者眼里已是失败之实。如果旁观者恰是其潜在的对手，那失败就更加确凿无疑。

倘若激情尚在之时就对决策抱有怀疑，待热情消退之后必然会视之为愚笨至极。在心存疑虑的时候贸然行动，是极其危险的，这时候最好改弦更张。

审慎，是理智之光照耀下的行为方式，容不得万一的纰漏。

一件事还在酝酿中就已经受到自己的质疑，又怎么可能获得成功呢？既然，没有任何疑惑的决策都会时有不测，又能指望从一开始就预期不佳的决定有什么好结果呢？

深思熟虑

凡事须深思熟虑。这是做事、讲话首要和至高的原则。位高权重者尤当谨记。

一分审慎胜过万分机敏。深思熟虑是通向成功的坦途，尽管不一定能够得到喝彩，但睿智之名已是至高的赞誉。明智之士应该满足于这一称许，因为他人的认可就是成功的试金石。

藏而不露

若想博得众人的仰慕，就不要让别人摸清自己才智、能力的家底。

自己的才智和能力既要人知，又要让人摸不透。

不能让任何人了解你的能力极限，以免令其失望。任何时候都不可给人看穿自己的机会：对一个人到底有多大本事的揣度，会比当事人真正表现出来的能力更能引发仰慕效应。

主动放弃

智者的格言是：该放弃时主动放弃，而不是坐等被人抛弃。

一个人应学会将死亡本身也变成胜利。因为，太阳常会在光芒四射的时候躲到一块云彩的背后，它这样做也许正是为了不让人们看到它移动的轨迹。

聪明人会及时让有伤痛的赛马退役，而不会等到马在奔跑途中摔倒，遭到嘲笑之时。娇艳的女子应该适时地收起镜子，切莫等到红颜不再后为之沮丧。

广交朋友

朋友等同于第二自己。任何一个朋友都会对自己有助益。朋友相帮，万事顺畅。

一个人越是被人爱就越有价值。想要被人爱就得以诚心换取口碑。交友的要诀是付出真情。最能打动人的，是为对方的事馨尽心力。

我们所能拥有的最突出、最美好的一切全都仰赖于朋友的襄助。我们每天都应交一个朋友，即便彼此不能成为密友，也要可以友好地往来。

广结善缘

连至高无上的造物主都勤于促成善缘。

善缘，通常始自交往双方对某一观念的认同。有些人做事过于相信自己的能力，以至忽略运筹。然而，有心人却清楚地知道，事情如果少了有缘的襄助必然横生波折。

善意能使一切交往变得容易，并具有查漏补缺的功效。善意虽然并不能等同于机敏、勇敢、坚强，乃至智慧等优秀品德，但却能够使它们得以充分发挥。

善意永远同丑恶无缘，因为它不愿同丑恶照面。善意通常源自于性格、亲情、民族、国籍和职业等具体方面的互通。善意表现在美德、职事、名望、功绩等方面则尤显高尚。

赢取他人的善意相对较难，维系它倒容易得多。善意可以谋求，并应善加利用。

行运当虑背运时

秋备冬粮实为明智之举，而且是举手之劳：人在顺遂时，人情最便宜，对你示好者众多；人在背运时，人情最为匮乏，故而我们应当未雨绸缪，广结缘。

广结缘，多施恩于人，总有一天你会明白：昨日自己所轻视，今日有多可贵。

鄙俗之辈永远没有朋友：得意之时，他们躲着别人；背运之时，别人躲着他。

切忌争强好胜

一切对抗意图都会损及自己的声名。搏而能胜者寡。较量失利，势必自取其辱。

竞争会揭示出一个人礼让时被忽略了的缺点：许多人正是由于没有冤家对头而美名播扬。

竞争的狂热会激活双方已经被人遗忘了的丑闻，翻出双方先前所有的恶行。竞争总是从不遗余力、不择手段地相互揭短开始，尽管大多数情况下人身攻击并非竞争的利器，人们却常常借以满足自己卑污的报复快意，并且洋洋得意地让昔日的丑闻扬起尘埃，以便给对手制造困窘。

善意永远表现为平和。清名则以善意为根基。

结交有担当的人

结交勇于担当的人，这种人值得信赖，可以依靠。即便在交往的过程中你们之间产生了不快，他对你的态度也是光明磊落的。宁与君子吵架，不跟小人说话。

小人不可交，因为他们心术不正。小人之间无真情，因其寡廉鲜耻，故而经常相互拆台。任何时候都应远离不知廉耻的小人。不知廉耻必定不讲操守。廉耻之心是刚正的基石。

忌谈自己

任何时候都不要谈论自己。

自赞是一种虚荣的表现，自贬则是一种气短的表现。

言者不智，闻者难受。这种情况，即便是亲友之间也难避免，身居高位者更不待言：大庭广众之下，任何语言上的失误都是愚笨。

当面说人短长，属极其不智的行为：不是失于谄媚，就是失于贬损，二者必居其一，难免使双方尴尬困窘。

知情达理

知情达理的名声足以被人称道。知情达理是修养的核心目的，这也正是其魅力之所在，因此能够深得人心；无礼则会遭人鄙夷，激起公愤。无礼，如果源于狂傲，则令人讨厌；如果源于粗俗，则为人不屑。

礼数，宜周全，不宜粗疏。对手之间的礼数如同欠债，由此可见其真正的价值。

礼数所费无多，而受益却不菲：敬人者必被人敬。殷勤与恭敬的好处是：都会留有后效。前者对受者，后者对施者。

切勿招人嫌

切不可招人反感。事实上，反感这种东西，即便你不去招惹别人，它们也会不期而至。因为，不知为什么，许多人平白无故地就会讨厌别人。

心存恶意，必定阻遏人情的回馈。恶念之于伤害，比贪欲之于趋利更加立竿见影。

有些人借口脾气火爆或性格不好故意与人交恶。憎恶之心一旦萌生，就如同偏见一样再难消除。这种人惧怕有头脑的人，讨厌饶舌的人，憎恶狂妄的人，鄙夷偷窥者，仇视才能或相貌出众的人。

因此，你最好以尊重别人来换取别人的尊重。其欲得之，必先予之。

善辨精粹

能够辨识精粹，是高雅意趣之福。蜜蜂采花粉以酿蜜，意趣也是如此。有些人偏爱精粹，有些人嗜好糟粕。

没有什么东西全无可取之处。书籍，因是前人思想的结晶，尤其如此。

有些人的天性实在堪悲。一事一物一人，万般好处在他眼里都视同无物，却唯独对其中的瑕疵钟爱有加。有些人揶揄说：这种人的心智大约就是一个垃圾桶。其实，此乃是上天对他们恶癖的惩罚。

与之相反，另一些人的意趣却要高雅得多。面对一事一物一人，他们能够迅速从无数不足中找出唯一的亮点。

切忌自说自应

不能悦人的话对自己也鲜有裨益。一般来说，意得志满的炫耀通常都会遭到人们的鄙弃。自鸣得意者，人见人嫌。

切勿自说自应。私底下自说自应犹如发疯，当众自说自应则是疯上加疯。

"我来说说!"以及那句处心积虑想诱使人家认同或夸赞自己的高见的"怎么样?"这种自说自应是自命不凡者的口头禅,听了让人极不舒服。

妄自尊大的人也极愿意自说自应。那种拿腔拿调的架势,无非是想让傻瓜对他所讲的每字每句都附和一句烦人的"说得好!"

切勿护短

因为固执而护己之短,只会让对手占得先机。未战先败,必定丢盔卸甲。以劣对优,绝难反败为胜。抢先占得优势是对手在显露聪明,倘若你试图以劣势加以反制,则是在暴露自己的愚笨。

执拗于行动比执拗于言语更加危险,因为做比说能产生更坏的结果。辩,不在乎理,讼,不在乎利,这是冥顽之徒的鄙俚。

凡精明之人,或有先见之明,或经嗣后调整,总能取理智而远冲动。如果对手愚钝,则会及时调整策略,从而变劣势为优势。

切忌为脱俗而诡异

流俗和诡异是两个有损声名的极端。凡有失庄重的爱好均属愚顽。

诡异，是一种初始时尚能以新奇和刺激博得他人喝彩的假象，随后它就会因为露出不雅的真实面目而威信扫地。诡异恰如骗术，倘若运用于政治，必定祸国殃民。

那些没有能力或勇气以德服人的人才会走上故弄玄虚之路，他们虽然能博取傻瓜们一时的喝彩，但却反衬出了有德者的睿智。

诡异者常常表现为思想激进，故有悖于谨言慎行的处世原则。即便诡异者的说辞并非全无所本，至少也有失庄重。

欲取先予

未取先予，实为求取之道。即便是在升天这种事情上，教会的牧师们也会采取这种策略。欲取先予极具掩饰性，因为，欲取者是拿预想的利益做诱饵俘获人心，使人觉得自己的利益被置于前，其实这不过是为了实现欲取者暗藏的心机罢了。

欲取先予，切忌失信于初始，尤其是在收受者不明深浅的时候。对心存抵触者更应如此，以免使他们心生退让之意。面对习惯于开口就拒绝的人，则应当敛藏锋芒，以免使他们断然拒绝。

切勿暴露自己的痛处

切勿暴露受伤的手指，否则可能时时被人触痛。

不要在大庭广众之下抱怨自己的痛处，这如同猛兽向猎人展示它的软肋。因为心怀叵测的人时刻在留意你的软肋，以便寻机给予你致命一击。

自怨自艾毫无用处，只会让人幸灾乐祸，因为，你的仇人会伺机让你暴跳如雷。

精明的人永远都不会自作聪明，更不能显露自己先天和后天的短处。因为，命运之神有时也会击打你的痛处借以取乐。

凶徒折磨人总爱选最能触发痛苦的地方下手，因此切勿暴露自己的新伤与旧痛：新伤可能让你毙命，旧痛则会使你的苦楚绵延不尽。

洞察事物的本质

事物的表象通常同其本质大相径庭。凡夫俗子只能看到其浅薄的表象，一旦深入本质就会有一种如梦初醒的感觉。

表象向来都是事物的开路先锋，并能蒙蔽冥顽愚钝的傻瓜。真相总是随着时间的流逝最后才步履蹒跚地姗姗来迟。

聪明人会将上天赋予自己的洞察力的一半留给真相。假象极其肤浅，浅薄之徒见之立刻就会信以为真。真相深藏在事物的内核之中，等待着智者去发掘。

切勿不可接近

世上没有绝不需要别人来点化的完人。

闭目塞听者，愚不可及。再有主见的人也得听听朋友的忠言，即便是聪明的君王也不可拒绝纳谏。有些人因拒人千里而变得不可救药，他们之所以临崖失足，正是因为没人敢近前劝阻他们。

最为刚正的人也得为朋友保留一扇敞开的大门，那就是求助之门。

诤友不可或缺，或警示我们，或苛责我们，他们均能直言无忌：这种尊崇源自他们对我们极端忠诚，当然还有睿智。不是什么人都配得到这样的尊重和信任。在内心深处，我们必须将某位知己当作一面镜子，以使自己行不苟容。

谙熟交谈技巧

从交谈中可以看出一个人的人品。交谈是我们一生中最为平常的活动，因此它比任何其他事情都更需要我们去用心经营。

与人交流，或成或败，全赖于此。既然就连写信这种书面形式的思想交流尚且需要智巧，即刻显示才思的当面交谈自然就更加需要机敏了！

行家可以依据一个人的谈吐了解其人品，所以先哲才说："若想出众，请开尊口。"

有些人以为交谈的技巧就是不讲技巧：好比穿衣，舒服就好。

至交之间容易沟通。话题越是庄重就越富有内容，并越能显出说话者的内涵。

契合双方的性情与才智的交谈，方能融洽谐和。切勿字斟句酌，否则就会被斥迂腐。更不能动辄找茬挑理，否者将没人愿意与你交流。

开口议论，巧胜于多。

善于推销自己

我们的长处倘若只有一个好的内核是远远不够的，因为并非人人都能慧眼识珠，也不是人人都能看到我们的内核。

人们大多有从众心理，因此取信是展示自己长处的一大智巧：有时我们需要熟人的夸赞，这样可以将不明就里的旁人引入向往；有时我们需要旁人为我们正名，这样可以收到升华的奇效，以便去伪存真。

"专找识货者"，类似的招牌最能唤起人们的兴趣，因为人人都爱以行家自居。即便不是这样，奇货也更能招揽顾客。推销自己时，万不可将自己说得稀松平常，因为这样只会使自己显得低劣，而无助于流播。

新奇独到，赏心悦目，人人喜欢。

虑事在前

今天要想到明天，乃至更远。最好的决定是：有充裕时间作出的决定。

有防无虞，有备无患。万不可有难时再虑，应该虑之在先。对于繁难的事，必须思之再三。

枕头是无言的名师。凡事宁可想好了再睡，而不可因为出了麻烦而无法成眠。

有些人行于前而思于后，这样于事无补，只能为失败找找托辞而已。更有些人事前不虑，事后不想。

人生在世，时时刻刻都得为行则必有成费心劳神。慎思而有备，方能活得明白。

勿同碍己者为伍

任何时候都不可同会使自己失去光彩的人为伍：包括强于己者，也包括弱于己者。卓尔不群才能受到非凡的尊崇。

他人若总是位居第一，你就只能退居其后。即便能够得到些许犒赏，必定也是人家的残羹冷炙。皓月凌空，傲视群星；然而，骄阳一现，它不是隐踪就是匿迹。

绝对不可挨近令自己黯然失色的人，而应该结交能为自己增光添彩的人。正是由于这个原因，马提雅尔的《神话》中的乖乖女才显得美若天仙，并被她丑陋、邋遢的丫鬟们映衬得光鲜照人。

也不应冒险与小人为伍，更不要让自己的声名为别人增辉。

成功前，多与杰出人物为伍；成功后，则隐身于普罗大众之中。

切勿填充巨人之空

务必要避免去填充巨人走后留下的空缺。如果非如此不可，你就得有游刃有余的把握。

必须加倍努力，以期做到能够同前任媲美。倘若说，继任者能够做到让人觉得自己恰如人们的期待是一种计谋，那么不让前任使自己黯然失色则是一种精明。

填补一个巨人留下来的空缺是一件艰难的事情，因为人们总会觉得过去的一切更好。即便你做得一样好还是不够，因为你仍然处于前任的阴影之中。因此，你必须显示出更伟大的才华，方能最大限度地消除前任造成的影响。

切勿轻信与滥情

一个人的成熟程度可见之于他是否轻信：既然人世间充斥着谎话谣言，取信就该慎之又慎。

轻信势必造成其后的尴尬。但是，也不该对别人的诚信露出怀疑。怀疑会因失礼转化为侮辱，因为这表示你将对方当成了骗子或傻瓜。

这还不是最大的弊端，更糟糕的是，质疑就等于怀疑人家在说谎，这样做有两大坏处：既不相信别人，也不被别人相信。

缓下结论是听者的明智之举，而且还应该相信那位说过"轻易示爱也是不够成熟的表现"的先人。因为，既然对方能够虚于言辞，必定也会虚于行动。而以行为进行欺骗的人危害更甚。

学会控制情绪

如有可能，应让冷静的头脑来遏制鄙俗的冲动。对于一个审慎的人来说，这不是一件很难的事情。

冲动始于一个人感到心绪激动，亦即受到了情感的左右，渐渐发展到烦躁的地步，继之而来的就是暴怒。因此，我们必须善于遏制住我们最初的冲动，因为奔马难停。在失控的瞬间保持头脑清醒，是对理智的巨大考验。

任何过激的情绪都会导致理智的丧失。不过，对于一个审慎的人来说，有了这一明确的警觉，就不会头脑发昏，逾越理智的界限。要想有效驾驭激情，我们就必须时刻抓紧警觉这根缰绳，从而做一个理智的骑手。

择友而处

择友必须经过细心核查和穷通考验，不仅需要对方心意诚恳，还得为人聪敏。这是关乎人生的大事，却极少为人重视。

多数人交友都是随机就缘。人容易受朋友性情、学识的影响，故而智者绝对不会与无知之辈交朋友。喜欢一个人并不意味着要将他视为挚友，很可能只是因为你可以从对方的言谈中得到愉悦，而并非出于对其性情、学识的肯定。

友情有真挚与应景之分。前者可助成功，后者只供解颐。因德成友者鲜，以利聚首者众。一位至交的智慧远比许多一般朋友的善意对你更为有益。

所以，交友必须加以选择，不能只凭机缘。聪明的朋友能够帮你消灾解难，愚笨的朋友只会给你招惹麻烦。如果不想失去某位朋友，就不要希望他飞黄腾达。

切勿对人误判

对人误判，是最糟糕和最容易犯的错误。

宁可多花钱也不要买次品，没有什么比了解一个人更需要看其内在的本质。

辨人与识货不同，察人禀赋、知人性情是一门大学问。

应把人当成书本，认真研读。

知友善用

知友善用，自有其诀窍：有些人宜远交，有些人宜近处。交谈不投契者也许可以成为信友。

距离可以消弭对方的某些眼见难容的缺点。

交友不能只图惬意，还要讲求实效。它必须具备好事不可或缺的三大要素：完整、美好和真实。可做挚友的本来就少，不能善择，使之更显难得。

故旧比新交更为重要。要与能够持久交往的人结交。不过，让人感到欣慰的是：新交，日久也能成故旧。

朋友，绝对是那种能够甘苦与共的最好，尽管这需要经过相当长时间的历练。一个人倘若没有朋友，就如同被困在了荒漠的垓心。

友情既可以添喜又能够分忧，是抗衡厄运的不二良方和释怀解颐的妙药灵丹。

善忍愚人

有学问的人总是不善容忍，因为学问越大耐心就越小。识多难悦。按照爱比克泰德的说法，人生的要义是容忍。智慧之半与此相关。

既然一切蠢行均须容忍，有学问的人必得具有极大的耐性。有时候，越是贴近我们的人越需要我们容忍，这对超越自我大有裨益。

容忍可以衍生出被视为俗世至福的无上宁静，不善容忍的人常常会自闭。然而，即便是对自己，我们也要能够容忍。

出言审慎

出言审慎：对于对手，意在提防；对于其他人，以示庄重。

开口容易，言出难收。

讲话应像立嘱：愈是简明，纷争愈少。

必须视小如大。深奥可显神秘。嘴快容易招损或受制于人。

了解自己的缺点

再完美的人也难免会有缺点，而且根深蒂固，难以剔除。

这类缺点常常表现在才智方面，越是聪慧的人就表现得越发明显，这并非是因为当局者不自知，而是因爱成癖所致，而且是两情交会：热衷与癖好。

这类缺点犹如女子花容之痣，旁人越是觉得刺眼，她自己就越是喜欢。正是基于这一点，我们更应该勇于自我约束，从而凸显自身真正的优点。

宽待对手与敌意

对于对手和敌意，漠视固然稳妥，但却不够，宽宏大度待之则更佳。

没有什么比美言夸赞诋毁者更为值得嘉许。用你的成功与美德去报复嫉恨者，令他们自惭吧，没有什么比这种宽宏大度更值得称道了！

你每取得一项成功，都意味着拉了一下系在嫉恨者脖子上的绳索，你的荣耀就是对对手的回敬。让你的成功成为对手的毒药，这是一种最好的惩罚手段。

嫉恨者不会猝然死去。人们对你的每一次喝彩，都会使嫉恨者经受一次死亡的痛楚：你的名望与他的苦涩并行；一个节节胜利，一个痛苦无期。

成功如同号角，在宣告一个人不朽的同时，宣告着另一个人的渺小，这样就使他的嫉恨心永难释然。

同情不幸

某些人的不幸恰是另一些人的大幸。没有许多人的不幸也就不会有个别人的大幸。

不幸者自然会博得众人的同情，并使大众愿意以无谓的好心，去弥补时运对不幸者所施加的戏弄。

发达时人人厌弃，背运时人人同情，这样的例子不在少数。对显赫者的嫉恨于是转而化为对没落者的叹惋。

然而，聪明人应该知道时运无常的道理。有些人只是本能地乐意与不幸者为伍，今天他们所同情的落魄者，恰恰是昨天他们所趋避的亨通者。这也许是天性高尚的表现，但却并非明智之举。

试探的技巧

对于某些事情，特别是对那些可取程度尚存疑虑的事情，你应当先看看周遭人的反应，观察他们的接受程度，然后再决定是否去做，同时你应确保它能成功，并留出进退的空间。了解了相关的信息，你也就确知了自己的处境：需求、祈望和决断，这些都需慎之又慎。

光明磊落

许多时候，光明磊落的人也可能被迫应战，但他们不会不择手段。每个人都应以与人为善的处世方式行事，而不能屈从于形势。

竞争中的君子风度尤为值得称赞。获胜，不仅是要表现在实力上，也要表现在方式上。运用卑鄙的手段得手，不是取胜，而是降服。

坦荡向来都是强势的表现，君子永远都不会仰仗暗器伤人，男女恋人情断嫌生后的分手就属此类，因为君子不可将对方的信任作为报复工具。任何具有背信弃义性质的举止都会污损君子的声名。讲求信义者绝无丝毫卑劣心理，必定会鲜明地界定高尚与卑鄙的区别。

务必谨记：君子风度，仗义，诚信，这三样东西，即使它们已经在尘世绝迹，也一定要将它们留存在自己的心里。

言与行

辨析一个人的言和行，是确定该人人品和用处的唯一方式。

口无善言却不做坏事的人，已属不善；口无恶言却不做好事的人，其实更坏。

言语如清风，不能当饭吃。客套是婉转的欺骗，不能解渴消饥。用镜子捕鸟，纯属瞎晃。

贪慕虚荣者喜欢浮言轻诺。行为言质，因此说出口的话要算数。不结果只长叶子的树通常无芯。我们应该善加分辨：有的树可以取实，有的树只能遮阴。

学会自助

大难来时，最可凭依的莫过于一颗坚强的心。

善于自立的人，磨难相对要小。切勿向命运低头，否则人生的伤痛将不堪忍受。有的人在工作中自助能力较差，难免倍感辛苦。

有自知之明的人能够通过自省克服自助能力差的弱点。精明人则无往而不利，甚至可以改变命运。

不要做愚笨的怪物

这里所说的愚笨的怪物，指的是那些狂妄、自负、虚荣、执拗、偏激、任性、乖戾、忸怩、谄媚、喜欢猎奇、反复无常，以及其他各式各样的荒诞怪异之徒。这些全都是令人讨厌的丑类。

精神上的畸形因与高尚相悖，其丑甚于肢体上的残疾。

然而，谁又能矫正得了如此泛滥的荒谬现实呢！在那些失去了判断力的怪物身上，必定容不得任何规劝与提点，原本是对他们的揶揄或调侃，却被他们当成了臆想中的夸赞。

百得之功不抵一失之害

骄阳当空，无人关注；日蚀骤现，普天仰观。

众口乐于流播的不是一个人的功绩，而是这人的失误。

恶贯满盈的坏人远比值得称颂的好人更易出名。

许多人只是在作奸犯科之后才为世人所知。

我们身上所有的优点加在一起，也不足以抵消一个令人难堪的污点。

应当明白：心怀叵测的人会牢牢记住你的每一个过失，但却永远无视你的任何长处。

凡事有所保留

凡事有所保留，是确保进度无虞之策。

资源不可一次用尽，力量不可一发而竭。即便是学识，也应时时储备，以期取得好上加好的成效。

无论什么时候手头都应握有解难救急的方法。手头有盈余时，救助他人强似独善其身，因为，这是勇于取信的表现。

明智之举总是万无一失，从这个意义上讲，即便是"半胜于全"这一尖刻的悖论也是真理。

切勿滥用人情

重要的朋友要留待重要的时候向他求援，万万不可将盛情用于小事，否则就是浪费人情：武林高手绝妙的招数总要留到最后关头使出。以檩做椽，何以为檩？

世界上，没有什么比人情更为有用，没有什么比决定成败乃至智愚的人情更值得珍惜。就连命运之神都要妒羡名望赋予智者的一切。

善结人缘至为重要，应把好人缘置于钱物之上。

莫同无所可失者较劲

同无所可失者较劲是极其危险的事。

这种人既然已一无所有，甚至连颜面都已丧失殆尽，也就不会再有所失，因而就会无所顾忌，不择手段。

你绝对不可以拿至为宝贵的声名去冒如此巨大的风险，你多年的辛苦所得会因一时气盛而毁于一旦。一次闪失足以使所有晶莹的汗水化成冰渣。

这种风险会让有识之士谨言慎行。考虑到自己的声名，有识之士自然就会小心谨慎地审视对手。既然赔上了小心，自然就会挽回声名留有余地。冒着失利的风险而蒙受的损失，连胜利也无法弥补。

勿做玻璃人

待人接物时，切勿做一个"玻璃人"。结交朋友的时候，尤忌如此。

有些人显得极其脆弱，动辄受到"伤害"，发泄出来也让别人因负疚而难受。这种人的性情仿佛比眼睛的瞳仁还要娇嫩，容不得一丝丝的触碰，即便是一丁点儿"粉尘"（更别说"沙砾"）也会使他们受伤。

与这种人打交道需陪尽小心，必得时时刻刻避其"娇弱之处"，并迎合他的脾气，稍有不慎，就会"惹"其动怒。

这种人往往极其自我，唯自我的好恶是尊，唯自己的面子是尊，可以为之不顾一切。这种人谈恋爱时，他们的坚硬程度就像钻石。

勿活得匆忙

善于筹划才是善于享受的前提。

许多人苟延生命却毫无幸福可言，常常是因为不知享受而使生命空转，嗣后追悔已为时太晚。

这种人是生命的赶车人，他们不满足于时光的自然流逝，而要处心积虑地驱赶生命的马车。

另有一些人，他们妄想一天之内就吞下终生都难消化的美馔。他们耽于享乐，透支青春年华。由于操之过急，转眼之间就得面对青春的凋零。

即便是求知，也需讲究方法。文武之道，一张一弛。追逐知识，无异于生吞活剥。

岁月悠悠，享乐宜缓，做事应速。事业，以成功为好；享乐，点到为止。

做实在的人

实在人不会喜欢不实在的人。没有实在根基的名望，不会有好的结果。

并非是人就能成为汉子：那些耽于幻想、口蜜腹剑的奸猾之徒就不是。另外，还有那些为他们喝彩的人也不是。这类人的欲望往往是一厢情愿，终难兑现，因为他们没有坚实的根基。

只有真实的才能方可造就美好的名望，只有实在的基础才能产生效益。一句谎言需要无数的谎话为它解围，于是最终汇聚成为一个骗局。骗局，类似空中楼阁，必将难逃坍塌的命运。不实谎言绝对不能长久维持：其丰厚的承诺足以令人起疑，正如过犹不及。

无知者

没有才智无法生存。才智，或源于天赋，或自后天习得。

许多人意识不到自己无知，另一些人本来无知却自以为有知。愚笨之为病，则无药可医。无知者因不自知，自然不会去弥补自身的不足。

有些人如果不是以智者自居，说不定真的会成为智者。正是由于这个原因，大智者尽管凤毛麟角，却都落落寡欢，因为无人趋而就教。

切勿过分率直

与人交往不要对他人过分率直，也不要让别人对自己过分率直。

率直很快就会使你失去庄重和威仪，继而对方就对你失去敬畏。星辰因距我们异常遥远而得以熠熠生辉。神明最需要的是威严。

你的仁厚之举容易招致他人的轻慢。你与某人的关系越亲密，对你越不利。因为，频繁的交往会暴露你刻意掩饰的缺点。

对任何人都不宜过于率直：对强于己者，会有风险；对弱于己者，会伤尊严。尤其要远离粗俗小人，这种人会因愚笨而胆大妄为，并常常会错把你的恩惠当成他的应得。

平易近人，是鄙俗的近亲。

要相信直觉

要相信直觉，尤其是在面临生死考验的时候。永远不要违背直觉，直觉犹如家神，常常能够给人以重要的启示。

许多人恰恰是因自己最忧虑的事而丧生，然而光忧不作为又有什么益处呢？有些人的直觉特别敏锐，总能提前预感到危难，并制订相应的防范之策，因而多能逃过灭顶之灾。

面对祸殃，回避它，听之任之，是为大不智；面对它，战而胜之，这才是高明的策略。

胸有城府，深藏不露

胸无城府如同随意丢弃的书信，胸有城府才能藏得住机密。因为，只有这样，宏图大略才有可能找到裕如的空间与纳藏之处。

为人应能自我约束，只有做到了这一点才能算是真正的强者。审慎的要诀在于自我节制。

深藏不露之难，难在外在的诱逼。即使是最为审慎的人，也难做到面对顶撞而不改容，面对试探而不愠怒。

要做的事情不必挂在嘴上，说出口的事情不必真去做。

须有警惕意识

愚人永远都不会做智者认为应该做的事情，因他们不知好歹。

聪明人也不会按照愚人的想法行事，因为他们有着清醒的警惕意识。

凡事均须从两方面去权衡：须将它置于两个极端反复考量。对策可能会有多种，重要的是要冷静，既要想到结果，更要想到可能的过程。

勿轻易坦露心思

披露内心的真情实感，恰如从心里放血，应当慎之又慎。必须知道什么当说，什么不当说。

一句谎言足以葬送你诚实的名声：诓骗会被认为是对听者的大不

恭。诓骗者会被当成伪君子。

并非所有的真情实感都可以外泄：有的对自己至关重要，有的关乎他人的切身利益。

勇敢直面世人

切勿把他人看得过高，以至暗生畏惧：任何时候都不可用想象取代理智。许多人，在与之交往前都貌似非凡，一经过接触，却令人大失所望，而不是更加敬重他。

没有谁能够超越人的局限。

人皆有所短，有的表现在才思上，有的表现在性情上。权势只能赋予一个人表面的威仪，很少能够赋予人格的魅力。所以，作为惩戒，命运之神常常会让位显者寡德。

想象总是先于理智而行，并有夸大之癖，故须用清醒的理智纠正想象的虚妄。

不因愚钝而鲁莽，不因审慎而怯懦。自信既然可帮助憨厚之人，那么又当对智勇者起到什么作用呢？

不可太过执着

愚人必固执，固执必致愚笨。对于愚人，越是错误的，就越是执迷。

即便是在确实有利的情况下，退让也有益无害：不仅你手中的理由不会被漠视，而且还能赢得豪爽大度的名声。

执迷不悟酿成的损失远远大于理智可能带来的收益。固执所维护的，不是真理，而是愚昧。有些人的脑袋如同榆木疙瘩，绝对没有办法使之开窍。固执一旦加上任性，势必使人变得更加愚笨。

毅力应表现为意志而不是一时之见。在决策和执行两方面，都没有既已失误又不受挫折的特例。

切勿讲究排场

即便是君王，过分讲究排场也会被看作反常。一味顾及颜面令人讨厌，而且当下也确实存在有此癖好的国度，其表象就是：异常看重名声，但是这名声又缺少坚实的根基，又担心它时时都有可能受到损害。

注重礼仪是好的，但切勿被人看作花哨大王。

身局高位而不讲排场，确实需要该人具有非凡的素养。对于礼仪，我们既不能忽视也不能过分讲究。注重面子的人，注定成就不了大事。

切不可拿信誉孤注一掷

切不可拿信誉孤注一掷，因为，一旦失算，贻害无穷。

出错，尤其是初次，完全可能。一个人不可能总是吉星高照，所以才会有撞大运的说法。如果头一次失误了，就要确保第二次成功；如果头一次成功了，第二次也就有了好的铺垫。

要为纠错和进取留有余地。世事的成败不仅取决于实力，同时也取决于各种偶然因素。而这些因素又重重叠叠，因此，成功实属难得。

讨巧的事须亲为

讨巧之事，自当亲为；讨厌之事，由人去做。前者可以积攒声望，后者则能避开怨怼。

对于伟人而言，行善之乐是对他们慷慨的回报，因而胜于受惠之喜。使人不快，也易招致不快，或因怜悯他人，或因自我愧疚。

应悉心为善，拒不作恶。要为他人留出发泄怨怼和非议的空间。

愚人之怒就像疯狗，它们惯于对縻绳发怒。尽管縻绳并非祸端，却要代为受过。

言必称善

言必称善是心性的体现，表明一个人情趣高雅、尊重现实。谁能识美在先，必定会爱美于后。然后将美传播给大众，以供效法。这是善待现实之美的绝好方式。

然而，有些人却反其道而行之，开口必出恶言，借贬低他人他物以抬高自己。这种行为只能在浅薄之辈面前讨巧，因为浅薄之辈无法识破这种把戏。

有些人惯于以菲薄昨天的辉煌来阿谀今日的平庸。精明之人自然能看穿这种伎俩，既不会受它的迷惑，也不会因受了他人的谄媚而自喜。必须清楚：这种人不论在哪里都会故伎重演，只不过会见风使舵、变换花样而已。

身段要低

要想长寿，身段要低。摔碎的瓦罐无以再破，会令人由嫉妒而生怨恨。

命运之神似乎也嫉贤妒能，刻意让庸者长寿、英才薄命。多少栋梁之才英年早逝，而庸者却得以长寿。命运之神和死神仿佛已达成默契：不去理睬命乖之人。

切勿过分殷勤

过分殷勤是一种欺骗。

有些人无需迷药，只要摘下帽子点个头，就可以让那些羡慕虚荣之徒受宠若惊。这种人将名位标出价码，用以报答的却只不过是些许甜言蜜语。

虚假应诺是对付傻瓜的手段，有求必应等于无所应诺。

真正的殷勤是举债，假意的殷勤是欺骗，反常的殷勤是更大的欺骗：此非常人之举，而是献殷勤者有所需求的表现。凡事过于殷勤之人，他们所尊崇的不是对象本身，而是对象的尊荣；不是尊崇对象的品格，而是指望从对方那里得到些好处。

平和者长寿

自己要活，就得让他人也能活。平和的人长寿，而且还能服人。

应该多听，多看；但要慎言，慎行。日无争讼，夜能安眠。一个人的一辈子如果长寿又惬意，一生如活两世：唯有平和者能够做到。

无不实之欲者最为富有，贪得无厌者最为贫穷。为与己无关的事情伤神，和对与己有关的事粗心，同样愚笨。

谨防被人利用

警醒，是提防欺诈的最好办法。对付奸狡者，唯有精明可以抵御。

有些人惯于将为己打算装扮成为人打算，因此，你稍不留神就有可能甘冒烧灼之痛替人火中取栗。

慎于审视自己

慎于审视自己和自己的事情，尤其是初涉人世的时候更当如此。

人皆自视过高，品质愈下者愈甚。每个人都会梦想飞黄腾达，并自以为是个奇才。起初多雄心勃勃，豪情万丈，到头来无非是一事无成。现实的失意正是对空想的惩罚。

须用理智纠正这类失误。尽管每一个人都可以怀有美好的企望，但却应时时做好最坏的准备，以期能够平静地面对最终结局。

目标高远固然是成功的动力，然而，万万不可至于荒谬的地步。初涉职场时，必须调整好心态，初生牛犊的意气常会失于冒失。

除了理性，没有别的灵药能够治疗愚昧。每个人都必须清楚自己的能力与处境，从而使对自己的认知切合实际。

善识人长

善取人之所长是一种智慧：智者敬人。因为，承认他人所长意味着知其来之不易。

愚者傲人，因为他们不识芝兰，而偏爱腥膻。

把握自己的命运

命运再不济的人也会有交好运的时候，如果落难，只是因为自己没有把握住机会而已。

有些人忽然得到王公权贵的眷顾却不明就里，其实只不过是命运给了他们一点儿机会，而他们要做的不过是顺应它罢了。

还有一些人深受命运的青睐：有的人待在这个国家比待在另一个国家更被人认可，有的人待在这个地方比在另一个地方更负盛名，还有的人待在这个职位上比待在另外的职位上更为顺利，所有这一切，竟是在他们的能力相同的情况下发生的。

命运自有其运行的方式，每个人都必须善于把握自己的命运，以及决定成败的天赋与才智。对于命运，我们应该学会顺势而为，切勿试图忤逆它，否则就可能误入歧途。

永远不要同愚人纠缠

不能辨识愚人者与愚人同样愚笨，能够辨识愚人却不远离者则更蠢。愚人之于泛泛之交已属危险，倘若引为知己必定贻害无穷。

你的谨慎提防，可能会让愚人收敛一时，但是，愚人最终是要做蠢事、讲蠢话的。愚人，因为是蠢行的寄主，因而至为不祥，且极具传染性。

愚人只有一点差强人意之处，那就是：尽管他们自己不能从智者那里获益，却能以其举止或教训令智者瞠目结舌。

学会易地更生

有些国家，必须在人们抛弃它之后，方能显出自己的价值。对于才俊而言，自己的祖国反倒成了后娘：在那里，妒忌根深蒂固，人们只会记得某人初始时的卑微，看不到他嗣后所创造的辉煌。

普通别针漂洋过海之后就能够被当成珍宝，玻璃珠子换个地方竟然可以赛过钻石。

大凡异域之物都会被人另眼相待，或因其远道而来，或因其在被人得到之时业已成型而且臻于完美。

昔日在故国默默无闻，如今在异国他乡令举世仰望者大有人在，受到同胞和外国的双重尊崇：同胞因为是远观，外国因其来自异邦。

园中枯木可以制成雕像置于祭坛之上，但是，知道它原为枯木者永远也不会将它奉为神明。

善用理智

遇事应善用理智，切莫强求。以德取胜是获得他人敬重的正道。努力，须持之以恒，才能显出功效。

单纯的刚正不足以有成，单纯的勤勉无济于事，世事的污浊令人厌弃声名。

只有善用理智，才是得到该得之法和进取之道。

常怀期待

常怀期待，便不会成为快乐的不幸之人。身体需要呼吸，心灵则需常怀期待。

如果应有尽有，其有也就平淡无趣了。即便是求知，也需要永远保有能够激起探索欲望的期待。希望可以使人振奋，福满则能置人于死地。

奖掖的诀窍在于：永远勿令满足。一个人一旦无欲无求，也就到了可堪忧虑的时候：无生之乐。无欲，则忧生。

没人怀疑自己是否愚笨

愚者众，智者寡。如果说还有些许智慧尚存，也属于上天疏漏所致。

至愚者，莫过于不知自己愚笨，而好谓别人愚笨。智者不能貌似，更不能自恃。自以为不知才是真知，看不见人皆所能见是有眼无珠。

世上多愚人，因此没人自认为愚笨，甚至没人怀疑自己是否愚笨。

言为雌，行为雄

言当求善，行当求端。言善意味着思明，行端表明心正，二者同源于高洁的情操。

言为行之影：言为雌，行为雄。

赞人重于赞言。口说容易，力行最难。

功绩才是人生要义，豪言只是装点而已：行为卓绝可以后世留芳，言语再壮美说过便罢。行是心智的结晶：有的聪敏，有的辉煌。

了解同代的精英

人世间，精英实在不多：举世只有一只凤凰，百年才出一位伟大的统帅、一位完美的演说家、一位智者，数百年才出一位贤主明君。

庸碌之辈比比皆是，精英属凤毛麟角，品级愈高，愈难企及。

许多人盗用过恺撒和亚历山大的"伟大"的名号，却乏善可陈。没有功绩的美称，不过是掠耳清风：可比塞内加者寥若晨星，永葆盛名者唯有阿佩莱斯一人。

举易若难，举难若易

举易若难，可以不因过分自信而误事；举难若易，可以不因缺乏自信而却步。

以为轻而易举的事，常常会导致无所作为；相反，孜孜以求却能夷平不可逾越的障碍。

面对艰险，甚至不必思虑，只需勇敢奋进。因为，已知之难不足畏惧。

善用藐视

藐视是求取之术。苦寻不得而后却于不经意间手到擒来之事屡见不鲜。人间是天国的影子，人间事因而具备影随其形的特性：追它，它则逃逸；避它，它却追上来。

藐视也是至为巧妙的报复卑鄙小人的手段之一。智者唯一的箴言就是：不用笔墨与小人论战。笔墨留痕，不仅无损于对手的嚣张，反而会使小人大增虚荣。

卑鄙小人惯用间接攻讦伟人的伎俩，以换得一种病态的荣幸。

对于卑鄙小人，藐视是最好的报复，这样就可以使他们湮灭于猥琐的尘埃中。许多大胆狂徒都以为，毁灭历史的珍宝即可换得千古留名。

平息流言的良策是置之不理：辩驳容易遭到报复，纵容使自己毁名。应该笑对对手：污秽的阴霾终会散去，因为，它毕竟不能遮没至善的光辉。

鄙俗之人无处不在

必须清楚：鄙俗之人无处不在，就连科林斯最为高贵的家族也不例外。关于这一点，我相信每个人都会在自家门内有过最切身的感受。

不过，鄙俗之人也有一般与特别之分，而后者尤为可恶。恶俗之人总是具有一般鄙俗之人的特性，一如镜子的碎片相对于完好的镜子，而且其害更甚。恶俗之人讲话愚笨至极，责人穷于挑剔，堪称愚昧的高徒、蠢行的宗师、流言的盟友。因为，任何愚笨言行均为鄙俗的表现，而鄙俗之众则是由愚人聚集而成。

因此，你不必理会他们所言，更不必顾忌他们所感，重要的是认清他们的本来面目，以使自己免于与他们合流或者成为他们戕害的目标。

善于自我约束

遇到意外情况的时候，必须处之泰然。

冲动是理智的缺口，人们常会因它而惹祸上身。一时的激愤或兴致会使人做出冷静的时候花几个钟头都做不出来的事情，片刻之为也许就会酿成终身之恨。

工于心计的人常会针对他人的沉稳设下圈套，以期找到可资利用的时机。他们将此视为揭秘的利器，因它能够破除对方最为严密的防护。

为此，我们应当将自我约束当作反制他们的利器。尤其是在情急之际，三思而后行是避免冲动的必备条件。预感到危险的人行事会小心谨慎。言者无心，听者有意。

勿自寻末路

智者常会因为失去理性而丧命。与此相反，愚人却因为受到的忠告太多而窒息。

有些人因为多愁善感而早夭，有些人却因为麻木不仁而长寿。

有些人因为没有死于多愁善感而成了愚人，也有些人因为多愁善感而亡终成愚人。

有些人因为过分精明而毁灭，有些人却因为冥顽不化而长寿。既然许多精明人死于愚蠢，而真正的愚人自然很少因精明而死。

摆脱常人的愚昧

摆脱愚昧需要超凡的智慧。常人的愚昧因为习见而被人普遍接受，因此，有些人虽然不甘心于自身的愚昧，却又无法摆脱它。

没人自认福满（哪怕已洪福齐天），也没人自认才疏（哪怕是平庸至极）。人人都因不满自身的所有而艳羡他人的幸福。

同样，人人都叹惋人心不古，人人都向往异邦的事物。一切过去了的事物似乎都更加美好，一切遥不可及的事物都更受推崇。

讲实话亦须得体

通常情况下，讲实话是极其危险的。可是，君子又不能不讲实话，因此，这就需要技巧。

实话因为切中要害，必定奇苦无比。为此，善知人心的先哲们早已经发明了为实话涂蜜的方法。同样一句话，有些人说出来悦耳动听，可是从另一个人嘴里说出来却会使人勃然变色。

为实话涂蜜的方法之一是：以昔喻今。明理之人，一点即透。如对方仍然执迷不悟，则应立即缄口。对王公贵胄尤忌用猛药：为实话涂蜜的技术就是专门针对他们而发明的。

天堂与地狱

天堂其乐融融，地狱奇苦无比。尘世居于两极之间，有乐也有苦。

时运无常：不会福无尽期，也不可能永远不顺。

漠视世事变迁是为明慎，慕异求新实非智举。

人生如戏，总有散场的时候，应该求得一个善始善终。

把绝技留到最后

永远都要把绝技留到最后，这是大师们生存的谋略，在授业方式上尤其如此。

必须永远技高徒弟一筹，永远能为徒弟的师傅。传艺应该有术，切勿罄其所有。只有这样才能保持住自己的名望，维系自己的尊崇。

在悦人与授业的时候，必须谨记循序渐进的法则。这是人生的至理。

在任何情况下，备而不用都是制胜的法宝，身居显位者尤当如此。

学会辩驳

辩驳是试探他人的良策，其用意不在自逞，而是据以制人。辩驳是对他人施压，是使对方激动的唯一利器。存疑恰如开启幽闭心扉的钥匙，能够诱人吐露隐衷。

要想窥知一个人的心思，必须施以缜密的巧计。对某人玄虚的言辞故作不屑，可以引诱其泄露深藏在心底的秘密。听者的漠然会令言者疏于防范，从而借此探明对方原本讳莫如深的心机。佯装不解是窥知一个人的心思，以偿好奇之心的至灵法宝。

即便是向人请教，也以诘问为上策。有道是：辩而有节，方能成就教道。

不可一而再地犯傻

人们常会为了弥补一件蠢事而再做四件蠢事：以大不智掩饰小不智。

护短总是比那个短处本身更糟，不能补过反而会比那个过错本身更坏。

再犯新错就是姑息已犯之错。

智者也可能不慎失误，但不会一而再、再而三地出错。

因为，事出偶然，绝非他们身上的顽疾。

谨防别有居心之人

麻痹对方以便乘其不备战而胜之，是势利小人惯用的伎俩。这种人掩饰自己的意图正是为了抢占先机。

因此，面对势利小人明目张胆地觊觎，你万万不可放松警觉：他们越是装作若无其事，你就越要警觉明察。要审慎洞彻他们的奸计，循着蛛丝马迹，阻止他们的阴谋得逞。

有一类人总是心口不一、处心积虑地图谋达到他们不可告人的目的。因此，你必须明了他们退让背后的用心，最好能够使他们明白：你对他们的意图已经了如指掌。

学会表述

学会表述，仅仅做到流畅地表达是远远不够的，最重要的是脉络清晰。

有些人长于孕育，却不善分娩，而心灵的产儿——思想与决断——一旦失去了条理，就必定难见天日。有些人好似肚大口小的坛子，有货倒不出。与之相反，有些人却是嘴巧而心拙。

思之所成，当能言之凿凿。思成与言凿是两大不同的本领。

明晰的思辨尤其值得称道，含混的表述只能得到不求其解者的称道。艰深晦涩或许可以显得不俗。然而，言者昏昏，又如何能令闻者昭昭呢？

爱恨不会无尽期

今日之友可能会成为明日之敌，而且还可能是最坏的敌人。故而切勿让不忠之辈捏住你的把柄，这种人会转身置你于死地。

相反，对于对手，则应该敞开和解之门，以大度待之，如此有百益而无一害。

昔日的报复日后可能会变成你的梦魇，害人的快慰终将成为你心头的负累。

行事需用心

任何肆意妄为都是随性之举，因而不会有什么好结果。

有些人蛮不讲理，争讼成性，不知仁厚为何物，凡事都想压人一头。这种人一旦掌握权力，势必祸害一方，变府衙为狼穴，密谋操纵一切，以图狡计得逞。

然而，人们一旦了解了他们的德性，就必然会群起而攻之，这种人最后只能落得众叛亲离的结局。

对付这类怪物的办法是，你宁可同野人相处也不要与他们为伍。因为，就算野人愚蛮的杀伤力，也要轻于他们兽性的杀伤力。

切勿让人以为工于心计

切勿让人以为自己是个工于心计的人，尽管现今离开了心计简直就已经无法存活。应当谨慎而不是狡诈。

在人际交往中，质朴深得人心，但却不可对任何人都亲密无间。坦诚不能走向极端变成憨傻，精明也不该成为奸滑。

应该以睿智赢得敬重，切勿因为过敏而令人生惧。恳挚之士能得人缘，但却常会受骗。率真盛行于黄金世纪，如今这铸铁时代风靡的是疑忌。

说某人知其当为是赞誉，指其可信；说某人工于心计是贬斥，谓其当防。

切勿误判他人的好恶

误判对方的好恶，必定会弄巧成拙。有些人本想做个人情，由于没有摸准对方的脾气，结果反而倒讨了个没趣。

同样一件事情，有些人认为你是在讨好他，有些人认为你是在侮辱他。你原本是想逢迎他，结果反倒成了冒犯。得罪一个人的代价，有时候会远远超过取悦一个人的付出。

误投所好，不可能让人领情，也不会得到回报。说者意在奉承，听者以为受辱的事情，实乃咎由自取。有些人自恃巧舌如簧，借以邀宠，殊不知他的聒噪，只会惹人心烦。

切勿独担失誉之险

宁可缄口不语，也不可轻诺招损。

在荣辱攸关的事情上，永远都要与人协同共进。务使对方在考虑自身荣辱的同时，能够顾及别人的得失。

任何时候都不要轻信。倘若非信不可，一定要尽力做到确保无虞。

只有休戚与共、命运相连，才能避免同道人摇身一变成为你的敌人。

学会求告

求告之事，有些人最难启齿，有些人却乐此不疲。有些人有求必应，求告这种人无需什么技巧；有些人习惯于满口回绝任何人，求告这种人则需要一些智巧。

无论求告什么人，最重要的是选对时机：趁其神清气爽或兴高采烈的时候。人在高兴的时候心性趋善，这时他们通常不会深究求告者的潜在意图。

求告某人时，切勿在见到有些人遭拒的时候开口，因为对方不会顾忌将不字再说一遍。在人心情不好的时候，很难会有可乘之机。

求告某人之前，先做个人情，是一种铺垫。但是，应当明白：猥琐之徒未必知恩图报。

将人情做在有需要之前

将人情做在有需之前，是有心人的真正精明之处。恩惠施之于成功之前，是知情重义的表现。

施惠有一大特点：施者的爽快使受者更觉欠了他的人情。同样的一次施惠，先为质，后成债。人情自有其转化的方式：在居高者是为赏，在受之者则当偿。

这只是对注重情义之人而言。对于势利小人，则是宜拒不宜激，办法就是先收酬劳。

切勿与他人分享要人的隐密

与他人分享要人的隐秘，原以为能得到甜头，结果往往得到的是石头。许多人就是死于知人根底。这种人好比是面包做成的汤匙，下场只能是被人同面包一起吃掉。与要人交往太过亲密，你得到的不是好处而是凶险。

许多人摔碎镜子，是因为镜子照出了自己的欠缺：没人愿意与知其底细者谋划一件事情。知人所短者不会受到欢迎。切勿使人受制于己，特别是权贵，应多施恩少受惠。

与要人交往，接受他们推心置腹的告白尤其危险。对人披露自己的隐秘，就是让自己成为对方的奴隶。对权贵而言，这是不堪忍受的拘束。事后，他们渴望恢复失去了的自由，于是不顾一切，包括理智。

因此，对别人（尤其是要人）的隐秘，最好是勿听，勿泄。

了解自己的所缺

一个人如果只是小有欠缺的话，就可以称之为非常了不起的人了。然而，正是那个小小的不足使他永远成不了完人。

有些人，如能稍加反省，完全可以变得更好。可惜他们缺少严肃认真的反省态度，故而不能尽显其德。另有一些人（尤其是位高权重者）稍欠温和，而这正是他们的亲眷感受最切的不足。

有的应该多些果决，有的理当更加沉稳。所有这些欠缺，如果当局者认识到了，很容易就能弥补。因为只要用心，就可以将积习转化为新的优良品性。

善用装傻

只有大智大慧者才会故意装傻，为进退之计。事实上，的确有许多时候拥有真知者恰要显得很无知。既然不能真无知，装装无知倒也无妨。

没有必要对傻瓜显摆学问，没有必要对疯子表明清醒。

应该学会对什么人讲什么话：装傻不是真傻，犯傻才是真傻。想要得到好人缘，唯一的办法就是装作傻得不能再傻的样子。

不乱开玩笑

承受得起玩笑是大度，乱开玩笑却可能惹是生非。

在大家高兴的场合与人翻脸，说明这个人骨子里没有教养。重口味的玩笑容易讨巧，能够承受是有肚量的表现。越是承受不起玩笑的人，越会被人取笑。

对于与己有关的玩笑话，听之任之是最好的对策，最保险的办法是不去挑事。许多大祸都源自于某个小玩笑。与人开玩笑需要小心与智巧，开口之前必须清楚对方所能承受的限度。

乘胜进击

有些人凡事都有始无终。他们勇于尝试，却天生没有恒心。这种人永远都不会赢得他人的赞誉，因为他们做事有头无尾，何谈成功。

正如耐心是比利时人的长处一样，缺乏耐性恰恰是许多西班牙人与生俱来的弱点：他们可能会经历无数次奋斗，一旦渡过了难关便就此满足，不知道应该继续奋进，直到夺取最后的胜利。他们有能力，但缺乏斗志，终究是懦弱的表现。

一件事情，如果当为，为什么不能善始善终呢？如果不当为，为什么又要轻举妄动呢？精明的猎手应该杀死猎物，而不是将它轰跑了事。

不可一味的纯真

做人应兼具蝎子的警醒与鸽子的纯真。

没有比欺骗老实人更容易的事情了。从不说谎的人会轻信人言，从不骗人的人会轻信他人的人品。上当受骗并不一定就是因为人傻，更可能是由于心地善良。

有两种人常常可以免于受害：有过教训者，因为他们吃过苦头；生性奸狡者，因为他们惯于算计别人。

做人应该精于设防、巧于识诈，切勿憨厚到为他人提供使奸弄诈的机会的地步。你应该既是鸽子又是蝎子：不是想做妖魔害人，而是要做人杰利人。

警惕阿谀逢迎之徒

有些人善于将自己受益的事变成替人出力的事：明明是自己受惠，倒仿佛——或者让人觉得——是在施恩。

确实有那种绝顶聪明的人，他们原本有求于人，却像是对被求之人的抬举，能让自己得到的好处化作别人的荣幸，从而巧妙地调换人情的施受关系：他们用巧言换实惠，或用虚言作砝码，把原本自己所欠的人情转化成对方对自己的感戴。

这种人之所以能够反客为主，与其说他们能言善辩，倒不如说是精于权谋。这的确可以称得上绝顶聪明。真正的精明人应该能够看穿他们的伎俩，以其人之道还治其人之身，退还其阿谀逢迎，讨回自己应受之惠。

警惕百般挑剔之人

倘若一个人的思维方式独特而反常，就表明他才智超群。

切勿器重对你言听计从的人，这表明他们爱的不是你而是他们自己。切勿被这种人的甜言蜜语所迷惑，并慷慨地予以回报，应对他们的言行痛加斥责。

你应该以自己被某些人非议为荣，特别是非议你的人是那种惯于对人百般挑剔的人。反之，倘若你的所做所为人人称好，你倒是应该反躬自省才对。因为，这就表明你的作为不尽得当：尽善尽美，绝少有人能够做到。

切勿主动致歉

切勿向没有要求你道歉的人致歉。即便对方让你向他道歉，你也不可过分自责。

不合时宜地主动赔礼道歉无疑是自揽过错，无异于授人以柄。自发道歉能够唤起他人本来不曾有的怀疑。

万万不可对别人的怀疑刨根问底，否则就是自取其辱。在这种情况下，应以自己坦荡的举止使对方的怀疑不攻自破。

识宜广欲宜少

知识应该广博一些，欲求应该减省一点。有些人的想法却偏偏与此相反。

悠闲胜似操劳。我们唯一免费拥有的财富就是时间，这是没有立身之地者的居所。

将宝贵的生命耗费在庸碌俗务和过量的雅事上面，是同样的不幸。不要让职位和妒羡使自己不堪重负，否则就是残害生命，扼杀心志。

有些人将这一道理推及求知。要知道，人无知则无以为生。因此，为求知而耗费宝贵的生命，是不得已而为之。

切勿追赶时髦

有些人专爱时髦，这样易走极端。这样的人，他们所感所爱如同滴蜡，最后一滴总会遮没此前所有的痕迹。

这种人永远都不可能成为别人的知交。与他们交往容易，但是他们去得也迅速。因为，任何人都会影响他们追逐时髦。

这种人就像个一辈子也长不大的孩子，变化莫测，喜怒无常，因此不可信赖。

莫待临终始为生

有些人开始做事的时候耽于偷闲，而把辛劳留到最后。

有些人尚未开战，就幻想已胜券在握。有些人尚未致富，就已经心衰力竭。

有些人治学追求细枝末节，而将功利之学留到生命将尽之时。

无论是求知还是谋生，关键是路数要对：莫待临终始为生。

何时该作逆向思维

何时该作逆向思维？当别人对你居心不良的时候。

对于某些人，任何时候都要反其道而行之：其说"是"时，则应理解为"否"；其说"否"时，则应理解为"是"。其所贬斥的，则应理解为恰是他想得到的。因为，只有他自己想得到的，他才会极力促使别人放弃。

并非说"好"就一定是称赞。有些人不想称赞某个好人，也会夸赞某些坏人。口中说"谁都不坏"的人，其实可能认为"谁都不好"。

常见的偏颇

只顾自己和全为别人，都是常见的偏颇。

只顾自己，进而就会将身边的一切据为己有。这种人丝毫不知退让，不肯牺牲自己的点滴利益。他们很少助人，自恃运气好，常有虚假的通达感。

做人也许应该想到别人，只有这样，别人同时才会想到你。担任公职者就应当成为公仆，否则就该如那位老妇对哈德良所说："请你辞职以便卸去负担。"

另有一种人则恰恰相反，他们活着似乎全是为了别人。要知道，凡事过了头就是愚笨。这种人实属不幸，他们没有一日一时为自己活着。有的人为别人操劳甚至到了这份上：被称为"众人之人"。即便是在料事上，他们也是对别人清楚，对自己糊涂。

聪明人应该明白：有些人来烦劳找你，是因为你对他有用、你能为他做事而已。

说理不宜过透

人们大多并不看重自己能理解的事情，对自己不能领悟的事情却会加倍推崇。

一件东西，要想被人珍惜，必得所值不菲。人也一样，莫测高深才会让人仰视。

在与人论道的时候，务必要显得比对手所预期的更为睿智深沉，不过要把握好分寸，不可过分。

如果说同聪明人打交道更需要运用头脑的话，应对普通人时则应该适当故弄玄虚，以令他们穷尽心思去揣度，但勿露出破绽。

人们大多称道不知其所以然的事物，因为玄妙会使人肃然起敬。他们之所以称道它，是因为听到别人称道过它。

熟谙为善之道

为善之道在于细水长流，但切勿超出限度：赐予倘若过量，则会变成售卖。

不可促成情重难报之势，一旦对方无以为报，就会选择不报。使人欠下不偿之债足以失去这人的感戴之情：这只会使他转而衔恨于你。

泥偶绝对不会乐见塑造它的手艺人，受惠者绝对不会愿意同恩主照面。

施的诀窍在于价虽不高却能恰如所愿。若非如此，则不会被人珍惜。

常备不懈

应当常备不懈，以应对那些无礼、冥顽、狂傲之徒，以及种种傻瓜、笨蛋。

明智的做法是：不要与他们当面发生冲突。我们每天都应做好准备，只有这样才能避免此类无谓的麻烦。提早预防可以确保自己的声名免遭受损：常备不懈，小人才难以近身。

世事维艰，处处遍布令人毁名败誉的险滩暗礁。当学尤利西斯的机智，对小人敬而远之才是上策。此外，尤其应当宽以待人，这是成功的唯一捷径。

切勿当众与人决裂

当众与人决裂只会导致自己声名受损。

人人都有可能成为你的对手。但是，并非人人都能成为你的朋友。人世间，乐善好施者寡，为非作歹几乎人人皆能。雄鹰在与甲虫决裂的当日，尽管它躲进了朱庇特怀中，却也未感到安稳。

倘若坦荡之士当众与虚伪的小人决裂，你的率直会使他们勃然大怒。曾经的朋友因故交恶，往往会成为你最为凶险的敌人：他们会不遗余力揭你之短，他们护己之短则唯恐不及。旁观者总是会被他们的花言巧语所迷惑，众口一词地讨伐你，说你不该失去理智，抛弃一个忠诚的朋友。

如果必须断绝关系，应以恰当的方式：宁可渐渐疏远，切勿断然翻脸。在这种情况下，默然而潇洒地走开，才是最合宜的绝交方式。

找人分忧

切勿特立孤行，尤其当你身处危难中时，否则必将独自承受全部的后果。有些人原本是想大权独揽的，结果却不得不面对所有的非难。

所以，倘若你是一个聪明人，就需要有些人为你分担祸患。如果两个人携手，可以更好地对付厄运与众怒。

正是由于这个原因，聪明的医生在下错药方之后，不会不假借咨询之名找人帮助自己搬运尸体。

重负与痛楚应该找人分担，独自面对灾殃会令人不堪其苦。

变害为利

面对敌人时，避害要比报复更为聪明。化敌为友是非凡的智慧，因为这样做是变威胁为防护。

善做人情非常重要，对方一心感恩就无暇为害。一个人能够化忧为喜才算会活。那么，还是将仇怨转化为友谊吧。

未可全抛一片心

亲情，友情，再大的人情，都远不足以让人推心置腹。

最亲密的关系也会有嫌隙，而这并不违背友好的原则。即使是朋友之间，也会有深藏于心底的隐秘不便向对方透露；即使是亲生儿子，也会对父亲有所保留。

有些事情，需要对一些人守口如瓶，却可以对另一些人毫不避讳，反之亦然。坦诚与避讳，恰恰是亲疏远近的标志。

切勿执迷于愚行

有些人会坚持错误，因为他们觉得，既然开始就错了，坚持下去才是意志坚定的表现。

这种人心里明明知道自己错了，可是面子上却要极力狡辩。殊不知，一个人开始出错，会被认为是出于无意；如果知错不改，则会被认为是笨蛋。

不慎的承诺和错误的决断不应成为一种约束。因此，坚持错误并一意孤行则无疑是没有廉耻感的小人。

学会忘却

学会忘却，不仅是一种策略，更是一种幸福。

那些最该被忘掉的东西，往往是最常常被记起的。记忆这东西，不仅可恶（越是需要的时候越不管用）而且还很愚笨（总是在不该掺和的时候瞎掺和）：它总是对让人伤心的事精明有加，对令人高兴的事却漫不经心。

治病的时候，常常应该忘掉疾病，事实上被忘掉的恰恰是那个药方。所以，最好还是让记忆习惯于令人如此惬意地忘却吧。因为，使人快乐过或痛苦过也就足够了。

而对于那些无欲无求者又当别论了，他们总是没心没肺地傻乐呵。

好东西不一定非得拥有

同样的好东西，别人手中的要比自己手中的更讨人喜欢。

别人的东西之所以更有魅力，一是没有损坏之虞，二是让人觉得新奇。一切好东西都会唤起他人的贪欲，甚至连别人家的清水也感觉像美酒一样香醇。

自己拥有的东西不仅魅力会消减，而且还会平添出借与不借的烦恼。自己拥有的东西无异于代人保管，而且还常常招致嫌怨。

不可一日疏失

造化酷爱弄人，而且千方百计地趁人不备。

才思，理智，心境，乃至容颜，均须时时等待命运的考验。因为，你自鸣得意的时候很可能就是你的狼狈之日。需要提防的时候总是疏于戒备，未曾想到就是致命的闪失。

世人对名人的关注也时常会遵循此理：他们常常会趁你漫不经心的当口，对你的品行横加挑剔。在你有备之日，世人会刻意视而不见，他们专挑你最意想不到的时机，检验你真正的价值。

危难能够造就威名

就像偶尔溺水有助于提高泳技一样，适时的危机可以成就一个人的英名。

就这样，许多人脱颖而出。因为，如果没有这个机遇，他们的才干乃至学识会在漫长的蛰伏中遭到埋没。

危难能够造就威名，英雄有了用武之地方能大显身手。天主教女王伊莎贝拉就深谙这个道理。船长伟大的威望以及其他许多人的千古英名，全都得益于她的襄助：她以自己的英明决断成就了一代伟人。

勿做好好先生

这里所说的好好先生，是指任何时候都不动肝火的人。麻木者往往缺少仁心，这种人并非生而冷漠，而是因为无能。

适时的喜怒原本是人的本能反应，就连鸟雀都会对徒具人形的东西轻慢以待。

酸甜兼爱，是拥有上好口味的证明，只有孩子和白痴才会偏爱甜品。甘当麻木不仁的好好先生是愚蠢无能的表现。

言柔性谦

利器伤身，恶言伤心。

佳馅可令呵气若兰。显示风范乃是做人的一大诀窍。世事多成以言，言足以能够排难。气度总会得到相应的回报，王者仪态定然自是凌人。

理当口中常含蜜糖以钱所出之言，甜言甚至能够化解仇敌的嫌怨。只有谦和才能广结人缘。

理清孰先孰后

倘若两个人做同样一件事，差别更多取决于两者对时机的把握：一个恰值其时，一个适得其反。一开始将孰先孰后颠倒了的人，必然会一直颠倒下去：置先于后，将右当左，以至于最后还是纠缠不清。然而，聪明人很快就能理清孰先孰后，从而做得得心应手。

善用履新之机

新人受宠。大众的兴趣时有变化：一个履新的庸才会比一个习以为常的俊杰更被人看好。俊杰的名望也会随时间的流逝而渐次耗损衰颓。

切记：新星的光焰灿无多时，过不了几天就不再为众目所瞩目。所以，履新之人要善用成为新宠的机会，赶在众人的新鲜感消失之前有所作为。因为，新鲜劲一过，众人的心就会冷却，新人就会变成令人讨厌的老怪物。

请相信：凡事都曾有过自己出人头地的机会，只是许多已经时过境迁而已。

切勿逆众

凡事只要喜欢者众，就必定有可取之处；尽管谁也说不出其中的奥妙，但它却能给人以快乐。

特立独行总是让人讨厌，如果是错在自己，更会成为笑柄。如果遇到难辨好坏的事情，就应当藏拙，切勿贸然置喙。众口一词的事，不是果真名不虚传，就是众望所归。

学识不丰，当谨言慎行

学识不丰，当谨言慎行。这样做尽管难以博得聪敏之名，却会因为踏实可靠而得到他人认可。

见多识广者可以锐意进取、标新立异。才疏学浅者的张狂，无异于悬崖上走钢丝。

任何时候都应该优先使用自己的右手，确有把握才不会出现闪失。知之不多，当选坦途。不论知多知少，谨言慎行要比张狂更为保险且明智。

以礼谦让

礼让，是为了做下更大的人情。

怀有欲望的求乞，永远赶不上慷慨地赐予。礼让不是施舍，而是让人欠你的人情。慷慨就是最大的人情。

对君子而言，没有什么东西能比别人的赐予更为珍贵。赐予是重复销售、两次收费：物之本价和人情之所值。

当然，小人不知慷慨为何物，不懂礼尚往来。

知人脾性

只有熟知对方的脾性，才能明了其居心。凡事知因才能知果。先知其因，再明其意。

悲观者总是乐于预言灾殃，愤世者专事挑剔抱怨：他们看到的全是负面的消息。因为他们感受不到真实存在的积极因素，所以耽于宣示可能会有的最坏结局。

偏激的人讲话总是与事实不符：他们依凭的是一时冲动而不是理性。如果人人都只顾自己的好恶和情绪，结果一定会是：所有人的结论都谬误百出。

必须学会察言观色，并从对方的神情变化中解析他的心灵。应善于分辨什么人是因为弱智而笑口常开，什么人永远都不会强赔笑脸。

美艳常与愚昧共生。务必提防好事之徒或寻衅滋事之流的包打听。

切勿指望面相狰狞的人会做好事，这种人常对社会怀有报复之心：他们认为，既然上天对他们不厚，他们自然也就不会以善意对待上天。

拥有魅力

魅力是一种看似谦和的诱惑。

要用优雅的风度去博取他人欢心，而不是实际利益。只有一个好人品是远远不够的，还需讨人喜欢。讨人喜欢是悦众的要诀，是最为实际的服众手段。

被人垂青是运气，不过还得勤加修炼：天生丽质，琢后更佳。只有这样，才会恒久得宠，乃至万众归心。

随众而不失自尊

不能总是一本正经或气势汹汹，这是风度问题。要想合群，就得放下架子。

有时候可以随众从俗，但是不能失去自尊。广庭之下被看成傻瓜，背地里也绝对不会被当作聪明人。一日的恣肆不仅足以葬送此前的一切努力，而且还绰绰有余。

不要总是落落寡合。与众不同就是对他人的不屑。更不可扭捏作态，那是女人才有的天赋。故作高雅也是可笑的。男人最好像个男人。女人可以效仿男人的做派，但是男人却不能效仿女人的做派。

提升自己的品格

俗话说，人的状态七年一变：我们必须依此提升自己的品味。第一个七年终了时开始明白事理，此后每过七年都会有一点进步。

应当用心留意这一自然变化，以促其完成并寄希望于随后的每一个周期都能有所升华。随着境遇或职事的变化，许多人的做派也就发生了改变。而这改变，不到过分明显的时候常常不会被人觉察。

拿动物作比喻，应该是：二十岁时像孔雀，三十岁时如狮子，四十岁时似骆驼，五十岁时似蟒蛇，六十岁时同家狗，七十岁时成猴子，八十岁时变顽童。

展露才华

展露才华是指表现自己的长处。凡事各有其时机，必须善加把握，绝非天天都是良辰。

确有能够使微成著、令著成奇的高人。所示如果确实超凡，必将更加令人刮目相看。有些民族最善于表现，西班牙人即是其中的翘楚。

阳光能使万物立即显形。表现具有充实和补益的功能，可以生发再造之效。如果物有其实，这功效则会尤为卓著。

上天造物，力戒炫耀，因为炫耀失之故弄玄虚，所以表现也须得法。即便是至善之物也有其局限，并非总能得到所有人的认可。任何美好的都忌做作，而且总是葬送于这一缺憾。因为，做作近乎虚荣，而虚荣则令人不齿。故而，表现应当适度，以免流于鄙俗。

明智之士总是对过分的东西最为反感。有时候更是无言胜有言，无意胜有意，巧妙地掩饰反而可能成为有效的展示。因为，深藏不露更能激起人们的好奇。

不将己之所长和盘托出堪称一门技巧，应该一点一点地展示，渐次推进，让人们对前面长处的喝彩变作对后面长处的期待。

切忌强出头

在任何事情上都不要做出头鸟。一旦出头，你的长处也可能成为缺点。

卓尔不群向来招人嫉妒。卓尔不群者必成孤家寡人。即便是在姿容方面，绝色也不是什么可喜的事情：引人瞩目，必生嫌隙，未被大众认可的超凡事物尤甚。

不过，确实也有些人愿意以恶扬名，他们坏事做绝，以求昭著。推而至于学问，表现过分则会沦为卖弄。

以沉默面对异议

默然面对异议时，还必须区分这异议是来自别有用心还是属于无稽之谈。

异议并非都是对方对你的观点的抗辩，有可能会是一个圈套。因此，既要防止无谓的争论又要避免落入对方的陷阱。

奸细最善于设防，对付意图窥探他人心思的人，最好的反制办法就是警觉地将心扉从里面锁起来。

堂堂正正做人

守德行义已经成为遥远的童话，人际交情早已不复存在，知恩图报更是鲜有人为，如今以怨报德已经成为一种风气。有的民族整个儿陷入了尔虞我诈的境地：人们时刻担心有些人背叛、有些人言而无信、有些人坑蒙拐骗。

切勿将别人的劣迹奉为可资效法的楷模，就让它们成为自己的警钟吧。恶行昭彰，刚正难存。然而，正人君子永远都不会因为众人的恶行而丧失自我。

博取明白人的垂青

行家里手的一句轻声的赞誉要比群氓的喝彩更为珍贵。因为，凡夫的鼓噪算不上称许。

智者用头脑讲话，所以，他们的夸奖能给人以永恒的满足。清醒、智慧的安提柯将自己全部的功绩归功于芝诺，柏拉图则称亚里士多德为自己"唯一的弟子"。

有些人只关注填饱肚子，却毫不在意吃下去的是些秕糠麸皮。

就连君王也仰赖文人墨客的赞誉，对他们手中鹅毛笔管的顾忌远甚于画家手中的油彩笔。

善用隐身之法

善用隐身之法，或为赢得敬重，或为提高名望。

晤面常会败兴，思念有助仰慕。未曾谋面时，对方可能被你当成狮子，晤面之后方知不过尔尔。伸手可及的珍稀事物难显它的光辉，因为你首先看到的是它外在的皮毛而不是它厚重的内核。

想象所及常常大过眼力，骗局大多始于耳闻而败于目睹。能令众望所归者盛名不衰，就连凤凰也懂得隐藏自己的行迹，借以邀取世人的隆宠。

标新立异

世间的确有聪明过人的人。然而，哪个聪明人不带点儿疯狂？标新立异是聪明人的专利，择机而为则是审慎之士的特长。

标新立异也是一种天赋，而且是一种极其难得的天赋。因为，他们选择的是许多人都已经做到了的事情，而且已经被那些才学出众的人占得了先机。

标新立异是极其诱人的，如果能够终有所成，无疑是好上加好。在有关理智的事物上创新无疑会有风险，在与智慧相关的事物上创新应该受到称赞。无论在哪方面创新，只要能够取得成功，都是值得庆贺的。

切勿多管闲事

少管闲事，可免难堪。要想被人尊重，必须学会自重。对自己，严苛好于放纵。受人欢迎才能得到对方善意的款待。

切勿不请自到、无事而往。自己招揽的事情一旦出了纰漏，必得自己承担所有的埋怨；即便事情进展顺利，有些人也不会领情。好事之徒没人待见。厚着脸皮自逞，结果只能是自讨没趣。

莫受他人之累

必须清楚地了解遭难人的底细，并留心他是否会要求你与他共担风险。

人们经常会求人帮助自己渡过难关，那些平时对你不理不睬的人这时候也会向你伸手求援。救助溺水的人时需要特别小心：万万不可搭上自家的性命。

切勿完全仰赖于人

切勿完全仰赖于人。完全仰赖于人就会变成他人的奴隶。

有些人生来就比别人幸运：幸运者施恩，不幸者受惠。

自由贵于馈赠。因为，赠品可能得而复失。一个人应该为有些人依赖自己而自己不必依赖别人而高兴。

地位尊贵唯一的好处是可以多做善事。尤其不能将所得的人情当成便宜。人情，大多是人家精心设计用来制约你的手段。

永远不要感情用事

永远不要感情用事，否则必酿祸端。

不能自我约束的时候千万不可盲动，冲动必定导致丧失理智。遇到这种情况，应该从一个心平气和的旁观者的角度加以审视。

旁观者因为无须掺杂感情常常比当局者更为清醒。一旦发觉自己的火气上升，就应该运用理智加以遏制，勿令情绪失控，否则就会干出鲁莽的事情，从而使自己因一念之错铸成多日难平的愧悔，继而招致他人的非议。

顺应时势

处理事情，思考问题，均需顺应时势而为。凡事都要仔细留意恰当的时机，因为时机不会等人。

切勿按照刻板的模式生活，除非是为了彰显操守；切勿为欲求制订具体的条规，说不定明天就得啜饮今日倾倒的污水。

有些人不识时务竟至荒谬的地步，妄图事事都能遂自己的心愿，而不是相反。然而，真正的聪明人却明白：理智的准则是适时而动。

切勿显扬自己

人最大的缺点就是到处显扬自己。一旦人们发现这人非常世俗，就不会再视之为神。

轻浮是名望的最大克星。正如庄重的人会被视为与众不同一样，轻浮的人则难以被人认可。没有比轻浮更为有损人格的缺点了。因为，轻浮的反面是沉稳。

轻浮之辈绝无内涵可言，愈老愈甚，尽管年龄本该使人更加成熟，更加理智。人们并不会因为有这种缺点的人为数众多，就对他们另眼相看。

敬爱兼得方可谓福

为了持续地受人敬重，就不应被人过分地爱戴。爱比恨更容易恣肆，爱与敬难以共存。

不应被人过分惧怕，也不能被人过分敬爱。爱中有敬，敬多于情，才是长久之道。

善于察人

欲识人心，必得有心。要用理智的观察替代审慎的分析。知悉人的性情与资质，要比辨识花草和砂石的特点及功用更为重要。这是人生最为细致的活动。

以声音辨别金属，从谈吐判别品行。言辞固然可以揭示一个人的人品，然而，举止更能显示一个人真实的内涵。

故而，若要察人，必须有非凡的警觉性、深刻的观察力、敏锐的感知与精准的判断。

让人品主宰职位

让人品主宰职位，而不是相反。职位再高，也须证明人品更高。一个人无尽的才华可以假借职务得以拓展和彰显。

心胸狭窄的人容易受到职位的迷惑并最终身败名裂。伟大的奥古斯都引以为自豪的是其超凡的人品，而不是其君王的尊荣。

心灵的崇高才是真正的崇高，理智的自信才会对一个人真正有益。

关于成熟

成熟不仅见诸形貌，更见诸行为举止。黄金贵重因其品质，君子贵重因其德馨。成熟的君子集德之大成，故令人肃然起敬。

人的外表是其心灵的体现，成熟，摒绝轻浮，摒绝摇摆不定，表现出沉稳的威仪：言似珠玑，行则必果。

成熟是指历练有素。因为，越成熟的人就越具个性，随着稚气的蜕脱，逐渐变得庄重而威严。

控制情感

每个人都会按照自己的需要去诠释事物，并列举种种依据。大多数情况下，结论总会受到诠释者个人情感的制约。二人相争，都说自己有理，可是理只有一个，永远不会变成两张面孔。

面对这种尴尬，聪明人应该反躬自省，经过自查，以修正对别人的评价。或许，更应换位思考，从对方的角度去审视其动机。这样一来，既不会胡乱指责别人，也不会盲目自信。

少讲大话，多做实事

越是潦倒的人越是刻意摆阔。

这种人总是坦然地故弄玄虚，以求哗众取宠，结果只能是贻笑大方。虚荣向来令人讨厌，倘若再加上潦倒，更会成为他人的笑柄。蝇营于名利的小人专注于乞讨喝彩。

应尽可能少炫耀自己之所长，只管去做，让别人去夸夸其谈吧。做出成绩来，但不要去叫卖，更不必借妙笔去夸赞污秽。

应努力做一个真正的英雄，而不是只图貌似。

做有德之人

大德行成就高尚的人格。大德行哪怕只得到一小点，也抵得上诸多小德行之和。

能使自己的所作所为高雅不俗，甚至能化平凡为神奇者，无疑令人敬佩：越是超凡脱俗的人，越应努力使自己的精神境界崇高而纯净。

上帝创造的一切都是广袤无垠的，人杰亦当如此：一切都须博大宏伟，以使自己的所行所言均具有恢弘磅礴的气势。

时刻审视自己的言行

能够想着自己的一言一行时时刻刻都有人在看，或者将会被人看到，这种人无疑会令人肃然起敬。

这种人深知隔墙有耳、劣迹必泄的道理。即便是离群索居时，也会如在众目睽睽之下，因为他明白：若要人不知，除非己莫为。他会将日后的知情者当成是眼前的目击证人。

行事不避人者，从不担心邻居可能会窥视自己在家中的所作所为。

创造奇迹有三宝

丰沛的智慧、深刻的见地和豁达的性情，是造就洒脱人生最重要的秉赋。

思维敏捷无疑是一大长处。然而，思辨得法、明辨是非更为重要。智慧应该是勤重于敏，思之有成是理智的结晶。

人在二十岁时做事凭兴致，三十岁时做事用头脑，四十岁时做事靠理性。

有些人的悟性好似猞猁的眼睛，愈是暗处愈显犀利。有些人的悟性灵动，总能随心所欲，无往而不利，这真是幸运至极。

不过，豁达的性情加上悟性灵动才可以受用终身。

让人可望而不可及

哪怕是玉液琼浆，也只可置于人的唇边。攫取的欲望是珍视程度的标志。即便是对待口渴，高明的做法是刺激而非消解。

好而少，倍加为好。一而再，快意大减。餍足是祸，可令盖世奇珍也遭唾弃，保持魅力的唯一方法就是：吊着胃口，让人可望而不可及。

如果必定要让人厌弃，宁愿是使其失去得到的指望，而非因为享受过后的腻烦。费尽辛苦得来的欢乐会更加让人陶醉。

要做圣人

人世间的格言警句，千言万语汇成一句话：要做圣人。

节操是连接一切美德的链条，是幸福与欢乐的核心。节操可以使人兼具慎重、殷勤、精明、睿智、博学、有为、沉稳、刚正、快乐、可敬等种种品格，可以使一个人成为人人爱慕的真正精英。

幸福有三个要素：圣洁、健康和聪慧。节操是尘世的太阳，并以良知作为根基。

节操乃至美之物，兼得神与人的垂顾。没有什么比节操更为可爱，没有什么比恶癖更为可鄙。节操是树干，其余的都是枝节。才干与人品应以节操而不是财富作为衡量的尺度。有了节操就等于有了一切。节操让活着的人可亲，令死去的人让人追怀。

力不足，以智补

在没有狮子皮可披的情况下，能披上狐狸皮也很好。顺应时势是一种理智的超越，成功绝对不会污损一个人的名望。

力不足，则以智补：方式可以各不相同，或选勇气的阳关大道，或选智巧的山中捷径。

世事多成于谋略而非蛮力之功。智者多胜于莽汉，而不是其反。谋事不成，鄙夷顿生。

切勿无端生事

无论是对自己还是对别人，千万不要无端生事。不顺心的事情常有，自己的也好，别人的也好，都属自找，故不可迁怒于人。

无端生事者随处可见，他们全都活在烦恼之中。这种人一天到晚都有生不完的闲气，总是憋着一肚子火，对什么人什么事都看不顺眼。他们思维反常，对事对人无不挑剔。

最有悖常理的，是那些自己什么事情也做不了却对什么事情又都不说好的人。因为讨厌之事多种多样，故古怪之人无奇不有。

认真是审慎的表现

舌头如猛兽，一旦逃脱樊笼，难再拘禁。舌头是心灵的脉息，聪明人可以从中窥知他人的心思，有心人可以从中得到识人的技巧。

坏至极端而又不显山露水才是真坏。

智者时刻警惕激愤与执迷，故最能自我约束。雅努斯慎于兼顾，阿耳戈斯慎于明察，莫摩斯本该关注手掌上的眼睛，而不是胸膛上的窗口。

切勿过于特立独行

有些人，或是刻意做作，或是并未觉察，总是显得与众不同。殊不知，某些乖僻恰是缺点，而非特长。正像某些人因为脸上的特殊缺陷而广为人知一样，这种人则会因某种与众不同的举止而"闻名遐迩"。

特立独行固能引人瞩目，然而其不合时宜的特异之处不是惹人讪笑，就是招人嫌弃。

把握事态的发展

必须善于把握事态的发展，倘若事态逆势而行，绝对不可以逆势应对。

任何事情都会有正反两个方面。再有利的事情，如果误触时机的锋刃，也会伤人；再不利的事情，如果处理得当，也不会有害。很多坏事，如果能从有利的方面加以矫正，说不定会变成好事。

凡事都有利弊，关键在于如何恰当地处理。同一个事物，如果从不同的角度去观察，常常会显示出不同的利弊，那么不妨从有利的方面去解读它。

万万不可将好的当作坏的，或以坏为好。正是由于这个原因，才会有些人事事顺遂、有些人处处跌跤。小心提防命运的捉弄，这是时时处处都必须谨记的人生至理。

清楚自己的弱点

无人没有与其长处制衡的弱点。如果自己为自己护短，那么弱点必将泛滥肆虐。

立即向护短宣战吧，首先你要做的就是弄清自身弱点的真正面目：先认识它，才能战而胜之。要想自我约束，必须先有自知之明。此弊既除，余瑕尽消。

注意造势

人们讲话、做事大多依据情势，而不是全凭本意。让人们相信一个坏消息是随便什么人都能做到的。因为，即使坏消息令人难以置信，也非常容易引起他人的关注。

我们的长处与优点有赖于别人的认同。与人争论时，有些人仅满足于自己占理，然而这是远远不够的，还必须巧妙地张扬自己所占之理。造势，有时无须花费多大的力气，功效却极为显著。因为，言辞可以换来许多功绩。

世界上，不会有任何一件器物，因为不起眼就一年到头连一次也不被人使用，哪怕它再不值钱，也有不可或缺的时候。

人之褒贬，皆由好恶。

不为初次印象所惑

某些人惯于将第一印象视为"正室"，而把后来的印象当作"偏房"。由于错觉占据了先机，嗣后就不会再有容纳真相的余地。

一个人，心不可为初识的对象所动，志不可被初进的言路所夺，否则就是缺乏城府。

有些人就像初次启用的酒坛子，先盛什么酒——无论是好是坏——就会留下味道。这种浅薄一旦被人发现就会成为祸根，因为它给恶意设计提供了可乘之机，心怀叵测之徒一定会将它牢牢地记在心上。

切记：要为重新审视一个人留出余隙。要像亚历山大那样，两只耳朵各听一方。要给第二、第三印象以机会。轻信第一印象是低能的表现，与意气用事相差无几。

切忌毁谤

切忌毁谤他人。尤其不要背负毁谤之名，因为这是极不光彩的名声。

万不可把心思用在毁谤他人上面。一旦事情真相大白，谤人者不仅举步维艰，而且还会招人讨厌。谤人者必遭报复，不等恶语流布，自己就已原形毕露。

他人的坏事绝非自己庆幸的理由，最好别议论别人。搬弄是非者会永远为人所不齿。正人君子有时虽然也会同他们交往，但是主要是乐见其滑稽可笑，而不是欣赏他们的才智。

谤人者必定会加倍被毁。

学会理智地安排生活

学会理智地安排生活，应有所规划与取舍，不可放任自流。没有闲暇的生活过于辛苦，就像永不停息地长途跋涉。丰富多彩的生活才会使人有幸福的感觉。

美好人生的初始阶段应花大量的时间与智者对谈：我们生而为认知世界，了解自己，蕴涵真知的典籍能够教会我们如何做人。

第二阶段理当用于同今人交往：汲取人世间的一切精粹。世间万物的精粹并非齐聚于一时一地。上帝早已将妆奁分配妥当，而且时常特别偏向最丑的那个女儿。

第三阶段可完全留给自己：享受高谈阔论的乐趣。

该睁眼时当睁眼

并非所有的人都愿意睁着眼睛看世界，也不是所有睁着眼睛的人都能看清事物的本质。

事后明白于事无补，反生懊恼。有些人总是在无物可看的时候才睁眼去看，这种人早在建成家园、置齐产业之前就已经将它们摧毁殆尽。

想让没有心志的人明白事理很难，想让不谙事理的人心明志坚比登天还难。这种人会被旁观者当成瞎子一样戏弄要笑，因为他们充耳不闻，视而不见。

世上不乏这类麻木不仁之人，他们存在的意义似乎就是让人不觉其存在。主人没长眼睛，坐骑难免受苦：难有好草料可吃。

勿将未竟之事示人

勿将未竟之事示人，只应让人享受得见其成的喜悦。

凡事初始之时均不具形，其残缺的状态会给人留下持久的印象。待他们看到事物的最终模样后，印在他们脑海中的残缺的状态会让他们难以认可其完美。

欣赏一件精美的成品本身就足以令人赏心悦目。器物成形之前，一切都是空话，即便是在初具形态时，也近于无。

目睹美味佳肴的烹制过程只会令人倒胃口而不会使人胃口大开，因此须切记：真正的大师都会拒绝让人看到尚未完成的作品。聪明人应以造化为师：事物未成形之前，切勿示人。

要有务实精神

世事并非仅成于思，还需见诸行。

大智之人常易受骗，因为，他们胸中虽有绝学，却缺乏具体而微的普通的生活常识：对繁难问题的专注使他们无暇顾及日常琐事。由于他们对本该深悉和尽人皆知的事情一无所知，在浅薄大众的眼里，他们不是高不可攀，而是傻瓜笨蛋。

因此，真正的聪明人应该有点儿务实精神，以确保不会被骗乃至遭到戏弄。做一个务实之人，虽然算不得高明，但却是生活的必须。

不能付诸实践的知识又有何用呢？现如今，知道应该如何生活才是真知。

世界三大奇书

—— 治国智慧的圣经 ——

君主论

（意）尼科洛·马基雅维利 著　辉浩 译

民主与建设出版社
· 北京 ·

© 民主与建设出版社,2020

图书在版编目(CIP)数据

君主论/(意)尼科洛·马基雅维利著;辉浩译.
—北京：民主与建设出版社,2020.7(2023.4 重印)
(世界三大奇书/辉浩主编)
ISBN 978－7－5139－3092－5

Ⅰ.①君… Ⅱ.①尼… ②辉… Ⅲ.①君主制－研究
Ⅳ.①D033.2

中国版本图书馆 CIP 数据核字(2020)第 111065 号

君主论
JUNZHULUN

著　　者	(意)尼科洛·马基雅维利	
译　　者	辉　浩	
责任编辑	王　颂　郝　平	
封面设计	胡小静	
出版发行	民主与建设出版社有限责任公司	
电　　话	（010）59417747 59419778	
社　　址	北京市海淀区西三环中路 10 号望海楼 E 座 7 层	
邮　　编	100142	
印　　刷	三河市宏顺兴印刷有限公司	
版　　次	2020 年 7 月第 1 版	
印　　次	2023 年 4 月第 4 次印刷	
开　　本	880 毫米×1092 毫米　1/32	
印　　张	18	
字　　数	105 千字	
书　　号	ISBN 978－7－5139－3092－5	
定　　价	98.00 元(全 3 册)	

注:如有印、装质量问题,请与出版社联系。

献　辞

尼科洛·马基雅维利致伟大的洛伦佐·德·美第奇殿下：

但凡想要博得君主宠爱的人，通常要奉上自己最宝贵的东西，或者是最能博得君主欢心的物品。因此，君主经常能收到诸如兵器、良马、锦绣、宝石，以及其他的一些能够与君主的伟大相匹配的装饰品。现在，我愿向殿下献呈本人的一片忠诚，来证明我是殿下的忠实子民。我觉得，倾我所有，最可宝贵的和最有价值的，乃是我对于伟人业绩的一些认识。这是我对当代政治事务的长期体验和对古代事迹的不懈钻研的结果。

我曾经长时期地孜孜不倦地对这方面的知识加以思考和检验；我曾用了很多的心思去推敲在这方面的观察心得，最终我将之写成这小小的一卷书。——现在将它呈献给殿下。即便拙作不足以博您垂青，但我深信，蒙殿下错爱，您会收下这部作品的。因为，除了使您能尽快地了解我多年来历尽艰危所认识和领悟到的一切之外，我再没有比这更好的礼物献给殿下了。

在我的作品中，不曾像许多善于装扮他们的作品的作者那样，不惜使用铿锵的章句，夸张而瑰丽的言辞，或者俗不可耐的妩媚及画蛇添足的修饰。因为，我想得到的不仅仅是赢得人们表面的称誉而已，更多的是想让它由于新颖的内容和宏大的主题而引起人们的重视。

我觉得，身居卑位的人之敢于探讨和指点君主的所作所为，这就如同那些绘制地图的人：只有置身于平地，才能考察山峦及高地的性质；而只有高踞于山顶，才能更好地考察平原的特征。同理，深深地认识民众的性质，应当是在上位的君主；而深深地认识君主的性质，应当是在下位的民众。所以，我的做法不应当被看作是僭越之举。

所以，我祈请殿下明察，收下我这份衷心献上的微薄的礼物。只要您认真地思考它并耐心把它读下来，您将从中看出我殷切的期望：愿您依靠命运之神和您自身能力使您达到伟大的地位。如果有朝一日殿下能从您所处的巍巍极顶俯瞰卑微的下界，您就会察觉到，我是怎样忍受着不幸的命运那巨大而恶毒的折磨来完成它的！

目 录

第一部分

国体与君权

统治那些在被征服前曾长期在自己的法律之下自由地生活的国家，有三种办法：一是将它们灭掉；二是征服者亲自住在那里；三是让他们的臣民依然在自己的法律下生活，但是必须称臣进贡，并在那里成立一个由少数人控制的政府。这个由新君主扶持起来的政府将能使该国与他友善相处。因为这个政府是由新来的君主所建立，因此他们一定会尽力来拥护他。

王国的不同种类与获取途径

有史以来，曾经统治人类的那些国家以及政权，要么是君主国，要么是共和国。相对而言，君主国的君主若不是世代相传，多半属于新生的。长久以来，世袭君主国的君主始终源自于统治家族；而新兴的君主国，要么像弗朗西斯科·斯福查的米兰公国那样是全新的，要么就像西班牙国王统辖下的那不勒斯王国一样，是曾被世袭君主国征服的附庸。用这种方式获取的领地，它们的臣民或者先前就习惯于在君主统治下生活，或者向来就是自由之邦。而获得的途径，要么依靠他人的武力，要么是仰仗自己的军队，要不就是因为君主的运气好或才能特殊，以致不需要动用武力，这些领土就可以落入其手中。

世袭制君主国

　　共和国的问题，由于我在别处已有详论，这里就撇开不谈了。我将按照上文所拟定的顺序，着重分析一下君主国，并且探讨一下如何才能统治与维持这些君主国，并使之避免动乱，保持长盛不衰。

　　当人们已习惯于在君主后裔世袭统治下的国度里生活，君主维护其统治要比在新建立的国家里容易得多。因为在这样的世袭制国家中，只要君主遇事顺其自然，不妄改祖制，并能做到随机应变，就足以应付了。因此，这样的君主若不是被某种异常强大的力量篡夺了权力，他只要稍加谨慎，就能使用这样的方法保住他的地位。就算他的权力被篡夺了，他依然能够在篡权者遭受意外时重新将权力夺回来。

最好的例子就是费拉拉公爵，他之所以能够抵御1484年威尼斯人的进犯，并在1510年击退教皇朱利乌斯的军队的入侵，主要是因为他在那块土地上已拥有根深蒂固的统治基础。和一个新兴的统治者相比，世袭君主得罪民众的理由和必要性都少于后者。只要他不是异常恶劣，惹人憎恨，他自然会受到人们的爱戴，这是顺理成章的事。而且，由于国家的古老与统治的长久，关于变革的记忆与变革的原因都已被历史湮没。因为，前一次变革永远不过是为下一次变革开辟道路，并促使下一次变革的发生。

混合型君主国

可以想象，对于新兴的君主国而言，将会有无数的困难摆在它的面前。并且，我们应当明确，这种君主国通常只是部分地更新，并不是全新的。因此，我们可以从整体上称它为"混合型国家"。在所有新兴的君主中，它们常发生的意外主要源自于一个很明显的、固有的难题。这就是：人们因为希望改善自身的处境，才拿起武器来反对他们的统治者，更换他以实现自己的愿望。可是，后来经验表明，这种做法常常是事与愿违：他们的处境比过去更加恶劣。而这种局面是由另一种内在的，通常也是必然的情况所导致的，即出于征服的需要，新君主所带的军队常常会侵害他的新臣民，常常给他们施以新的压迫，从而不可避免地开罪他的臣民。

因此，当新君主统治了一个君主国之后，所有曾经被他压迫的民众都将变成他的敌人，并且他不能按照请他进来的朋友们（指外国援军）的期望满足他们。由于他欠了民众的人情，又无法用强硬的手段对付他们，这样他也无法留住那些你请来的人（指外国援军）。而一个新君主在征服一个新的地方后，不论在武力上是如何的强大，都需要力求获得当地民众的好感。所以，法国国王路易十二占领米兰甚速，而丢失米兰亦甚速，正是以上的原因所导致的。并且，仅仅动用洛多维克的军队就可以把路易十二撵走，从而收复米兰。因为，先前曾为这位新君主打开过城门的民众再也不能忍受他的胡作非为，他们很快就察觉到自己的希望趋于幻灭，发现自己曾经预期的好处仅仅是一厢情愿而已。

事实上，叛乱给新的统治者提供了又一次良机。如果他能将叛乱地区再一次征服，那么他就再也不会轻易地失去他的新领地了。这是由于，借由镇压叛乱的威势，他能够毫无顾虑地清查可疑分子，惩办敌人，而且还可以在防卫比较薄弱的地方增强戒备。因此，在第一次，只要洛多维克公爵在边境上揭竿而起，就能让路易十二失掉米兰，但是要打算再一次把路易十二从米兰赶出去，我想只能让全世界去反对他了。而且，只有当法国军队被击败并驱逐出意大利之后，路易十二才会丧失米兰，原因在前面已经说过了。无论如何，结局是法国先后两次失掉了米兰。

先前我们已经分析过了路易十二第一次丢失米兰的原因。这里我们不妨再分析一下他第二次丢失米兰的原因，看看他能否想出什么法子保住米兰，进而探讨一下：任何一个处在他的位置上的君主，能否有更好的办法来巩固已取得的胜利果实。那些曾经被路易十二征服吞并的国家，有的是与法国人使用同一语言，或与他们属于同一地区，有的则不是这样。如果被征服者与法国是在同一地区，并且那里的人们不知道何为自由生活的话，那么统治这些国家是再容易不过的事了。征服者只需将旧君主的血统彻底消灭，就能安如磐石地统治这里了。至于别的方面，只要维持征服地曾经的风俗习惯，尊重民众过去的传统，人们通常会继续安定地活着。这就是我们在布列塔尼、布尔戈尼、加斯科涅和诺曼底所看见的情形：如今它们早就归属了法兰西，虽然他们的语言与法国人有所不同，但风俗习惯没什么两样，所以很容易在一起和睦相处。如果统治者征服了另外的国家后，想要保持稳固的统治，那就应当在两个方面提高警惕：首先是要将旧的统治家族彻底灭绝，其次是不要轻易将它们的法律，尤其是税赋进行改变，这样就能保证被征服的国家在极短的时间内同征服者融为一体，形成一个统一的国家。

如果那些被征服的国家同征服国在语言、制度、风俗习惯等方面有所不同，那就比较麻烦了。征服者必须得有很好的运气以及非常高超的统治技巧才行。征服者如果能亲自驻扎在那些被征服的地方，这将是最好、最有力的法子，这种方法将会使他的统治更稳固，领土保持得更长久。当年土耳其人在希腊采用的就是这种方法。如果土耳其国王没有亲自到希腊去驻扎，那么不论他用尽什么方法都很难稳固地统治那个国家。此外，征服者若是想明察秋毫，以便做到防患于未然，也只能驻在当地。要不然，等骚乱发生后，当消息传到他的耳中时，事情可能早已无法挽救了。而且，被征服的地方如果有君主坐镇，这块新土地就可以不为他手下的官吏所劫掠，他的新臣民也会因为能够直接受到君主的保护而感到心满意足。那些愿意效忠的人将会更加爱戴他，图谋不轨的人们就会害怕他，而怀有野心的人也会因君主的威严而踌躇不前。总之，只要君主驻扎在被征服的国家，他的统治就可以很牢固。

除此之外还有一个好办法，即向被征服的国家殖民。这需要选择一两个战略要冲之地建立殖民地。若不然，就要派遣并维持一支庞大的武装部队。君主应当在两者之间选择一个更稳妥的办法。相对而言，君主为建立殖民地所付出的代价微乎其微，几乎不需要什么耗费，甚至都用不着什么支出，就可以在那里建立稳固的根基。这样一来，受到殖民活动损害的，仅仅是被征服国那些失去了田舍的人们，而这些人在那里原本无足轻重，并且蒙受这种损害的原居民为数不多，再加上他们被四处驱散，都忙于生计，根本不会危害到君主的统治。其他的民众，一方面因为不曾遭到什么损害而易于安抚，另一方面则由于担心自己的财产被剥夺，根本就不敢轻举妄动。总而言之，建立这样的殖民地根本用不着花多少钱，而且要比派驻军队更少惹是生非，殖民者也会对君主更加忠诚。

不过，我们还须注意，如果被殖民者不能接受安抚，那么就应当将他们彻底消灭掉。因为，当他们受到轻度的损伤时，他们就还有能力去报复；而当受到沉重的打击时，他们就没有力量报复了。所以，如果要想打击他们，就一定要将他们置于万劫不复的境地。君主如果向被征服地区驻屯军队，而不是向那里殖民，那么为了维持驻军，就会把在那个国家的所有收入全都消耗掉，这样庞大的花费，实在是得不偿失。并且，由于频繁地调动军队，士兵就可能乘机为非作歹，将被征服者激怒，从而使得他们与君主为敌。所以，从各方面看，在被征服的国家殖民是最有利的，而采用军队控制那个地方则没多大好处。

如果被征服的地区在语言、风俗习惯和制度等方面和征服他的国家有所不同，那么君主就应当把心思用在以下几个方面：在警惕那些同样强大的外国人意图侵犯的同时，还要设法将较强的邻国削弱，从而使自己成为各个较弱的邻邦的领袖与保护人。常常有这样的情况发生：那些弱小国家或者出于野心，或者出于恐惧，而对保护者感到不满时，通常会引来一个实力强大的外国进行干涉，就像很久以前埃托利亚人将罗马人引入希腊一样，并且罗马人过去入侵的任何地方都是由当地人引入的。事情通常会是这样的：一旦某个强大的外国势力入侵一个地方，那么周边那些较弱小的势力出于对那个凌驾在他们头上的强大势力的嫉妒，马上就会依附这些外国人。因此，入侵者想要笼络这些弱小势力用不着费力，只要假意尊重一下他们就能做到。因为，他们都心甘情愿融入已经被征服的国家。这时候，君主就需要留心：别让他们发展得太快，或是取得很大的权威。这样一来，在他们的协助下，君主凭着自己的力量，就很容易让那些较强大的势力屈服于他，从而有效地统治该地区。在这个问题上，如果新的统治者处置不当，他很快就会丧失已经赢得的一切，就算他还盘踞在那里，也会觉得有无数困难和烦恼缠绕着他。

在这方面，罗马人就做得很好。他们每征服一个地区，就会派遣民众前去殖民，并安抚周边弱小的势力，但又不让他们过于强大，同时镇压那些强硬的外国势力，不给他们留下可乘之机。发生在希腊的事情就足以证明这一点：罗马人与埃托利亚人修好，从而挫败了马其顿王国，驱逐了安蒂奥修斯①，但又不让阿凯亚人或者埃托利亚人发展壮大。同时，不管菲利普②如何地苦苦哀求，也未能诱使罗马人放弃对他的镇压，罗马人最终打倒了他。同时，罗马人也不给安蒂奥修斯留下一点地盘，虽然他还有些势力。

在这些方面，罗马人不仅考虑得很周全，而且还很长

---

① 前242－前187，叙利亚国王。——编者注
② 即安德里斯库斯，1293－1350，马其顿反罗马的起义领导人，曾成功复国，自称菲利普六世。——编者注

远，他们在未雨绸缪方面可算是用了不少的心思。他们所有的做法正是明智的君主所应该做的。他们必须竭尽全力，对各种可能的敌对情形都做好准备。所谓深谋远虑，才能做到防微杜渐。若不然，一旦养痈成患，就无可救药了。这正如医生们对热病患者所做的叮嘱一样。他们说，此病初期，易治疗而难诊断。可是随着时间的推移，当初不易诊断的疾病，就会转变成诊断容易而治疗困难了。治理国家也是这样：只有对潜藏的祸患预察于幽微——这只有小心谨慎的君主才能做到，才能够及时将之消除；若是疏于觉察，以致发展到人皆能见的程度，那时恐怕就无药可救了。

因此，罗马人不惜发动战争来阻止事态继续发展下去。他们总能尽早发觉麻烦所在。他们懂得战争肯定是不可避免的，如果拖延时日只能失去先机，因此他们抢先把军队开到希腊去攻打菲利浦和安蒂奥修斯，以避免将来不得不在意大利同他们交手。虽然那时罗马人完全可以不发动这两场战争，但他们并没这样做，他们宁愿享受他们自己的审慎带来的福祉，也不会像我们这个时代的某些"聪明人"整天常念叨的那样："享受光阴的恩惠吧！"的确，时间在推着一切事物向前走时，既会给我们带来好处，同时也会给我们带来坏处，或在带来坏处的同时带来好处。

如今我们再来看看那位法国的君主，看看他在以上的几个方面的表现如何。这里我不想谈查理八世，而只想谈谈路易十二，因为他在意大利统治了很久，他的行为更有助于我们将问题说明白。我想，你很快就会知道，为了统治一个与本国迥然不同的地方，路易十二应当表现出来的行动，与他实际采取的行为简直是南辕北辙。当时，路易十二被有野心的威尼斯人引进了意大利，因为威尼斯人想要借助他的搅局来控制半个伦巴第。在这里，我不想诘难路易十二所做出的这一决定，因为他的本意是打算在意大利寻找一个立足点，但是他在这儿没什么盟友，因为查理国王①过去实行的外交政策让路易十二尝尽了闭门羹的滋味，于是他只能接受威尼斯人的殷切"邀请"。当时，如果他没有任何的措置失当，那他的这个想法完全有可能如愿以偿。由于征了伦巴第，他很快就恢复了查理国王所丧失的名誉：热那亚表示臣服，佛罗伦萨人和他成了朋友；曼托瓦侯爵、费拉拉公爵、本蒂沃利奥、富尔利夫人，以及法恩扎、佩扎罗、里米尼、卡梅里诺、皮昂比诺等地的

_____

① 指法国国王查理七世，1403－1461。——编者注

统治者，还有卢卡人、比萨人、锡耶纳人，全都赶来逢迎他，希望能成为他的朋友。

只是到了这一步，威尼斯人才发现他们所采取的办法是如此的愚蠢：他们的动机仅仅是为了夺取伦巴第的两个城镇，不料却让这位法国国王轻易成为意大利三分之一以上领土的统治者。由此可见，路易十二只要能按照上述的规则行事，给他的朋友们以安全和保护，并善待他们，那么他在意大利维持自己的统治是不会遇上什么阻碍的。因为这些被征服者一个个都既弱小又胆怯，他们虽然为数众多，但不是怕教廷，就是怕威尼斯人，因此总是乐意向路易十二靠拢。有了他们的支持，路易十二就能轻而易举征服那些仍然强大的反对势力。可是，他进入米兰之后却帮助教皇亚历山大占据了罗马尼阿①，这真是反其道而行之。他一点儿也没有意识到，这个错误的决策削弱了自己的力量，让他失去了全部的盟友，以及那些争相投靠他的人们。

与此同时，路易十二又进一步增加教廷的势力，使原本就影响巨大的教权进一步增添了非同小可的世俗权力。路易十二一步走错，此后就只能一错再错，以至于不得不

---

① 意大利的一个地区。——编者注

亲自驾临意大利去遏制亚历山大成为托斯卡纳的统治者。更糟的是，他又伙同西班牙国王瓜分了他所垂涎已久的那不勒斯王国，仿佛仅仅失去了盟友和助长了教廷势力还错得不够多。起先，只有他是意大利的真正统治者，可是现在他一手扶持起一个强有力的对手，于是当地的野心家和心怀不满的人这回找到了申诉之处。因此说，路易十二赶走了一个乐意向他称臣纳贡的王，而亲手扶持起另一个有力量把自己赶走的对手。

　　诚然，征服的欲望是人与生俱来的一种本能。因此，一个人只要能成功，总能得到人们的称颂而非指责。但是，倘若力不能及而又肆意而行，则很可能铸成大错而受到人们的谴责。因此，如果路易十二能够凭借自己军队攻下那不勒斯的话，他完全可以这样去做。而如今力量不足，他就不应该动手去做这件事。如果说先前他伙同威尼斯人瓜分伦巴第是为了在意大利立足而显得情有可原的话，那么这一次他伙同西班牙人瓜分那不勒斯就使他声名狼藉而无法找到更好的理由了。就这样，路易十二连续犯了五次错：消灭了那里的弱小力量，增加了原本就已很强大的势力，把一个强有力的外国势力引入了意大利，他没有亲自在那里驻扎，也没有遣送民众到那里去殖民。

尽管如此，如果路易十二不是由于夺取威尼斯人的领土从而犯了第六个错误的话，那么在他的一生中，以上五个错误也不足以损害他的威望，更不至于对他构成危害。事实上，只要他不去助长教廷的力量，不将西班牙人引到意大利来，那么他迟早都能征服威尼斯。现在他既然已经走出了这一步，他就绝不该赞成去消灭威尼斯了。因为威尼斯人只要足够强大，他们就不会让西班牙人去做伦巴第人的主子，即不会让别人对伦巴第有所企图。另外，西班牙人和教皇也根本不可能从法国人手中将伦巴第夺过来，然后再将它送给威尼斯人。而且，也没有谁胆敢同时对法国人和威尼斯人发起攻击。

或许有人会说，为了避免战争，路易十二才会把那不勒斯王国拱手让给西班牙人，把罗马尼阿拱手让给教皇亚历山大。据前所述，我认为，事实上战争是无法逃避的。路易十二拖延时间只能让自己陷入不利之境，因此作为君主绝不能为避免战争而让自己处处被动。或许有人会说，路易十二应允帮助教皇扩张势力，是以解除他不如意的婚姻关系和让罗阿诺①为枢机主教作为交换条件的。关于这一

---

① 时为路易十二的宠臣。——编者注

点的利弊，我将在后面论及"君主的含义"和他们"应当怎样守信"时再回答。事实上，路易十二丧失伦巴第，正是由于没有遵守那些攻城略地之后还想维持其统治的人所必须遵守的规则，因而他的失败可以说是理所当然，用不着奇怪。

当瓦伦蒂诺①占领罗马尼阿的时候，我在南特曾经同罗阿诺枢机主教谈及这件事情。罗阿诺枢机主教对我说，意大利人根本就不懂战争。而我回答他说，法国人一点也不懂得政治。不然，他们根本就不会听任教廷这样扩张势力。事实说明，法国国王一手促成了教廷在意大利和西班牙势力的扩张，而后者则直接导致了法国最后的崩溃。从这里，我们可以得出一条永不出错或者说罕有错误的真理：那些促使他人强大的人，将会自取灭亡。因为，他用自己的智谋或力量使他人强大起来，受到襄助的人将会对此感到惶恐不安。

---

① 教皇亚历山大之子，俗称恺撒·博尔吉亚。——编者注

亚历山大所征服的大流士王国

鉴于控制一个新征服的国家所面临的重重困难，有人可能会对亚历山大大帝①辉煌的业绩感到震惊。他只用了短短几年就成为亚洲的统治者，并且他刚刚攻占了这些地方就去世了。在这种情况下，整个新占领的国家通常会发生全国性的叛乱，可是亚历山大的继承者，除了他们的野心在他们自己人中间引发了一些乱子外，并不曾遇到别的麻烦。他们成功地保住了江山，对此当如何解释呢？

① 前356—前323，主要事功为统一希腊，征服埃及，灭亡波斯帝国。——编者注

　　我认为，历史上所有的君主国，不外乎用下面这样两种方式来进行统治：一种是有一个绝对权威的君主，他把其他一切人都当作奴仆，其中的群臣是经他的恩准而作为他的辅佐者得以参政的；另一种则是君主和贵族们共同治理国家，而贵族所取得的地位是来自他们古老的血统，并不是拜君主所赐。同时，贵族们都拥有自己的领地和臣民。他们的臣民对他有着自然的情感，他们把统治自己的贵族奉为主子。与此不同的是，在由君主及其群臣所统治的国家里，通常的情况是，君主被认为是至高无上的，他最拥有绝对权威。因为，在他的地盘内，如果还有别的人需要他服从的话，那只因为这些人是国王的大臣和官吏而已，人们不会对他们产生任何的个人情感。

　　就在我们的身边，土耳其皇帝和法兰西国王就是这两种不同的统治方式的最好例子。在土耳其，国家只有一位主子在统治，其余的人都是他的臣仆。土耳其皇帝把自己的国家划分为若干个州，他向那里派出各种行政官员，并且可以随心所欲地将他们调动或撤换。但是，法兰西国王却被一大群世袭贵族所包围。贵族们拥有各自的权力，他们自己的子民承认他们的地位，并且爱戴他们。君主如果要剥夺他们的特权就会危及自己的君位。比较一下这两个国家不难发现，征服土耳其比较困难，而一旦如果征服了它，想要维持其统治则轻而易举。与此相反，要占领法兰西的领土在某种程度上可能较为容易，但若想很稳固地统治它则极为困难。

之所以土耳其皇帝的王国不好被征服，就在于在那个国家中很少会有贵族做内奸，勾引外族前来征服。你也不大可能指望皇帝左右的大臣会起来反叛他，为你提供可乘之机。如前所述，那里的官员都是忠于皇帝的奴才，因而很难收买他们，就算是收买了，也很难指望从中获得极大的利益，因为他们无法做到使民众团结在他周围。因此，想要征服土耳其这样一个团结一致的国家，只能凭借自己的力量而不能依靠它内部的叛乱。不过，一旦彻底击败土耳其皇帝，使他无法重振旗鼓，那么除了君主的家族，你就什么都不必畏惧。如果能将王室消灭净尽，那就可以高枕无忧了。由于其他人对民众几乎毫无号召力，所以以后就没有什么值得征服者担心了。这就是说，胜利者在胜利之前不对任何人寄以希望，因而在胜利之后也就不必对任何人有所忌惮。

像法兰西那种统治方式的国家中，事情正好相反。在那里，你总能找到对国王心怀不满并企盼革命的贵族，你只要能把他们争取过来，那么他们将为你的征伐开辟道路，而且还能帮你轻易取得胜利，这样你不用费力就能征服这个王国。但是，如果你想继续在那里维持统治，你就发现困难重重。因为，那些曾经帮过你的人和被你征服的人，早已为你制造了许多的困难。在这里，仅仅灭绝君主的家族起不到什么效果，因为贵族们将成为新的叛乱领袖，这时候你既不能消灭他们，又不可能让他们感到满意，因此一旦他们得到机会，你很快就会失掉这个国家。

现在看来，大流士①政府的性质和土耳其王国有些类似，所以亚历山大大帝首先做的就是夺取大流士的辽阔土地，将他彻底推翻。在取得这样的胜利之后，大流士也死了。由于上述的理由，亚历山大大帝能够牢固地控制这个国家。如果他的后继者们能继续保持团结，他们也能够稳固且安逸地享有这个新国家给予他们的福利。因为，此时在帝国内，除了他们自己去惹起事端，是不会出别的乱子的。

但是，像法兰西这种政体的国家被征服之后，就不可

---

① 前550 - 前485，波斯帝国的创立者。——编者注

能出现这样的太平景象。恺撒大帝①征服西班牙、高卢和希腊时，遇到的就是这种情况。在这些被征服的国家里，经常会有旧贵族纠集民众反抗罗马人的统治。只要他们还不曾忘却自己的传统，罗马人就很难在这里高枕无忧。只有当帝国的权力和长久的统治将该地区过去的传统湮没后，罗马人才能成为这些地区稳固的占有者。后来，当罗马人发生内讧时，由于他们当中的每一个人在各自的领地已树立了权威，所以能够做到一呼百应。因为这些地方的旧统治者家族早已被灭绝了，所以人们就安于接受新主人——罗马人的统治。

　　考察了这些事情后，你就不会对亚历山大能在亚洲保持稳固的统治感到吃惊，也就明白为何像皮尔罗②等维持所获得的地方如此的艰难，这主要是由于被征服者的情况不尽相同所决定的，而和征服者的能力没多大的关系。

---

　　①　前100—前44，主要事功为征服希腊和西班牙，击败高卢蛮族。——编者注
　　②　古希腊埃皮罗国王。——编者注

被征服的国家或城邦

对一个曾经习惯于自由制度的城邦，君主征服它之后想长期占领，没有什么方法比借助于该城邦的民众更容易的事了。斯巴达人①与罗马人维持在征服国的统治的方法，完全可以作为这些不同方式的例证。斯巴达人为了控制雅典和底比斯，曾在那里组建了一个由少数人把持的政府，但是后来还是失掉了那两个城邦。罗马人征服卡波亚、迦太基与诺曼底后，就彻底摧毁了它们，所以就没有失去过它们。他们也曾打算像斯巴达人那样去统治希腊，允许它

———————————

① 公元前 11 世纪的古希腊民族之一。——编者注

保留自己的法律，并享有自由，但最终却失败了。于是，统治者除了灭掉许多城邦外，确实也没有更可行的办法。

这就是说，谁成为某个自由城邦的统治者后，若不将之摧毁，那么他就会被这个城邦所摧毁，因为它的民众随时都能够在古老习俗和自由名义下找到造反理由。而这二者绝不会因为时间的流失，或是君王给了民众一些好处，就能被遗忘的。只要这些民众们依旧聚在一起，他们便一天也不会忘记先前的那种制度，一旦有风吹草动，他们就像比萨城被佛罗伦萨人征服了百余年后的举动一样，立刻以"自由"及其"古老制度"的名义起义。

可是，那些习惯于在君主统治之下过日子的城邦或地区，一旦旧君主的家族被灭绝了，它们既不能意见一致地另立一个君主，又不懂得如何去自由地生活，它们已习惯了被奴役，失去了旧的君主，它们的民众又不会像自由人那样过日子，所以不大可能会揭竿而起。这使得新君主很容易就可以得到这里的民众的支持，将他们操控于股掌之中。

但是，在共和国里，仇恨和复仇欲通常有着较强的生命力。这里的民众但凡想起昔日的自由，心里就不能平静，而且也不愿意平静。所以，最好的办法就是，要么新君主亲自待在那里，要么就把他们彻底消灭掉。

依靠武力和能力成为新君主

当我准备论述君主征服了一个全新的国家的情形时，我将援引一些最卓越的先例，希望人们不要对此感到惊异。因为人们几乎通常有强烈的从众心理，乐于效法他人的事迹，或者由于不具备效法他人的能力而不能和他人完全合辙。然而，一个明智的人总是应该追随那些伟人的足迹，效法那些出类拔萃的人物。就算力不能逮，但至少也能学来几分气派。人应该像那些聪明的射手那样，一旦他们察觉到想要射击的目标超过了弓力能够达到的范围，他们就会去瞄准目标的上方，这并不是为了射中上方那个地方，仅仅是为了更好地命中既定的目标。

在一个全新的君主国里，由于君主也是新临位的，我认为，他统治起来困难的大小，完全取决于他能力的大小。那些由布衣而成为君主的人，他要么得益于自己的能力，要么得益于命运所赐，很明显这两者中的任何一个都会有助于他将困难减轻。然而，那些很少依赖命运的君主就很有可能做到长治久安。这样的君主，如果除开新征服的土地外没有别的领土，那么他就最好待在自己的地盘上，这对他会有很多好处。

我觉得，像摩西①、居鲁士②、罗慕路斯③、提修斯④，还有那些才能和他们相提并论的人们，大都是凭着自己的才能而并非依靠命运登上君主的宝座的。虽然摩西只是"上帝的事务"的执行者，我们不应该在此对他进行讨论，但是仅从他能与上帝进行对话的这一资格来看，他所具有的那些优美的品质就应当受到人们的尊崇。接下来，我们再看看居鲁士或者其他的那些建立帝王霸业的人吧，你会

---

① 古犹太人领袖，曾率领被奴役的犹太人逃出埃及。——编者注
② 前598－前530，波斯帝国阿契美尼德王朝的缔造者。——编者注
③ 前771－前717，古罗马王政时代的首位国王。——编者注
④ 雅典传说中的著名人物，相传他统一了雅典所在的阿提卡半岛，并建立了第一个共和制国家。——编者注

发现，他们全都值得我们钦佩。考查他们的作为及心中的韬略，和摩西相比并没什么不同。通过他们的行迹与事功，我们就可以断定，他们所依赖的是机遇而并非命运，机遇为他们选择的形式赋予了内容。没有机遇，他们的意志力很可能就会浪费；但若没有意志力，机遇也会被他们白白地放过。

因此，对摩西来说，团结被埃及人奴役压迫的以色列人，这一步是必不可少的。事实上，他们都愿意追随他，以便能脱离这种被奴役的状态。而对罗慕路斯来说，最重要的是离开阿尔巴，而且要在刚出生时就被丢弃，这样最终才能让他成为罗马君主和罗马城的奠基者。居鲁士所需要的则是波斯人对于米堤亚人的统治表示不满，以及米堤亚人因长期和平而导致的衰弱与腐朽。至于提修斯，如果雅典人不是一盘散沙，他就没有机会去展示自己的能力了。因此，我们不妨说，是机遇让这些人物功成名就；而他们非凡的能力则使他们能够洞察到历史的机遇，于是他们统治下的国家变得兴旺发达起来。对于这些历尽艰辛而登上君位的人，夺取君权通常比较艰难，而维持其统治就相对容易得多了。

此外，他们在取得君权时的重重困难，有一部分是因为他们为了维护自己的统治和确保国家的安全，不得不采用新的制度。我们应当知道，一个国家草创时，再不会有比着手采用新的规章制度更为艰难的了，而且成败没有丝毫把握，推行起来又更是风险重重。这是因为，倡导改革的人将会成为所有在旧制度中受益者的敌人，而新制度的受益者却总是有些三心二意。他们之所以三心二意，一半是来自对那些反对者的恐惧，一半是来自于人的怀疑的心理。他们如果看不到可信而又确凿的证据，一般是不可能真正相信那些新生事物的。因此，当敌人一旦抓住了合适的机会，他们就成帮结党地对新制度发起进攻，而另一方只是三心二意地进行抵抗，所以处在半心半意的臣民中，倡导革新的君主是非常危险的。

想要更透彻地了解这个问题，我们就应当研究分析一下这些革新者靠的是自身的力量还是完全倚仗他人。也就是说，为了实现革新的宏图大略，他们是需要恳求别人，还是强力推行。如果是到处向人们恳求，那就会处处碰壁而一事无成；若是依靠自己的力量强制推行，那就没有什么风险。故而，武装起来的革新者大都能取得成功，而赤手空拳的倡导者几乎都是一事无成。这是因为，民众天生反复无常，在某件事上很容易将他们说服，但是想要让他坚定不移地贯彻下去就非常困难。因此，革新者需要有这样的准备，一旦民众开始动摇，那么就需要运用武力迫其就范。我想，要是摩西、居鲁士、提修斯和罗慕路斯始终赤手空拳，他们就不能够使民众长久地遵守他们所制定的制度。

我们这个时代的季罗拉莫·萨沃纳罗拉①修道士的处境就是这样。他既不能使那些曾经信仰他的人坚定不移，又没有办法使那些不信仰的人们皈依上帝，所以当民众不再信任他时，他和他的新制度就一同遭受了毁灭的命运。

前文所述的伟大人物，他们前进的路上满是艰辛，遇到的困难无比巨大，他们只能凭着自己的力量奋勇向前；而一旦渡过了难关，将忌妒他们的人消灭之后，他们的政权就开始变得强大而稳固。他们在享有荣华富贵的同时，还会受到人们的崇敬。除了这些伟大的例子，我还想补充一个与此类似，但比较次要一些的例子。我认为，它或许能代表所有的这一类事例，这就是由平民变为叙拉古君主的锡耶罗②，此人几乎没碰上什么好运，而全靠他的机遇。

---

① 1452－1498，意大利宗教改革家，佛罗伦萨神权共和国的领导者。——编者注

② 前 269 年－前 215 年在位，史称希罗二世。——编者注

　　叙拉古人因为受到了压迫，大家选举他做最高司令。在这个位置，他凭着自己的才能终于登上了君位。据他的传记作者说，当他还是一个平民的时候，就已经具备了作为君主的一切德性，只是没有一个君位而已。他将旧军队解散，重新组建了军队；他将旧的盟友舍去，另结新交。这样他在自己拥有的盟友和军队的基础上，建立起一座帝国大厦。虽然他在取得君位时受尽艰苦，但是开始享用时就没什么阻力了。

借他人之力登位的新君主

那些由于幸运而从平民登上君位的人，起家时毫不费力，但是想要保持住其地位就非常辛苦了。他们在上升的途中几乎没遇上什么阻碍，因为他们是在半空中飞翔。可是当他们"脚踏实地"时，所有的困难就会纷至沓来。希腊的爱奥尼亚诸城邦，还有赫里斯庞的一些君主就是这样。他们有的是靠金钱，有的是依赖恩赐而登上了君位——都是被大流士推上君位的，所以他们只能为了大流士的安全和荣耀而尽心尽责。还有一些君主也是如此，他们靠的是拉拢军队，从而由平民跃登君位。这些君主只能依靠别人的意志或好运来掌权，而这些全是飘忽不定、不大可靠的东西。

这类人根本不懂得如何去维持——并且也不可能维持住他们的君位，一则是因为，一个始终以平民思维方式生活的人，如果没有非常出众的才能，就不可能指望他懂得怎样去发号施令；二则是因为，他们手中没有一支真正属于自己并忠诚于自己的军队。再说，遽然兴起的国家，好像自然界中迅速滋生长大的东西一样，无法做到枝桠交错，根深蒂固，因此一场突来的急风暴雨就能轻易将它摧毁。如果那些转瞬跃登君位的人能够抓住命运的恩赐，立刻采取适当的措施，登基后迅速奠定基础——在他人说来，这些基础是在登基之前就已完成了的——那么，他们还是能够保有江山的。

关于倚仗能力或者依靠命运的垂青两种途径成为君主，我想提出两个尚在我们脑海中不曾消失的例子，这就是弗朗西斯科·斯福查①和恺撒·博尔吉亚②。弗朗西斯科依靠自己卓越的才能，采取必要的措施，由平民一跃而成为米兰公爵。当他进取时可谓历尽了艰难，而守业时就没遇上

① 意大利文艺复兴时期的米兰大公。——编者注
② 约 1476－1507，16 世纪初几乎征服了意大利全境。——编者注

什么障碍。而另一位被人们称为"瓦伦蒂诺公爵"的恺撒·博尔吉亚，则是仰仗其父的运气取得君位的。尽管他想要在这个依靠幸运和他人的武力而获得的国家里站稳脚跟，并且采取了所有明智的人所应当采用的种种措施，但最终随着好运的消失，他也就完全失去了他的王国。如前文所述，新君主如果一开始不曾奠定一个良好的基础，事后也可以运用杰出的能力进行补救。不过，对一个建筑师来说可不那么容易，这样做对于建筑物无疑是十分危险的。通过分析这位公爵的举措就会发现，他本人的确是为将来的权力奠定了极牢固的基础，因此我们对此加以分析很有必要。

除这位公爵的例子外，我想不起还有什么更合适的教训能提供给一位新君主。虽然他所有的措施没能带给他成功，但这是命运对他不友善的打击，并非是他的过错。为了提高他的儿子瓦伦蒂诺公爵的权力和地位，教皇亚历山大六世面临着当时的和后来的种种困难。首先，他想不出有什么方法可以让公爵登上教廷辖地外任何一个国家的君位。他很清楚，如果他去夺取原本属于教皇管辖的国家，米兰公爵和威尼斯人肯定是会反对的，因为法恩扎和里米尼都已受到了威尼斯的保护。此外，他还明白，尤其是本来可以调用的军队，全部掌握在那些对教皇势力的扩张心存畏惧的军人手中。他们是奥西尼家族和科隆内家族，或是他们的追随者，因此无法依靠他们。所以，他必须使意大利各国陷入混乱，以改变这种局面，这样才能更利于他控制这个国家。他发现很容易就能做到这一步，他发现威尼斯人为别的理由所驱使，乐意再度将法国人引入意大利。他很高兴地这样做了，而且主动帮助法国国王路易十二将过去的婚姻关系解除了，使事情更容易进行。在威尼斯人的大力帮助和亚历山大的同意下，法国人能够在意大利长驱直入。路易十二刚抵达米兰，教皇便向他借兵去夺取罗马尼阿。为了壮大自己的声威，路易十二则很慷慨地出兵相助。而罗马尼阿因为慑于法国国王路易十二的威名，便向教皇臣服了。

在夺取了罗马尼阿、征服了科隆内后，公爵要想稳定地统治这个地区，依然存两个障碍：首先是他的军队很难算得上是忠诚的，其次是法国方面可能会反对他。换句话说，他很担心他曾赖以成功的那支由奥西尼领导的军队不会服从指挥，这样它不仅会阻止他去攻占更多的领土，而且可能攫取他已经到手的胜利果实，并且法国国王甚至很可能也有这样的企图。公爵在攻下了法恩扎后，又前去进攻博洛尼亚。奥西尼对此表现得十分冷淡，对此他很是明白。当他攻占了乌尔比诺公国后，法国国王迫使他放弃了奔袭托斯卡纳的计划。正是这件事情，让他真正了解了法国国王的想法。于是，他下决心再也不依靠命运，再也不依靠别人的力量了。

公爵所要做的第一件事，就是设法削弱奥西尼和科隆内这两个家族在罗马的羽翼，因此他尽力争取那些曾追随这两个家族的贵族，给予重赏，使他们站在自己这边，并且按照他们的爵位分别委以官爵。这样，没几个月，他们原先对罗马人的感情全都烟消云散，他们完全站到了公爵这边。后来公爵又设法摧毁了科隆内家族，并且找机会消灭了奥西尼家族。终于有机会了，他对此把握得很好。因为奥西尼终于意识到，虽然为时已晚：公爵和教廷势力的扩大将会导致自己的灭亡，于是他在佩鲁的马焦内村召开了一次会议。结果，爆发了乌尔比诺的叛乱，接着罗马尼阿又发生了骚乱。

这使公爵几乎陷入困境。然而，在法国国王的帮助下，所有这一切危险都得以克服，公爵又一次声威大震。此时，他对法国和其他的外来势力不再信任，但是公爵很懂得怎样将自己的意图掩饰起来，因此他不得不使用一些阴谋诡计。为了通过与保罗的周旋同奥西尼家族达成和解，他用送钱、送衣、送马等手段尽力去讨好保罗，这事办得十分的妥当，最终将他们在西尼加利亚一网打尽。这些首脑被处决后，他又让他们的党羽变成自己的朋友，为自己的权力奠定了很好的基础。这时，除了乌尔比诺公国，他已将罗马尼阿全部控制了。尤其是，他确信自己已赢得了罗马尼阿人的信任和拥戴，因为人们对他们已经开始过上的幸福生活都感到满意。

有一个问题应当引起人们的重视，并且值得他人借鉴，所以不能将它略而不谈。当公爵占领罗马尼阿之后，他发现罗马尼阿过去处在一些愚钝的首领的管理之下，与其说他们是在管理，倒不如说是在掠夺。他们造出各种事端，使民众分崩离析而无法团结一致，以致地方上充满了盗贼、纷争和各式各样的暴行。这时候，公爵认为，只有建立一个好政府，才能让地方上保持安宁，使民众服从管理。于是，他委派冷酷而机敏的麦瑟·雷米洛德·奥尔科全权负责。此人只用了很短的时间就让地方上恢复了安宁与统一，一时间奥尔科声名大振。

公爵害怕奥尔科的苛酷会引起民众的愤恨，因而感觉再没有必要赋予他如此过分的权力，于是在那里设立了一个民众法庭，而且还委派了一位很优秀的首席法官，每个城邦都有自己的辩护人。公爵很清楚，奥尔科以前的措施过于严厉，已导致了不少人的憎恨，因此应该想法子安抚他们，尽力将他们争取过来。他想要向人们表明，曾经发生的那些过分残忍的行为，并非是他本人的意愿，而是来自于他手下那些天性刻薄的大臣。于是他抓住时机，在一个早晨，当众把奥尔科腰斩在切泽纳广场，一块木头和一把血淋淋的屠刀就扔在尸体旁边。这种残忍场面无疑让人懔然生畏，同时也让那里的民众感到痛快淋漓。

到了这个时候，公爵的根基已经十分稳固了，他对解决面临的困境已经胸有成竹。于是他如愿以偿地进行武装，将可能对他构成威胁的邻近势力全都消灭干净。不过，要是他想继续进行他的伟业，就不得不考虑一下法国国王的感受。他很清楚，法国国王不可能容忍他进行新的扩张了，他已经认识到自己犯了一个悔之莫及的错误。因此，公爵开始敷衍法国，并设法重新寻找盟友。当法国人进攻那不勒斯王国，以及攻打围困了加埃塔的西班牙人时，公爵就采用了这些措施，这样可以使他免受其害。不过，要是教皇亚历山大还活着，他就会更快地如愿以偿，因为这是他对付当前事务惯用的手法。

然而，公爵一想起将来的事务就忧心忡忡。首先，教廷的新的继承者也许会对他不友善，可能会将教皇亚历山大给予他的东西夺走。为了预防不测，他采用了四种措施以自保：第一，将那些已被废黜的统治者家族的后裔斩尽杀绝，使教皇将来找不到可乘之机——扶持他们在他们世袭的领土上复辟；第二，如前所述，公爵尽力争取罗马的所有贵族支持自己，这样他就可以利用他们来牵制教皇；第三，公爵尽可能使枢机主教团倾向自己这边；第四，趁着教皇尚未夺取更大的权力，从而使自己能够依靠自己的实力抵御教皇最初的进攻。公爵在亚历山大去世前已经完成其中的三件事，第四件也接近于完成：那些被废黜的统治者在他不遗余力的杀戮下很少有幸存者，罗马的贵族已经站到了他这一边，而枢机主教中也有多数对他表示支持。

至于下一步的行动，他想要统治托斯卡纳。他已经将佩鲁贾和皮奥姆比诺占领了，并且已将比萨置于自己的保护下。只要不再对法国心存顾忌（其实法国人已被西班牙人从那不勒斯赶走了，他已无需顾忌，因为他们双方都需要向他讨好），他就能马上占领比萨。那时卢卡和锡耶纳出于对佛罗伦萨人的妒忌，再加上恐惧，很快就会投降。对此，佛罗伦萨人也只能是无可奈何。本来在亚历山大去世那年，公爵就可以将这些计划实现的，这样他就具备了足够的实力和声威而完全自立，再也不需要依赖运气和别人的力量，而是全凭自己的力量和能力来统治国家。

就在公爵四处征战的第五年，亚历山大死了。他留给恺撒的是处在两个强大的敌军之间的罗马尼阿。除了它还比较稳固，其他的地方都悬而未决，并且公爵这时已病入膏肓。然而，公爵既勇猛又卓越，又深谙拉拢人的手腕以及争取不来则予以毁灭的道理，因此，公爵在极短的时间内就为自己奠定了牢固的基础。后来，如果不是强敌压境，或者他身体还健康，他完全可以克服一切困难。

我们从罗马尼阿人曾连续等了他一个多月中可以看出，他有很稳固的基础。在罗马，尽管他半生半死，可他的地位依然非常的稳固。虽然巴利奥尼人、维泰利人和奥尔西尼侵入了罗马，可是在那里他们找不到反对公爵的人前来追随他们，因此无法对公爵采取进一步的行动。虽然公爵没有能让他中意的人成为教皇，但他至少阻止了他所反对的人当选。如果亚历山大死的时候他还健壮，事情就会好办多了。朱利乌斯二世就任教皇那天，他曾对我说，他早就预感到了当他的父亲死时可能发生的一切事情，而且他已经准备好了相应的解决方案。唯独没有料想到的是，他父亲死时他自己竟也会濒临死亡。

如今我们回想一下公爵的所作所为，我认为不但没有可非难之处，反而很是值得称颂。他很是值得那些依赖幸运或别人的力量获取统治权的人效法。他有远大的目标和足够的勇气，他只能采取这些措施，舍此并无他途。只可惜由于亚历山大短命和他本人患病，才使他的宏伟壮志成为泡影。

君主为了保证他草创的王国免受外敌的入侵，就必须争取盟友，必须依靠自己的力量或讹诈去制胜；要让民众对自己又爱又惧；让军队服从自己又尊敬自己；要将那些可能危害自己的人消灭掉，必须改变旧制度；要宽宏大量，且慷慨好施；要既严峻又让人感恩；要淘汰不忠于自己的军队，积极征募新军；要同各国君主搞好外交关系，使他们要么殷勤相助，要么不敢得罪自己。那么我想，公爵的行为将是最好的最新鲜最适当的例子了。

在此，我们认为，公爵唯一可指责的，就是他曾支持朱利乌斯当选教皇。这无疑是一个错误的行为。前面我们已说过，就算找不到一个让自己中意的人做教皇，他也有足够的能力去阻止一个他不喜欢的人获取那个职位。无论如何也不应该让一个被他所伤害过，或者上任后就对他怀有恐惧的枢机主教当选教皇。因为，人们出于恐惧或者仇恨都会常常加害自己的"恩人"。被公爵开罪的人有圣·皮耶罗·阿德·温库拉、科隆内、圣·乔治和阿斯卡尼奥等，除了罗阿诺和西班牙人之外，其他人只要是做了教皇，就一定会害怕公爵。

西班牙人曾受惠于公爵并且是他的盟友，罗阿诺则由于与法兰西国王关系亲密而拥有权力。因此，公爵本应该竭尽全力举荐一个西班牙人来做教皇，即使不能成功，也应当选择罗阿诺，而绝不该选圣·皮耶罗·阿德·温库拉。要是认为施以新的恩惠就能使一个大人物抹去昔日所受的创伤，那简直是在自欺欺人。这一次公爵选择的失策最终导致了他自身的毁灭。

以邪恶之道获取君权的人

还有别的两条途径，可以使一个平民遽然崛起而成为君主。这两条途径都不能完全归诸幸运或者能力，因此不能略而不谈。其中一个方法，以后在论述"共和国"的时候还会更加详细地进行讨论。这两条途径就是：一个人利用卑鄙邪恶的手段成为君主，或者是一个平民得同胞之助而成为故土的统治者。我想用两个事例来加以说明。第一条途径，一个是古代的，一个是当代的。我想，那些打算运用此道进行钻营的人，有了这两例就足矣，没必要深究其中的功与过。

阿加托克雷是西西里低贱下流的平民，但最终却成为叙拉古的国王。他本是一个陶工的儿子，一向过着邪恶放荡的生活。可是，他的精神和肉体两方面的邪恶行径却展示出不可思议的力量。他投身军界后就平步青云，一直做到叙拉古的执政官。获取这个职位之后，他就下决心要做君主，并打算依靠暴力而非别人的恩惠来实现他的企图。为此，他还取得了迦太基人哈米卡的支持。

那时，哈米卡正率军在西西里作战。一天早上，他以共商国是为名，召集叙拉古民众和元老院来出席会议。然后他发出一个事先约定的暗号，他的士兵就动手暗杀了那些元老和富豪们。等杀戮结束后，他就夺得了这个城邦的统治权，而且不曾遇上民众们的一丝反抗。虽然迦太基人两次打败了他，最后将该城围困，可是他留下一部分人马保卫城市，以其余军队去攻取非洲①，这样他很快就解除了锡拉库萨之围，而且又让迦太基人陷入窘境，最后他们不得不同阿加托克雷讲和，这样迦太基人占有了非洲，而西西里归阿加托克雷统治。

考察一下阿加托克雷这个人的种种行径，你会发现，

---

① 指迦太基人的老巢。——编者注

他毫无或者很少得到命运宠爱。如前所述，他只是历尽艰难险阻在军队中渐渐向上爬，几乎没有得到他人的鼎力相助。最终他得到了君权，为了维持其统治，他采取了好多卑鄙的冒着风险的决策：屠杀民众，出卖亲朋，不讲信用，没有恻隐之心，更无宗教信仰。一个人以如此操行可以获取统治权，是谈不上任何德行的，更不会赢得后世的荣耀。可是，想想阿加托克雷在险境中出生入死、饱受艰难所表现的大智大勇，并不逊色于任何出类拔萃的将领。不过，他的野蛮残忍，以及数不胜数的卑劣行径，让他没有资格跻身于那些卓越人物的行列。因此，我们不能轻率地把他取得的成功归之于幸运或是才能。

在我们这个时代，亚历山大六世当政时，费尔莫市的市民奥利维罗托是一个幼年丧父的孤儿，由他的舅父乔万尼·弗利亚尼抚养长大。年轻时他就在保罗·维泰利①手下当兵，希望在那里能受到精心培植，有一日能够飞黄腾达。当保罗死后，他又效命于保罗的兄弟维泰洛佐部下。由于他身强力壮，加上机智勇敢，在极短的期间内就成为维泰洛佐军队中的首要人物。可是，他不甘久居人下，打算在

---

① 雇佣军将领，后因涉嫌背叛而被处决。——编者注

某些认为受奴役胜过他们家乡的自由的费尔莫市民和维泰洛佐的帮助下前去攻打费尔莫。于是，他给乔万尼·弗利亚尼写信说：我多年背井离乡，非常渴望回去探望您和故乡，同时能关心关心自己的遗产。他还强调说，自己除了荣誉别无所求。他请求允许他带着由他的朋友和侍从组成的一百名骑兵荣归故里，让同胞们看看，这些年他在外面并未虚度光阴。他叮嘱他的舅父好好安排，以使他受到费尔莫人荣誉的迎接，并声称这一切不仅是他自己的荣誉，也是乔万尼本人的荣誉，因为他是乔万尼抚育长大的。

乔万尼竭尽全力满足了这位外甥的要求，使他受到了费尔莫人的热烈欢迎。奥利维罗托就住在自己的家里，经过几天精心策划的密谋之后，他举办了一个非常隆重的宴会，并邀请乔万尼·弗利亚尼，以及费尔莫的所有政要人员出席。当酒足饭饱，宴会惯有的节目结束后，依照事先预定好的谋划，奥利维罗托做了一次一本正经的演讲，大肆颂扬教皇亚历山大和他的儿子恺撒的丰功伟绩。乔万尼和在场的人当即对此做出积极回应，奥利维罗托便借机站起身来说，应当找一个隐蔽的地方讨论这些国家大事，并先行退入一个房间里。乔万尼和其他人随后跟进，尚未落座，事先隐藏好的士兵们就冲了出来，将他们全都杀尽。

等杀戮结束，奥利维罗托就纵兵包围了王宫，君主惊恐不已，于是被迫承认了一个奥由利维罗托掌权的政府。

奥利维罗托将那些心怀不满并对他构成威胁的人消灭后，又颁布了一系列新的民政和军政措施来加强他的统治。在他当权的这一年中，他不但在费尔莫立稳了脚跟，而且还成为所有邻国畏惧的对象。其实，当恺撒·博尔吉亚征服了奥西尼和维泰利后，奥利维罗托将会像阿加托克雷一样难以被推翻。但是，他在西尼加利亚上了公爵的当。在他蓄意灭亲不到两年，他就被判处了绞刑，一同被处死的还有他的恩师维泰洛佐。有很多的人会对此感到奇怪，像阿加托克雷这一类无比奸诈残暴之徒，怎么却能在国内安然长久地统治下去，既不受外敌的入侵，也没有民众起来造反；而好多人，不必说在成败未定的战争中，就算处在和平的时期，也无法通过残暴的手段维持统治。

我觉得，最根本的区别就在于善用暴力还是滥用暴力。"善用"（如果作恶也可以用"善"这个字的话），是指征服者偶尔使用一下暴力，多半出于为自身安全所迫不得已，并且绝不能反复使用，除非能为臣民谋得更大的好处。所谓"滥用"则是指，虽然开始时暴力并不常用，但后来却与日俱增，而不是越来越少。采用前一种方式的统治者，若还能得人、神之助，就会像阿加托克雷那样，可以取得很巩固的地位，而使用第二种方式的君主就很难保全自己了。

所以，明智的统治者在攻下一个国家后，应当首先明确自己不得不采用的侵害行为范畴，并力争做到毕其功于一役，这样就不需日后再重复进行。因为，如果君主偶一对臣民做出侵害行为，就可以重新让他们还存有安全感，然后再通过施恩布惠的方法尽力将他们争取过来；如果反其道而行，不论是因为怯懦还是受人唆使，你的手中总是握着刀剑，这样就永远不能够让臣民信赖你。由于他不断地侵害民众，民众就会失去安全感。因此，损害行为应该一次干完，这样臣民才能少受折磨，他们的积怨就会减少；而恩惠则应一点一点地赐予，只有这样才能让人们更好地感受到恩惠。

总之，明智的君主不应当远离自己的臣民，这样可以防止意外事件发生，以免迫使自己改弦易辙，不管是坏事还是好事。因为，万一事情发生在不利的时期，这时再采取严厉的措施来补救就会为时太晚。在这样的情况下，即使你行善施惠也无济于事。因为这时人们会认定你是迫不得已，他们对你的举动是不会产生任何感激之情的。

第二部分

国民与军队

因为臣民长期听从官僚们的命令，当国家陷入逆境时，他们很难服从君主的统治。况且处于扰攘之际，君主尚不能找到可依赖的人。因此，君主不能被天下太平时的景象所迷惑。当太平之世，民众有求于君主的权威，所以他们人人都信誓旦旦，表示愿意为君主而献身，那是距死还很远的时候。真正到了环境逆转，君主极需援手的时候，却发现只有极少数人愿意为他赴汤蹈火。因为这样的考验只可能遭遇到一次，所以更具有危险性。因此，一个明智的君主要设法让他的民众永远地、在任何情势之下都有所求于他，这样才能让他们永远地忠于自己。

公民君主国

下面我们要说另一种情形。我将一个平民——不是依赖行凶作恶或者暴力手段，而是得到同胞的援助而做了君主的国家，称为"公民君主国"。而要想取得这种地位，既不是仅仅依靠能力，也不是只靠幸运，所要的是一种侥幸的机智。用这种方式得君权，要么有民众支持，要么有富人支持。由于在每一个城邦存在有两个对立的派别，公民君主国的由来就根源于此：平民不愿受富人奴役和压迫，而富人则喜欢奴役和压迫平民。这两种对立的需求在城市里便产生了以下三种后果：要么有一个绝对权威的政府存在，要么拥有自由体制，要么法纪无存，上下一团糟。而绝对权威的政府可以由民众组成，也可由贵族创立。

君主要么是民众，要么来自于贵族，这就要看哪一方能够占有上风。当贵族发现自己没有力量与民众抗衡时，他们就会抬出其中的某一个有才能的人，并且让他成为统治者，以便通过他在权力的庇护下能实现他们的愿望。民众也如此，当他们感到无力与贵族对抗时，他们就会支持自己当中的某个人获得君权，以便得到权力的保护。在有钱人的支持下获取权力，要比在民众支持下获取的权力更难以保持。因为君主的周围有许多自以为能与他平起平坐的人，因此他很难按照自己的意愿对他们进行统治。

但是，一个在民众的支持下登上君位的君主，君主自己是巍然独立的，他的四周或许只有极少数人会违抗他的命令。此外，统治者如果公正无私，不损害他人，贵族虽然会对他不满，但民众一定会支持他。因为民众的目的远比贵族的目的要高尚而公正。前者只是希望能不再受压迫，而后者则想要长久地压迫他人。此外，毕竟民众为数众多，如果民众对君主满怀敌意，那么君主永远是无法安稳的。同贵族作对则不会对君主构成危害，因为贵族为数甚少。当然，作为一个君主，他能够预料，对他有敌意的民众所作所为不外乎将他抛弃；而那些敌对的贵族，他们会起来反对君主。因为贵族要比民众更加敏感而富有洞察力。他们总能设法让自己获救，并能从他们所预料的将会获取胜利的人那里取得支持。但是，君主还是应当与民众站在一起。因为即使没有贵族，他一样可以行使权力，并且他能够随时设立或者废黜贵族，能随心所欲地给予或毁誉。

为了更好地解释这个问题，我想应该从正反两面对贵族进行分析。首先，看支配他们自己行动的方式是不是完全以君主的命运为转移。如果是，而且这些贵族又不那么贪得无厌，那就应当尊重和爱护他；若不是这样，那么就需要考验一下他，看他之所以这样是不是由于懦弱与天生缺乏胆略。如果是，你就可以利用他们，尤其是那些能够为你出谋划策的人。因为，在你国运昌盛的时候，他们将尊重你；当你遇上厄运时，也没有必要害怕他们。但是，如果他们故意疏远你是出于他们的野心，这就证明他们想着自己的利益，多于想着君主的利益。作为君主，必须提防这样的人，并将他们视为敌对分子，否则一旦逆境临头，他们常常会反叛你，从而加速你的败亡。

因此，一个受民众拥戴为王的人，必须维持民众对他的好感，而这是容易做到的。因为民众所要的，无非是摆脱受压迫的处境而已。而一个与民众作对，依靠贵族的拥戴而为王的人，他登基后，最最要紧的事是设法将民众争取过来。而要做到这一点并不算难，只需要把民众置于自己的保护之下就可以了。这样，人们原本担心君主会迫害他们，如今反而从他那里领受了恩典，这将促使他们更加亲近他们的君王。总之，君王若给了民众期望不到的好处，民众的倾心拥戴将会超过君主的预期。所以，明君要赢得民心有许多的方法。这些方法将没有一定之规，因此我无法制定出通行的准则，故不赘述。但我断言：君主必须同民众保持和谐的关系，这是极其重要的。若不然，一旦逆境到来，你将没有任何办法摆脱它。

斯巴达的君主纳比斯抵御住了所有希腊人和一支罗马常胜军的围攻，保住了他的城邦和他本人的地位。当危机降临的时候，他只要采取一些措施，处置几个罪大恶极的人就可以应付，但此刻若是民众都对他怀有敌意，那么这样的方法根本就起不了作用。这里，切莫征引相反的那个陈词滥调来反对我。那句格言是："在民众身上煞费苦心，就好像是在软泥上建筑房屋。"这句话只是对于某些个人而言。如果某人一厢情愿地认为，当他被敌人或长官们欺压时，其他的人会来声援他，这无异于自己欺骗自己。这就如同罗马的格拉奇①和佛罗伦萨的麦瑟·乔吉奥·斯卡利②遇到的情形一样，他们最终将发现上了大当。但是君主若将自己的力量建立在民众之上，他将能发号施令，身处逆境而不会动摇；而且若还能做到以身作则，以自己的果敢与谋略吸引民众，那么他将不会被民众所负。他将为自己的统治奠定良好的基础。

这种公民君主国从平民政体转向专制政体的时候常常会出现危险。因为，这类君主要么亲自施政，要么通过官吏对国家进行管理。如果是后一种情形，那么君主的权威将更加削弱，他们常常会受制于那些把持实权的官僚的意志。在危险时刻，官僚们若是采取行动反对君主，或是拒不服从君主的命令，则很容易篡权夺位。这时候，处在危难中的君主早已无法行使他的权力了。这是因为，臣民长期听从官僚们的命令，当国家陷入逆境时，他们很难听从君主的号令。况且，社会处于扰攘之际，君主更不可能找到可依赖的人。因此，这样的君主不能被天下太平时的景象所迷惑：当太平之世民众有求于君主的权威，他们人人

---

① 格拉古兄弟，是古罗马时期由平民选出的护民官。——编者注
② 14世纪佛罗伦萨下层民众领袖之一。——编者注

都信誓旦旦，表示愿意对君主效忠，那是距离死亡还很远的时候；而真正到了环境逆转君主急需援助的时候，却发现只有极少数人愿意为他赴汤蹈火。因为这样的考验只可能遭遇到一次，所以更加具有危险性，因此，一个明智的君主要设法让他的民众在任何情势之下都有所求于他，这样才能让他们永远效忠于自己。

如何衡量君主国的军力

在分析不同君主国的性质的时候，必须注意另一问题，那就是：一个君主在遇上困难时，是依靠自己的力量解决困难，还是经常需要他人援助？我认为，只要他拥有的人力、财力，能够募集同敌人相当的军队，那么他就有能力依靠自己的力量反击任何入侵者。那些必须依赖他人的君主，是指本身的力量不足以和入侵之敌在战场上周旋，而只能被迫躲在城墙后面加以固守。我们在前面已经讨论过前一情形，以后有机会还会谈到。遇上第二种情形，我将鼓励这个君主不要顾及城外的领地，只管备足粮草，固守城防。此外再也没有什么良策了。任何一个统治者，如果在自己的城外已筑起了坚固的堡垒；而且，他和臣民之间关系融洽，那么将没有外敌敢贸然来侵犯他。因为，没有人愿意去做一件困难重重的事，——去进攻一个壁垒森严，且其统治者又不为其民众所恨的国家。显然，这是很难成功的。

日耳曼的城邦中只有很少的农田，人们是完全自由的，他们一点也不害怕统治者或邻近的那些君主，要不要服从统治者则根据他们的意愿而定。因为他们早已做好了防御体系，谁都知道想要攻陷这种城堡将是旷日持久、异常艰难的。因为所有的城堡四周都筑有适当的壕沟与城垣，装备有足够的大炮，而官仓中储备有足够一年之用的食物和燃料。同时，为了保证民众供给，官方一年到头总是能够让民众在劳动中获得衣食以及其他东西。同时，他们也十分重视军事训练，而且制定了许多与此相关的规章制度。

因此，一个拥有坚固的城池，又不曾积怨于民的君主，一般不会受到攻击。假如有鲁莽的来犯之敌贸然进攻，必将狼狈不堪地退兵。因事情总是千变万化的，让一支军队整整一年无所事事地围城扎营，实在是不大可能。倘有人提出反驳意见说：那些在城垣之外拥有产业的民众，如果眼看着他们的产业将毁于战火，他们会失去耐心。他们保卫私产的利己之心，会导致他们忘记对君主的爱戴。而我却认为：凡是坚强勇敢的统治者总能克服眼前的困难，他有时用希望来鼓舞臣民，称面临的苦难即将结束；有时他用敌人的残酷来引起百姓的恐惧。而对于那些乘乱图谋不轨的臣民，他会很巧妙地处理，以此来保证自己的安全。

此外，入侵的敌人总会在城池四周烧杀劫掠，这时要是城中的士气旺盛，民众的抵抗心很强，那么君主绝不能犹豫不决，不然拖延时日，一旦士气消沉，举城濒危，灾害临头，那就无可挽救了。当然，在民众下定决心一同抗敌时，他们的房宅家产也会随着君主的抵抗行动毁于兵火，所以君主要对民众抱有同情心，这样民众会更加义无反顾地与君主站在一起。所以，不管是施惠还受惠，同样能使君民团结在一起。一位明智的君主，只要他备好粮食，防守得当，就完全可以让他的臣民团结起来，保持坚定意志以抵御外侮。

教皇国

现在，只剩下教皇国有待探讨了。这种国家，其主要的困难来自于夺取政权之前。取得这样的国家要么依靠能力，要么依靠幸运。而想要维持它却并不靠以上二者，而是靠历史悠久、相沿成习的宗教规则。这些教规至今仍然十分强大有力，并且具有这样一种特性：让君主（教皇兼国王）把持权位，对他如何行事和生活却不加过问。然而，教皇国虽然没有军事防备，却无被人篡夺之虞，臣民没有受到管理却也毫不介意，而且也不可想象会出现君主和臣民之间相互背离的事。这样的君主国无疑是安全和幸福的。

这样的国家之所以能够维持，是由于得到了人类智力难以企及的崇高理想的支持。这里我就不谈他们了，因为他们得到了"上帝的选拔"，他的国统为上帝所维持。倘若谁打算对此进行讨论，只能表示他极其愚蠢。

或许有人会问我，教廷怎么会在世俗事务中获得这样强大的实力呢？在教皇亚历山大六世之前，意大利的掌权者们（不仅包括这些被称君主的人，甚至还有小小的贵族和领主们），在世俗事务方面从来不将教廷放在眼里。可如今，就连法国的国王都会对它怕得发抖。因为教会有能力将法国人驱逐出意大利，并且毁灭了威尼斯人的统治。尽管这是众所周知的事，但是我还是觉得有必要对它回顾探究一番。

法国国王查理①入侵意大利之前，统治这个地方的有教皇、威尼斯人、那不勒斯国王、米兰公爵和佛罗伦萨人。这些统治者时时操心这样两件事：第一是阻止外国军队入侵意大利，第二是在他们之中谁都不得扩张领土。在这中间，教皇和威尼斯人是大家的眼中钉。

为了对威尼斯人的野心有所遏制，其他小国必须联合

①　指查理八世，1470－1498。——编者注

起来结成同盟，就像为了保卫费拉拉一样。而为了遏制教皇，他们把罗马的贵族分裂为奥西尼和科隆内两个派别，并让他们相互攻伐。他们手执武器对教皇虎视眈眈，让教皇感到胆战心惊。虽然间或也有一两个教皇像西克斯图斯那样勇敢，但是无论命运还是机谋都未能让他们解除烦恼。教皇当权的时间短促是一个原因，因为一个教皇平均只有十年在位的时间，他很难在任期中镇压两派中的任何一派。此外，即使某一个教皇几乎要将科隆内叛乱镇压了，可是等新的教皇上任后，很可能会与奥西尼为敌，这样他就会让科隆内再度崛起。

而为了扶持科隆内这一派，他就拿不出足够时间去打击奥西尼这一派。这就是为什么教皇的世俗权力始终在意大利无足轻重的原因。后来，亚历山大六世崛起了。他继位之后，权威很快就超越了过去的教皇。在所有的教皇中，只有他能够利用金钱和武力来实现自己的目的。他将瓦伦蒂诺公爵当作工具，并且抓住了法国入侵的大好机会，做出了我的先前谈论公爵的业绩时已经说到的非凡成就。尽管亚历山大的本意只是为了帮助公爵发展势力，而并非打算尽力扩张教廷势力，可是他努力的结果却让教廷势力取得了飞速的发展。他去世后不久，瓦伦蒂诺公爵也被灭亡了，从此以后教廷就完全享用了他的劳动成果。

随后，教皇朱利乌斯二世就任了。他即位的时候，教会势力空前强大，已成了罗马尼阿全境的主人翁。贵族们已被镇压了，而贵族们的帮派之争也在亚历山大凌厉的打击之下消失了。新教皇还发现了在亚历山大之前不曾有过的敛财的方法。所有的这些方法，朱利乌斯不仅完全继承，而且还将之发扬光大，并增加了一些新措施。他决定占领博洛尼亚，征服威尼斯人，然后将法国人驱赶出意大利。所有这些战略设想的实现为他带来了空前的声誉。不过，更值得赞美的是，他的所作所为都是为了要增加教会的力量，而并非为了发展个人的力量。他又设法让奥西尼和科隆内两派永远保持在他当权之初的情形：两派各得其所，各守本分。

在他们当中虽然有一些可以左右局势的人物，但有两件事将他们牢牢地控制：其一是教廷的强大让他们有所畏惧；其二是教皇禁止他们之中的任何人担任枢机主教的职位。因为这种职位是党派之间发生斗争的根源。如果他们之中有人担任枢机主教，那么就会出现无休止的党派之争，因为这些主教一定会在罗马内外扶植他们的同党，贵族不得不对他们进行保护，如此一来主教们的野心就会导致贵族之间发生冲突。我们期望教皇朱利乌斯陛下应当明察教宗职位强有力的作用。陛下前任已经依靠坚甲利兵使这一神圣的职位变得无比重要。如今陛下无尽的美德与博爱，将使这一职位变得更加的辉煌与崇高。

军队的类型及雇佣军

　　我在本书开头时就提出来要讨论的种种君主国的特性，现在已经详细论述过了，并从多方面分析了这些君主国盛与衰的理由，以及缔造王国和维持王国的各种措施。现在我需要约略分析一下他们遇到危机时可能采取的攻防措施。在上面我们已讨论过：君主必须将统治建立在强大的军队基础之上，不然必将招致灭亡。而所有的国家，无论是新兴的国家，还是老旧的国家，或是半新半旧的混合型国家，其立国的根本乃在于健全的法律和优良的军队。因为，若没有优良的军队，法律就无法健全。而拥有良好的军队，则必然需要有健全的法律作保障。

在此，我暂不讨论法律问题，而只谈谈军队问题。我认为，君主国用以保卫其国家的军队有这样几种，要么是君主自己拥有的，要么是雇佣军或外国援军，还有就是不同方式混合而成的。外国援军和雇佣军有害无益，君主若将自己的统治建立在雇佣军之上，那么他将既不能安定，其安全也无法得到保障。因为，这类军队是乌合之众。他们骄傲自大，各怀野心，且风纪败坏，不讲信义。在民众面前则耀武扬威，在敌人面前则胆怯懦弱。他们对上帝不敬，对朋友不诚。作为君主，他之所以能迟迟不落败，仅仅是敌人延迟了对他的进攻而已。

和平时期，这些雇佣军会掠夺君主的臣民，而在战争时期敌人又会来掠夺他的臣民。之所以发生这样的情形，主要原因在于：他们的动力除了那些佣金之外，根本不存在爱戴，也没有别的更好的理由能让他们坚守在战场。而那些微薄的佣金根本不足以让他们为你出生入死。因此，只要没有战争，他们就乐于做你的兵卒；如果战火燃起，他们就会溃不成军，或是溜之大吉。想证明它是很容易的，因为近些年来意大利的土崩瓦解，就是多年以来依靠雇佣军所致。

当然也有一些君主的确从其中获得了利益。在相互之间的争斗中，某些雇佣军也表现得骁勇善战。可是一旦强敌压境，他们就会显出原形，结果法国国王查理手中"挥舞着粉笔"① 就可以攻入意大利。有人说，落得这样的下场是我们的过错，或许他说得没错，但绝不是他所想到的那些过错，而是我这里已经论及的君主们的过错，他们最终为此付出了代价。

我打算更进一步指出这种军队的不可靠性。雇佣军的首领们有的能干，有的则是无能之辈。如果他们非常能干，那么他们就无法取得君主的信任，因为他们总是设法为自己谋取权力，这样的结果不是威胁到君主权威，就是违反君主的旨意去压迫他人。反之，如果将领是个无能之辈，君王的政权很可能就会毁在他的手上。

或许有人会这样说，不管是不是雇佣军，他们手中只要掌握了武器，都会对你造成威胁。可是我认为，一个国家，不论它是君主国还是共和国，如果它必须出兵，那么君主应当亲自挂帅，身临前线。若是共和国，则应当派遣

---

① 此为引用教皇亚历山大六世形容查理八世征服意大利轻而易举所说的俏皮话。意为查理八世手里拿着粉笔，只要他在哪里画个标记，就能够轻松地攻取那里，并在那里安营扎寨。——编者注

一位合适的将领前往。若是被派出的将领不足以胜任，那就应当及时地予以撤换；如果这个人有能力胜任，那么也应当用军法来约束他，以使他不至于越轨。

以往的经验表明：只有自己带兵的君主和武装起来的共和国才能够终成大业，而雇佣军充其量是成事不足而败事有余。而且，要让一个用自己的力量武装起来的共和国屈从民众的意志，远远难于让一个依靠外国力量武装起来的国家屈从民众的意志。罗马与斯巴达因为拥有自己的武装军队，故能维持好几个世纪的自由。而武装得最彻底的瑞士人，则享受了完全的独立与自由。而与此相反，迦太基人则为我们提供了一个使用雇佣军的危险例子。虽然迦太基人委派了自己的将领去做雇佣军的首领，但在第一次与罗马人开战之后，他们就受了雇佣军队的威胁。

埃帕米农达①死后，底比斯人请马其顿的菲利浦来担任军事指挥。而取得胜利之后，他们的自由却被剥夺了。菲利浦公爵死后，米兰人便雇佣弗朗西斯科·斯福查去攻打威尼斯人，等到卡拉瓦焦一战将敌人打败后，斯福查却同威尼斯人联合起来，掉转矛头击垮了他的雇主。那不勒斯

---

① 公元前4世纪底比斯的将领和政治家。——编者注

女王乔安娜曾经雇用斯福查之父担任军队统帅，可是他后来突然弃她而去，结果导致军队的解体。女王为了挽救她的国家，被迫投入了阿拉贡国王的怀中。

威尼斯和佛罗伦萨先前也曾请来雇佣军为自己扩张势力，雇佣军的将领不但没有自己称王，而且还有效地保卫了他们。我认为，在这件事上，佛罗伦萨人算是很侥幸。虽然他们很有可能会对那些精明强干的雇佣军统帅感到忧心忡忡，可是那些让他们心存畏惧的能干的统帅中，一些人没有打赢，一些人遇上强大的对手，另一些人则是他们的野心没用对地方。约翰·霍克伍德①就是没有能取得胜利的那一类。正是因为他不曾获胜，所以他的忠义也就无从谈起。但是谁都会明白，如果他打赢了，那么佛罗伦萨人就得归他统治了。

斯福查则有布拉西奇这样强劲的对头牵掣着，而弗朗西斯科则是将他的野心用在了伦巴第，至于布拉奇奥则是忙着把矛头瞄准教廷和那不勒斯王国。看看不久前发生的事情吧：佛罗伦萨请保罗·维泰利做了他们的统帅。此人向来老谋深算，从平民起家而至声名显噪。要是他攻下了

①　1320－1394，活跃于意大利的英国籍雇佣军首领。——编者注

比萨，那么佛罗伦萨人必将为他所主宰。没有人能否认这一点，因为，佛罗伦萨人既然雇佣了他，那就只好服从于他。不然他若被敌方所雇佣，那么佛罗伦萨人将一败涂地。

如果我们分析一下威尼斯人的所作所为，就会发现，他们进攻大陆①前，一直都是自己人在作战，无论是武装的平民还是贵族都表现得英勇善战，取得过辉煌的成就。可是当他们转向大陆作战之时，他们抛弃了这种英勇气概，开始学习意大利式的战法。威尼斯人在大陆扩张的初期，一来由于地盘还不够大，加上那时名声赫赫，所以他们一点不害怕雇佣军将领。可是后来，随着卡尔米纽奥拉②的指挥，他们攻占的地盘逐渐扩大的时候，威尼斯人便开始尝到了这个错误的苦头。

由于卡尔米纽奥拉指挥威尼斯人战胜了米兰公爵，威尼斯人发现卡尔米纽奥拉具有卓越的军事才能。但与此同时，卡尔米纽奥拉则表现得越来越无心征战。于是，威尼斯人认为，不可能指望在他的指挥下继续赢得胜利。但是他们又不愿也不能将他解雇，否则他们将失去已经占领的

① 指整个意大利半岛。——编者注
② 1390－1432，雇佣军首领，初为米兰效命，转而为威尼斯效命，后以背叛罪被处决。——编者注

一切。为了免受其害又确保自己的安全，威尼斯人只好将卡尔米纽奥拉杀了。此后，他们又先后雇佣巴尔托洛梅奥·达·贝尔加莫、鲁伯托·达·塞维诺言、皮蒂里亚诺公爵等为将领，这样他们就处在一种对失败的忧虑之中，最终却一无所获。终于，恶果出现在维拉之役：800年来，威尼斯人辛辛苦苦取得的一切，就在这场战役中化为烟尘。由此可以看出，依靠雇佣兵，就算是能有所获取，也是微不足道的，并且还来得又慢又迟。可是被它断送征战的成果，却快得使人难以相信。

到目前为止，我所讨论的例子以意大利为多，因为这些年来意大利人雇佣的军队控制了意大利。在下面的讨论中，我想应当回顾一下雇佣军的来龙去脉，只有知道了雇佣军制度的起源和发展，才能对其更有效地加以控制。你一定知道，早些时候的意大利，随着神圣罗马帝国开始在意大利衰败，教皇在世俗事务中获取了更大的权力。那时意大利分崩离析，小国林立，一些大城市的民众时常武装起来反对压迫他们的贵族。而这些贵族过去是在罗马帝国的皇帝的支持下才占领了那些城市。教廷为了扩充自己的世俗权力，则开始援助这些城市，拥护各个城市民众的反抗。一些城市的民众在反抗中篡夺了统治权，自立为王。

这样，意大利差不多就全部落入了教廷和形形色色的共和国手中。虽然教士与市民控制了意大利，但是他们在军事方面毫无经验，于是他们就开始雇佣外国人来带兵作战。

第一个靠这种军队弄出名堂来的，就是罗马尼阿的阿尔贝里戈·达·科尼奥。他的手下出了不少人物，像后来依次成为意大利的主宰者的布拉奇奥和斯福查。紧随着他们的谢幕，别的将领又接踵而来，统帅着雇佣军直至今日。而意大利人雇佣他们的最终结果是：曾受查理八世的欺凌，路易十二的劫掠，以及西班牙王斐迪南的强暴，还有瑞士人的侮辱。

以下就是他们惯用的伎俩：刚开始的时候，他们通过贬低步兵来抬高自己声势。之所以这样，是由于他们没有自己的地盘，得依靠受雇佣的收入维持生计，步兵人数若太少，则无助于让他们赢得声誉，而步兵人数若是太多又没能力供养。所以，他们采用骑兵，而且始终保持一个合适的规模，这样既能让他们获得最大的收益，又能给他们带来巨大的荣誉。于是后来出现了这样的情形：一支两万人的队伍，步兵不到两千人。

此外，他们还千方百计采取措施使自己和士兵们减少危险。他们在战斗中并不互相残杀，而是致力于捕捉俘虏，然后不要赎金就将之释放。他们向来不搞夜袭，而城中的守军也不夜袭他们的营地。他们在军营四周不掘壕沟，不立栅栏，冬季到了就不出征。这些几乎成了他们公认的军事惯例，目的则是为了避免疲劳和危险。而这样的结果最终导致了意大利遭受奴役和欺凌。

援军、混合型军队和本国的军队

还有一种没有好处的军队就是外国援军。召唤一个强大的外族来援助和保护自己，教皇朱利乌斯三世近些年来就经常这样做。鉴于在征讨费拉拉时他所雇佣的军队的低劣表现，于是他转而开始求助外国援兵。他同西班牙的君主斐迪南达成协议，由斐迪南的部队向他提供军事援助。这支军队本身或许是能征善战的，可是对于邀请他们的人而言，却是十分有危害的。因为，倘若他们失败了，你依然是孤立无援；倘若他们胜利了，你将会像囚徒一样被困于其权力之中。

类似这样的例子，古代历史中比比皆是，能征引出许多来，但我还是更愿意引用教皇朱利乌斯二世这个比较近的例子。他的事情，或许许多人都记忆犹新。他的某些作为，实在是愚不可及：为了夺取费拉拉，他居然将自己的命运交于一个外国人的手中。不过算他幸运，由于一件意外事件的发生，才使他得以免去更大的不幸。那件意外事件是这样的：他的外国援军在杜文纳被法军打得大败，这时瑞士人突然在战场上出现，将那些胜利者全赶走了。

这样的结果出乎所有人的意料。一方面他的敌人已经溃逃，他没有成为敌人的俘虏。同时，由于帮助教皇获胜的是其他的军队而不是援军，也使他避免成为外国援军的俘虏。佛罗伦萨人自己没有丝毫武装，却召来了上万名法国士兵去进攻比萨，这种做法比起他们过去遇上的任何一个危难时期都要危险。君士坦丁堡的帝王把一万名军队开进希腊来对付它的邻邦，然而战争结束之后，他们却不愿离去，这使得希腊开始遭受异教徒的奴役。

因此，如果你不想取得胜利，那就请利用外国援军吧！他们的危险要比雇佣军大得多。因为外国援军中所有的人团结一致，而且完全服从他们国王的统治。这就和雇佣军不同。如果雇佣军获得胜利而打算加害你，他们需要长时间的准备以便找到一个良机。雇佣军仅仅是被你请来作战的，而且由你发放军饷，他们并非是一个整体，因为他们的首领通常是由你委派的第三者来出任，这个首领不可能很快拥有足够的权威，从而对你构成威胁。所以，对于雇佣军而言，其患只在于懒散怯懦；而对于外国援军而言，其英勇强悍反而是最危险的。

因此，明智的君主总是拒绝使用外国军队而尽量动用自己的军队。哪怕是使用自己的军队打了败仗，也强于使用外族军队打了胜仗。总之只靠外国援军是不可能取得真正的胜利的。这里我将毫不迟疑地再度引用切萨雷·博尔贾①的事迹为例。这位公爵凭着外国援军攻入了罗马尼阿，他当时统率的全是法国的军队，而且还进一步攻占了伊莫拉和富利。可是后来，他感到外国援军不可靠，转而使用雇佣军。他认为雇佣军的危险性要小一些，于是他雇佣了奥尔西尼和维泰利的军队。可是，在作战过程中他发现，这种军队也很是可疑，他们惯于胡作非为，而且心怀鬼胎，于是公爵毫不犹豫地消灭了他们，转而依靠他自己的队伍。

在这里，我们应当注意：当公爵依靠法国援军，以及

---

① 教皇亚历山大六世之子。——编者注

奥尔西尼和维泰利的雇佣军，再后来又依靠自己的军队的时候，他的名誉截然不同。我们从中很容易看出，这些军队是多么大相径庭。我们发现，当后来众人都知道他是自己军队的唯一主人时，他的名声便与日俱增。他受到人们极高的尊重，是过去任何时候都不曾有的。

我不想撇下意大利的情况去空发议论，但也不想忽略前文提到的诸人之———叙拉古的锡耶罗。前文已述，当叙拉古人将他推举为军队的统帅后，他很快就发现，像今天意大利人那样四处召人拼凑成的雇佣军是没有什么好处的，这些人既不好管束又无法解雇，于是他断然行动，将他们都彻底消灭。此后，在他统帅下作战的就是自己的军队而不是外国援军了。

现在我还想回顾一下《旧约》①里涉及这个问题时所做的一个譬喻。大卫②自告奋勇请求扫罗王③同意他同非利士人的挑战者歌利亚④一决高下。于是扫罗给他佩戴上自己的铠甲，只为着给他壮胆，但是大卫试了一下马上就谢绝了。他说，穿戴上您的盔甲无法更好地发挥我

① 《圣经》的章节。——编者注
② 原为平民，以牧羊为生，后成为以色列王。——编者注
③ 时为以色列王。——编者注
④ 《旧约》中记载的巨人。——编者注

自己的力量。他宁愿用自己的投石器和牧羊刀去同敌人作战。总而言之，别人的铠甲若不是不合你的身材，就会使你不堪重负，或者束手束脚，让你不能发挥自己的力量。

法国国王路易十一的父亲查理七世依靠自己的幸运和才能，把法国从英格兰的统治之下解放出来。他认识到用自己的军队来武装的重要性，于是在他的国家颁布了有关骑兵和步兵的法令。可是后来他的儿子路易十二废除了自己国家的步兵，开始招募瑞士军队。今天的实践经验证明，这一错误，还有随之而来的种种错误，是导致这个王国最终失败的祸根：路易十二让瑞士军队大长威风，而自己的士兵则垂头丧气。因为他完全废除了自己的步兵，并且让自己的骑兵依赖于外国援军，因为法国骑兵和瑞士兵协同作战久了，已经形成了这样的习惯。他们认为，若是离开瑞士兵就无法取胜。结果是法国失去了和瑞士对抗的能力。而一旦没有了瑞士军队，他们也没有能力与别的国家作战了。这样，法国的军队就成为一支"混合型军队"，其中有雇佣军，还有它自己的军队。从总体上来说，这种军队要大大优于单纯的外国援军或单纯的雇佣军，但比全部使用本国的军队还是差得太远，上述情况证实了这一点。如果当初路易十二继续沿袭查理的措施，那么法兰西王国将会所向披靡，战无不胜。

人们常常会采取一些草率的措施而不全面地考虑其中的隐患，就像我先前提起的消耗热病是一样的。因此，一个君主不能在祸患萌芽之时便立即认识到它，就不能算明智。而具有这种天赋的君主真是凤毛麟角。分析一下罗马帝国覆灭的原因，你就会发现，其主要是君王招募哥特①雇佣兵所致，此后帝国的力量就日渐衰落。而作为罗马帝国的尚武气概及力量源泉全都转移到哥特人那里去了。

所以，我认为，任何君主国若没有自己的军队，就毫无安全可言。也就是说，若是君主没有一支能在生死存亡之际誓死尽忠于他的军队，那他将完全为命运所摆布。因此，明智之君应当永远记住下面这句古话："权力，若不是建立在自己的力量上，不管其外表具有多么强大的威望，终将是脆弱而不可靠的。"这里所谓的自己的军队，是指由君王的国家或臣服于君王的国家的臣民所建立的军队。除此之外，所有军队要么是雇佣军，要么是外国援军。因此，

---

① 为东日耳曼人部落的一支。——编者注

你若能对上述四人的谋略了如指掌，或者你肯留心看看亚历山大大帝之父菲利浦，还有别的一些君主和共和国是怎样来建立自己的军队的，我确信，从中你很快就会悟出自己的治理军队的方法。

君主对于军民的责任

　　一个明智的君主，除了为有关战争及其军队的组织与
纪律而操心外，而不应该有其他的志趣和爱好，也不应花
工夫钻研其他的世俗学问。因为，战争艺术是君临天下的
人必须掌握的唯一的艺术，其实用性不但能让那些天生为
君的人维持统治，而且还能使那些生而为庶民的人跃登君
位。反过来，那些距丧权之日不远的君主，多半是贪图
享乐、疏于国事的昏君。他们亡国的首要原因就是忽视
了军事艺术这一职业，而获取一个国家的重要原因则是
精于此道。弗朗西斯科·斯福查能从平民一跃成为米兰

公爵，就是由于他专心致志地研究军事之道；而他的子嗣又由公爵沦为了平民，正是由于他们疏忽军事艺术所致。

因为，不重视整军经武首先带来的麻烦就是让民众开始蔑视你，这是一个明智的君主应当警惕的耻辱，关于这一点，我想留到后面再说。因为，一个全副武装的人和丝毫不曾武装的人是无法相提并论的。指望武装起来的人心甘情愿地去服从尚未武装起来的人，或者不曾武装起来的君主安然无恙地置身在武装过的臣仆中间，这是不太可能的。因为臣仆对他充满了轻视，而君主则满腹疑虑，君臣之间就很难做到同心戮力。所以，那些不谙军务的君主除了会给自己带来上述种种恶果外，他还得不到军队的尊敬，也无法去信赖军队。

因此，明君对军事方面的问题永远不可掉以轻心，而且平时应该比战时更加注意自律，他可以从行动以及思考这两个方面去努力领悟军事艺术。在行动方面，他首先要让士兵们勤于操练，军纪严明；此外，他还应当经常到野外行猎，以便让身体更好地适应任何艰难困苦。而行猎更深层的意义在于，能够让他知道各种战场的地形地貌，了解山峰谷地的起伏，平原的开阔，以及河流沼泽的特性。

对于所有这一切，他都应当了如指掌。这可以给他带来两种好处：首先，可以让一个君主充分地熟悉自己的领土，并且能有更好的办法来保卫它；其次，依据从各种战场所获得的知识与经验，日后能够对其他任何战场的特性有更好的把握。例如，托斯卡纳的丘陵、山谷、平原、沼泽以及河流，与其他地区的地形就有着一定的相似处。因此，通过对一个地区地理特征的把握，就可以轻易地推知另一地区的地理地貌。而一个缺乏这种地理认知的君主，也就缺乏了一个统帅首先所必备的重要素质。因为这些知识可以教他怎样发现敌军，怎样去选择最合适的安营扎寨的地方，怎样统领自己的军队，怎样进行战略规划，以及怎样更好地围攻一座城市。

历史学家一向对亚该亚人①的君主菲洛波曼的一个主要事绩称颂不已。那就是，即使在和平时期，他对作战之法也念念不忘，而不会为其他的事分心。每当和朋友们在野外散步的时候，他们常常行而论道："如果敌人占据了那座山包，而我们的军队正好处在这里，那么哪一方的地理位置更加有利呢？如何才能保持整齐的阵形，向敌军推进呢？

---

① 在《荷马史诗》中泛指当时的古希腊人。——编者注

如果情况不利，我们应当采取什么样的方式来撤退？若是敌人退却时我们应当怎样去追击呢？"他和朋友们一边散步一边谈论着一支军队有可能遇上的各种问题，倾听他们的看法，同时也说出自己的见解，并且还加以论证。基于这种不断的讨论，当他统帅军队时就不会发生那种使他无法应付的意外情形。

此外，一个明君还应当研读历史来训练自己的头脑。了解那些历史上伟大人物的生平事绩，分析他们在战争中采用了什么策略。为避免步其后尘，应当研究他们胜败的原因。他应当以某个受到赞美和尊崇的先人为榜样，常常揣摩其治军方略和英勇事绩，效法那些杰出人物，和他们一样处理事情，就如同亚历山大大帝效法阿基里斯①，恺撒效法亚历山大，西比奥②效法居鲁士。读一读色诺芬③所描述的居鲁士传记你就会明白，西比奥效法居鲁士，给自己的一生增添了多大的荣耀，而且西比奥在洁身自好、与人为善、宽宏大量方面，同色诺芬所描述的居鲁士的特性几乎是一模一样。

---

① 荷马史诗特洛伊战争中的半神英雄首领。——编者注
② 前237—前183，古罗马著名将领。——编者注
③ 约前440－前355，历史学家，苏格拉底的弟子。——编者注

综上所述，贤明的君主应当不懈地去实践这些方法，和平时期也应尽力花费大量的时间去揣摩它，而不是整天无所事事。若能这样，遇上危难时，他就能争取主动。一旦事情有变，他就可以自如地应付。

君主受人褒贬的原因

现在需要考察一下，君主究竟应当采取怎样的方法和行动来对待臣下和朋友。关于这一点，已有许多人著书立说。如今我又来舞文弄墨，并且我讨论这些问题所持的观点与众不同，所以很容易被人视为狂妄自大。

可是，我的本意是写点有用的东西，留给那些真正能够通晓它的人。所以，我必须专注于事物的真实本相，而不是去讨论想像中的事物。许多人都迷恋于那些不曾见过、也不知道是否真实存在过的共和国或君主国，但是在这样的国度里，人们应当怎样生活，同在实际上怎样生活，有天壤之别。所以，倘若一个人的理论只存在于假设之中而将现实世界置于脑后，那么他不但无法安然自存，反而会招致自我毁灭。因为，那些在任何情况下都固执地行善之人，当他置身于众多不善之人当中时，必将一败涂地。所以，要想更好地保住自己的权位，首先君主应当知道如何用权力，同时一定要把握好"仁"与"不仁"的分寸。

所以，应当将那些想像中的"为君之道"撇在一边，而注重真实的情况。我认为，那些被人评论不休的人——尤其是高高在上的君主——之所以被载毁载誉，是因为他们如下的品质表现：有的被誉为"慷慨"，有的则被贬为"吝啬"（这里我用的是托斯卡纳的方言，因为"贪婪"一词在我们的方言中，还意味着企图强行掠夺财物；而"吝啬"则是指尽力隐瞒自己的财物而不使用），有的被看作"乐善好施"，有的被看作"贪得无厌"；有的冷酷无情，有的慈悲心肠；有的言而无信，有的一言九鼎；有的生性怯懦，有的勇敢强悍；有的平易近人，有的倨傲不逊；有的坐怀不乱，有的荒淫好色；有的诚信可靠，有的奸诈多端；有的顽固，有的宽宏；有的轻率，有的稳重。如此等等，不一而足。

一个君主若是能表现出上述各项中优秀的一面，我想，人人都会称颂他，当然是最好不过了。但是，一个统治者不可能将这些好的一面全部具备，或者能够完全做到，因为人不可能做到尽善尽美，所以他最需要加以小心的是，避免那些会导致他丧失权位的行径。而且如果有可能，应当利用那些不会招致丧失权位的恶行；如果不能，就将之忽略不计。君主没有必要因为自身有些会招人非议的恶行而忐忑不安，倘若不这样，他就很难保住自己的权位。如果能全面分析一下其中的根源你就能发现：如果君主对一些看上去很有德行的品质身体力行，反而会自取灭亡。而一些看上去邪恶的品质，君主若是能够亲自去奉行，很多时候却能带给他安宁与福祉。

第三部分

君王的形象与施政

人们通常都会认为，值得赞美的君主应当言出必行，开诚布公，不施阴谋诡计。可是，这个时代的经验告诉我们：那些创下丰功伟绩的君主一般都不重视守信，而是很善于运用阴谋诡计，将人们搞得晕头转向，并且最终征服了那些讲求信义的人们。因此，你必须知道，世上历来就有两种斗争方法：其一是运用法律，而另一种则是运用武力。前一种方法为人类所特有，而后一种则是属于野兽。但是，前者常常不足其用，所以常常要诉之于后者。所以，君主应当熟知兽性和人性的应用之道。

慷慨与吝啬

这里，我们将从上述的第一种品质开始分析。被人们称为"慷慨"或许是件好事。可我认为，一旦你因为慷慨出了名，你就会身受其害。即使你明智而恰当地运用这种品质行事而不为人所知，你也无法赢得人们的认可，甚至会获得适得其反的骂名。因此，一个人为了希望在人们面前享有慷慨之名，就不得不大肆挥霍，以至于常常会将自己的财产耗尽。到最后，为了继续保持住慷慨之名，他必然会额外地加重民众的负担，开始横征暴敛，不择手段地攫取钱财。这无疑会使他受到臣民的仇恨，而且在他拮据的时候，没有人会尊重他。这种慷慨的结果是受害者众而得益者寡，因此一旦有灾祸降临，君王就可能首当其冲受到危害。而当他认识到这些，并打算改弦易辙时，他立即就会获得吝啬的骂名。

君主如果想利用慷慨来沽名钓誉，就一定会危害到自己。所以，一个明智的君主应当对此慎思，不必介意吝啬的名声。如果君主通过开源节流使国库丰盈，有强大的力量来防御任何敌人发动的攻击，能建功立业却一点也不加重民众的负担，那么，随着时间的推移，人们会渐渐认识到他的慷慨，最后，他能使大多数人领受到慷慨的好处而又无所失，而在此前，他只对很少的人表现出了吝啬。在我们这个时代，常常有人被加以吝啬之名，可他却创下了不朽的伟业；而那些没有背负骂名的人却全都销声匿迹了。教皇朱利乌斯虽曾借助慷慨的名声登上教皇之位，可是后来为了进行战争，他就不再顾惜慷慨的名声了。法国国王虽然进行了许多征战，却并不曾向他的民众多征苛捐杂税，这完全依靠他长时期的吝啬，才使他有能力负担庞大的财务支出。倘若今天的西班牙国王以慷慨而闻名，那么他就不可能取得这样硕果累累的伟业。

因此，为了能够自保，为了不对民众进行掠夺，为了不陷入困境被人们轻蔑，为了不至于被迫对臣民横征暴敛，君主应当不在乎吝啬之名，这是使他统治天下长治久安的一种恶名。有人说：恺撒因为慷慨而得到了最高统治权，而且还有许多人也因为慷慨而得到了至高无上的地位。可是我却认为：倘若现在你已成为一个君主，那么你的这种慷慨就会有害于你；倘若你现在正在走向君位的途中，那么被誉为慷慨却是非常有必要的。恺撒是那些力求获取罗马君权的人物中的一个。可是，当他获取了罗马统治权后，而不去节制浪费，那么他的行为就会导致帝国毁灭。

假如有人反诘：世界上曾有很多这样的君主，他们四处征战，建立了伟大的功业，同时还享有极盛的慷慨之名。对此，我的回答是：君主创业所费的财物，有的是自己的，有的是老百姓的，还有就是别人的资助。若是第一种情形，他必须精打细算；若是第二种情形，他还会对表示慷慨的任何机会有意忽略。一位君主率军出国征战，倘若他需要通过掳掠、缴获与勒索别人的财物来维持军资，那么他就只能靠染指别人的财产来彰显他的慷慨，这种情况下他必须慷慨大方，不然就没有士兵会追随他。而对于那些不是你的、也不是你的民众的财富，你尽可以像居鲁士、恺撒和亚历山大那样，充当一位慷慨的君主，因为你慷他人之

慨不仅不会有损于你的名声，反而会为你增添名声。只有
当你把自己的财产挥霍尽了，你才会受到损害。

　　我想，在这个世界上没有什么东西会比慷慨消耗物质
更厉害的了。因为，当你慷慨你自己的财产的时候，你将
很快失去这种慷慨的能力，你很可能因此陷入穷困而受人
轻视，或者因为想避免陷于贫穷而贪得无厌，惹人憎恨；
而不慷慨不大方，虽招人非议，却不会招人憎恨。如果宁
愿挥金如土而追求慷慨之誉，则必然会导致对民众的掠夺。
这样一来，你不但受到百姓的指责，同时还会招致他人的
憎恨。

被人畏惧和爱戴的君主

　　这里，我们要谈谈先前所说的另一种品质。我觉得，任何一位君主都想要被人认为是仁慈的而不会是残酷的。可是，应当注意的是，他一定不能滥用仁慈。切萨雷·博尔贾被公认为是残酷的，可是他的残酷却拯救了罗马尼阿，他将它统一了起来，并将和平与安宁带给了罗马尼阿。如果我们进行仔细的分析就会发现，博尔贾比佛罗伦萨的人们要更仁慈，后者为了不担残酷之名，而看着皮斯托亚①毁于一旦。所以，君主对于"残酷"这个恶名就不应当太介

---

　　①　在今意大利中北部。——编者注

意，只要能使自己的臣民团结一致、同心同德，比起过分的仁慈导致邪气纵横、杀人越货层出不穷而言，他的一丁点残酷行为算是仁慈多了。因为后者是使整个社会受到损害，而君主执行残酷的刑罚只是针对个别人而已。

新兴国家的君主与世袭国家的君主又有所不同。因为新的统治常常遇上危险，所以他很难不担上"残酷"之名。正如大诗人维吉尔①通过狄多之口所说："惟艰惟险，王权甫之；勉力而为，保卫疆土。"但是，君主应当慎重地甄别人心而后采取行动，不过他没必要妄自菲薄，杯弓蛇影。他应当慎思明辨，以人道为怀，仁慈而有节制，不至于过分自信让自己流于轻率，也不至于太过猜疑而让自己不能容人。

关于这一点，同时也存在这样一个争论：君主是被人们爱戴好呢？还是被人们畏惧好呢？我认为，最好是两者兼有。但是，要同时做到两者的确难乎其难。如果君主必须对此二者进行取舍，那么被人们畏惧要比被人们爱戴更安全。因为，一般来说，民众总是这样的：他们反复无常，见利忘义；他们装模作样，遇到利益时都不甘落后，遇到

---

① 古罗马奥古斯都时期最杰出的拉丁文诗人。——编者注

危险时则惟恐避之不及。

倘若你对他们有好处，他们整个儿都是属于你的，那是在你需要他们还很遥远的时候；可是一旦急需他们的时候，他们就会背弃你而去。因此，君主如果完全信赖民众所说的话，他就要灭亡。因为，用金钱买来的，而不是依靠伟大的精神换取的友情，根本是不牢靠的。而且，与自己的畏惧相比，人们冒犯一个他们爱戴的君主更少一些顾忌，因为爱戴是靠恩义这条纽带维系的。然而，由于人性是恶劣的，在任何时候，只要对自己有利，人们便把这条纽带一刀斩断了。可是，倘若他们畏惧君王，则由于害怕受到严厉的惩罚而不得不努力保护你。

明君应当这样来使人畏惧：要是无法赢得他人爱戴，那么也要尽力避免被人憎恨。因为，既使人畏惧又不被憎恨，是能够同时做到的，这并不艰难，只要君主不打臣民的财产及其妻女的主意就可以了。如果需要制裁某个人时，应当有真正合理的理由以及明确的证据。最重要的是，千万别妄动他人的财产。因为，人们忘记失去父亲的遗产，要比忘记失去父亲更为艰难。此外，夺取他人财产从来就不愁找不到理由，以掠夺为生的人经常可以找出霸占他人财产的机会。与此不同的是，夺人性命的理由却不容易找出，并且随时都会消失。

君主要是置身于军中，而且统帅着一支大军，那就根本没必要顾虑残酷之名。因为倘若不这样，他就不能让军队团结一致并胜任战事。汉尼拔①那惊人的成就就可以说明这一点：他统帅一支由许多民族混合组成的大军，在外国的土地上作战，不管是背运的时候还是走运的时候，士兵之间或官兵之间居然从未有过内讧。这里并没有其他的原因，全归功于他那出名的残酷无情，以及其非凡的军事才能，这使他的士兵始终感到他既可敬又可畏。否则，仅仅依靠他的才能是很难产生如此惊人的效果的。然而，这就是那些对此事缺乏深思熟虑的史学家们在称赞他杰出成就的同时，却抨击他取得这种成就的缘故。

不过我认为，汉尼拔仅仅依靠其他能力是很难成就大业的，这可以从西比奥那里得到证明。西比奥不只在当时，即使在已知的人类的全部历史中都算是一位罕见的人物。与他并不同心的军队在西班牙背叛了他，原因就是他太过仁慈，他让他的士兵享有的自由远远超过了军纪的范围。为此，他在元老院受到法比尤斯·马克西姆的抨击，将他

———

① 前247－前182，军事家，北非古国迦太基的军事统帅。——编者注

称为"罗马军队的毁灭者"。洛克伦斯城的民居曾受到西比奥的一名使节的摧残，可是西比奥却不曾为他们报仇雪恨，也不曾惩罚那个傲慢妄为的使节，这完全是由于他的宽大仁慈导致的结果。

在元老院，有人为他辩护，说某些人懂得怎样不犯错误，胜过懂得怎样惩戒错误。先前，西比奥依赖声望和荣誉获取了最高统帅的地位，而他宽厚仁慈的性情迟早会有损他的声望和荣誉。但后来他在元老院的监督下，不仅将他这种有害的性情掩盖住了，同时还给他带来了荣誉。我认为，君主在被人畏惧和爱戴的这个问题上，人们的爱戴之情完全是出于他们自己的意志，而其畏惧之心的产生则是来自于君主的意志。总之，一位明智的君主应尽力求诸己而不是求诸人；如前所述，他唯一应当尽力避免的则是受到憎恨。

君主应怎样守信

人们都认为，值得赞美的君主应当言出必行，开诚布公，不施阴谋诡计。可是这个时代的经验却告诉我们：那些创下丰功伟绩的君主一般都不重视守信，而且很善于运用阴谋诡计，将人们搞得晕头转向，并且最终征服了那些讲求信义的人们。因此，你必须知道世上历来就有两种斗争方法：其一是运用法律，另一种则是运用武力。前一种方法为人类所特有，而后一种则是属于野兽。但是，前者常常不足其用，所以常常要诉之于后者。因此，君主应当熟知兽性和人性的应用之道。古代的文学家们早已将这一点隐秘地授给君主了。比如，阿喀琉斯①或是许多其他有名的君主，自幼由半人半马的怪物喀戎所抚养，在它的管教下成长。这就是说，既然君主以半人半兽的怪物为师，那他就应当明白：如何运用人性和兽性；并且还要明白，必须同时兼备人性和兽性。若只有其中一种而缺乏另一种性质，那他就很难做到长治久安。

君主若要掌握和运用野性，那他就应当效法狐狸和狮子。狮子无法防止自己掉进陷阱，而狐狸虽能避开陷阱，却无法抵御豺狼的袭击。因此，君主首先应是一只狐狸，能够认识并避开陷阱；同时又必须是一头狮子，能震慑豺狼。然而，那些单纯主张发扬狮威的人并不理解这一点。因此，当遵守信义对自己有害时，或者当初使自己做出诺言的状况不复存在时，作为明君就绝不能、也没有必要遵守信义。假如人皆善良，此箴言就不足为训。但是因为人性本恶，人们对你并不是守信不渝的，那么你也一样没必要对他们信守承诺。要知道，一位明智的君主从来不愁找不到使他背信弃义的正当理由。关于这一点，我能够举出无数近代的实例。这就说明：太多数的和约及诺言，由于

---

①　荷马史诗《伊利亚特》中所述特洛伊战役中的半人半神英雄。——编者注

君主们不守信义而作废无效，而懂得如何做狐狸的人却总是能取得最大的成功。但是，君主必须精通如何掩饰这种兽性，并应当努力做一个伟大的伪装者和伪善者。人们是那样容易轻信，并且是那样受制于当前的需要。因此，想欺骗他人总能找到一些上当受骗者。

我想对近来发生的一件事发表一些看法：亚历山大六世除了善于欺骗外，从来不曾做过别的事情。事实上，他也从未打算过做其他的事情。可是他总能寻找到各种愿意上当受骗的货色。因为，在这个世上，还不曾有过一个人能像他那样令人难忘的发誓赌咒、信誓旦旦地肯定某一件事情，而且也没有任何一个人能比他更随意地食言。可是，他的骗术却总能够如愿以偿，因为他深深地认识到了人类的这一面。

我想，作为一个君主，没有必要具备以上列出的全部品质，可是却有必要让人看起来全部具备。我可以肯定地说：要是君主具备所有那些优秀品质并身体力行，那一定没有好处；但是，如果他只是看上去具备了它们，那就会大有益处。比如说，你可以显得笃守信义，为人慈悲，讲究仁义，清正廉洁，虔诚善良——并且还照此去行动，不过你时时要有思想准备，当需要改弦易辙时，你随时能做到反其道而行之。你要明白：对于一位君主，尤其是那些新立国的君主，不可能全部实践那些所谓好人应做的所有的事。为了维护君权，他常常需要违背诚实、仁慈、人道和信仰等。因此，他一定要做好思想准备，随时顺应命运的风向和事物的变化情况而随机应变。当然，如前所述，他还是应当尽可能地恪守正道。可一旦必须如此，他也知道怎样去应对。

因此，明智的君主应当十分谨慎，一定不能让那些轻视以上各种美德的言语——只言片语也不行——从自己口中脱口而出。要让人们在目睹其面、耳闻其言之时，显现出笃守信义、心地慈悲、讲究人道、尊敬神灵等优良品质。相对来说，君主更有必要显得具备最后这项品质——尊敬神灵，因为常人更多的只是通过眼睛而非双手来进行判断，人人都能看见你，但只有很少的人能够将你的脾气摸透。而这少数人的看法是无法与多数人的看法对抗的，因为后者的背后有国家最高权力的支持。

具体而言，对于那些无法向法院提出控诉的人们的行为，特别是君主的行为，那就只能坐观其成。君主若是成功地征服并统治了一个国家，他所采取的手段就总被认为是光荣的，乃至于有好的口碑，因为民众常常被事情的表象或结局所迷惑，而这个世界恰为这样的人们所充斥。当多数人联合在一起时，少数人就没有了立足之处。当代有位君主——暂不提他的名字了——除了喋喋不休地大谈和平与信义外，从不言他，但其所作所为却尽是倒行逆施。然而，如果他对其中的每一个方面都尽力去做，那么他的名望或是权力很可能会不断地受到打击。

君主应尽力免受蔑视与憎恨

上述的各种品质，我已论述了其中最重要的一些方面。现在，我想依据下面这一总纲，扼要地分析一下这些品质的其他方面。在上面，我已在某种程度上阐述了这一总纲，那就是：君主必须考虑如何尽力避免那些会让自己受到臣民憎恨或者轻视的事情。作为君主，若能够做到这一点就算尽到了自己的本分，除此之外就算有别的丑闻也不会招致什么危险。前面我已说过，君主最招人憎恨的行为，莫过于贪婪以及霸占臣民的财产和妻女，因此君主一定要力戒此弊。因为，对于绝大多数人来说，只要他们的财产没受到损失，体面没受到凌辱，他们就会心满意足地过日子。这样，君主就可以集中精力同极少数有野心的人进行斗争，然后很容易就能将其制伏。

此外，君主若是被人认为喜怒无常、轻率怯懦以及优柔寡断，那他一定会遭人轻蔑。为此，明君必须像提防暗礁一样提防这一切。他应当力求在行动中向人们展示其伟大、魄力、威严和坚忍不拔。关系到臣民的私人问题，他做出的决断应当不再更改。他还应当努力留给人们这样一种印象：没有人能让他上当，或者晕头转向。君主倘若能让人们对自己形成这样的印象，他一定能够深孚众望。而想要反对一个深受崇敬的人是极为艰难的，因为民众认为他卓越非凡应受到尊敬。因此，作为君主可能会面对两个方面的忧虑：其一是来自内部，来自他的臣民；其二是来自外部，来自国外的敌对势力。若是第二种情况，只要拥有坚甲利兵和亲密的盟友，完全可以防备不测；而只要拥有了坚甲利兵，就不愁找不到这样的同盟。这似乎，除非他受到阴谋颠覆，否则外部会安然无事，国内也可以永葆太平。即使有外患发生，只要君主不自暴自弃，能按照我所说的原则去行事，那么他就能像斯巴达的纳比德那样抵御一切外敌的进攻。

在面对外患时，君主必须慎防臣民的阴谋。而不为民众所憎恨，乃是对付阴谋的最强有力的手段。将君主置于死地后就可以取悦于民，这是阴谋家一向的观点。可是，倘若君主意识到这样一来反而会激怒民众，那么他将不敢轻举妄动，以免会有更大的灾难降临。经验表明，历史上的阴谋政变虽多，但最终成事者却寥寥，因为阴谋家无法单独行动，他们一定要寻找和他一样心怀不满的同伙。那么，你只要将你的意向透露给其中一个满腹怨愤的家伙，你就能给他一个获得满足的良机。因为，他显然有可能获得他所想要的一切。如果他明知抓住这个良机就能稳得利益，反之将风险倍增，却依然能够为之保密，那就表明他的确是一个非常难得的良友，当然，也可能是君主不共戴天的仇敌。总而言之，阴谋者这边除了能使他们心存恐惧、顾虑重重、焦躁不安外，别无他物，而君主则拥有国家和法律的威严，又受到盟友的保护。除此之外，倘若还能拥有民众的忠心的支持，那么就没有人敢贸然谋反。一般来讲，阴谋分子在发难时全都提心吊胆，而发难之后因考虑到这是在与全民为敌，因而会更加地惶惶不可终日。

这样的事例不胜枚举，我认为仅举一例就足以将问题说明了。这是一件依旧留在我们父辈们脑海中的事情：波洛尼亚君主麦瑟·安尼巴莱·本蒂沃里，也就是如今的麦瑟·安尼巴莱的祖父，他遭到坎内斯基家族谋反后，民众马上联合起来将坎内斯基家族赶尽杀绝了。这是由于一直以来本蒂沃里家族极受民众的拥戴。他们的支持是如此的有力，在安尼巴莱死后，本蒂沃里的家族存活的人中没有一个能够担负统治的重任，波洛尼亚人听说他们家族的一个远亲——先前被认作是铁匠之子——住在佛罗伦萨，他们竟然从佛罗伦萨将他找来，让他来统治整个城邦，一直到麦瑟·乔万尼成人能够亲政后为止。由此可见，君主只要为民众所爱戴，没必要担心谋反之类的阴谋。但是，一旦民众对他充满了敌意和憎恨，则所发生的一切都会使他胆战心惊。

因此，对一个传承有序的国家和明智的君主，以下两点是至关重要的：不要将有钱的人逼得无路可走，同时又要保证民众的满意。在我们这个时代，法兰西是官僚组织最完善、统治得合理的国家之一。在这个国家里，我们看到有许多优越的制度已成为国王赖以维持安全的保障，议会及其权力是其中主要的一项。由于建立王国的人十分了解权力者的野心及其傲慢，认为有必要给他们的嘴巴套上嚼子以便约束他们。另一方面，因为君主知道民众对于贵族既害怕又仇恨，便尽力使他们有安全感。但是，他又不想把这种事情作为国王的专职，于是，他就设立了裁判机关，让该机关作为第三者来处理这样的事情，如此一来既可避免君主由于袒护民众而受到贵族的非难，又可避免君主由于袒护贵族而受到民众的指责。通过裁判机关来弹劾贵族，维护平民的利益而不再需要国王亲自过问，对于君主与国家来说，没有比这个制度更健全、更审慎、更安全的了。由此我们可以得出另外一个重要的结论：明君应当将可能招致别人怨恨的事情委托给别人去做；而将施恩的事情留给自己处理。

　　这里还有一个结论：君主一定要重视贵族，但是又要努力做到不使民众对自己产生怨恨。通过考察罗马皇帝们的生死，人们通常会这样以为。然而，我的观点却完全相反。因为，尽管有的皇帝一生都显示出某种伟大的卓然不群的精神品质，可最终不是丢了君位就是被谋反的臣民所杀。这里，我打算分析一下某些皇帝的品质，来揭示他们灭亡的原因——这些原因和我先前所提的原因大致相同——以作为这类异议的答案。此外，我还将说一说了解那个时代需要注意的事项。我依次将从哲学家皇帝马可·

奥里略①到马克西米诺斯②时期在位的皇帝列举出来就可以了，其中包括马可·奥里略，其子科莫多，佩尔蒂纳科斯，朱里安，塞韦罗和儿子安东尼诺·卡拉卡拉，马科里诺斯，赫里奥加洛，亚历山大以及马斯米诺斯。

首先要明确的是，这一时期的罗马皇帝除了和其他君主国的统治者一样要提防有钱人的野心和民众的傲慢之外，他们还有第三个麻烦，正是这个问题导致了诸多罗马皇帝的败亡，那就是：要对付士兵们的残忍与贪婪。这是个致命的难题，因为君主很难让军队和民众同时满意。民众酷爱和平，因而总是喜爱温和谦逊的君主；而士兵们却喜欢尚武、残暴、贪婪的君主。士兵希望君主将这些特质应用于民众，这样他们的残暴、贪婪就有了发泄渠道，而且还可以得到加倍的酬饷。这样一来，罗马的那些皇帝有的由于未能继承上一代君主伟大的声誉，有的则由于自己不能赢得伟大的声誉，所以无法同时驾驭军队与民众，因此他们先后灭亡了。

他们中的多数人，尤其是新登基的君主，面对这种对

---

① 121－180，罗马帝国皇帝，同时也是一位造诣很深的哲学家。——编者注

② 约250－310，罗马帝国皇帝。——编者注

立的情形，总是力求讨好军队，而对于损害民众则不大在乎，这样做也是迫不得已。因为君主不可能不受到某些人仇恨，但他首先应设法避免与人多势众的群体结怨；若不能够，则应当竭尽全力避免受到最有势力的群体的憎恨。因此，作为新登基的皇帝，总是迎合军队而不是依靠民众，这只是为了得到非常有力的支持。当然，这样做是否有利于君主，那就取决于他能否在军队中保持较高的声望了。

　　马可·奥里略、佩尔蒂纳科斯和亚历山大全都是坚持正义、谦和可亲、反对残暴、善良仁慈的君主，可是出于上述原因，除了马可·奥里略，其他的君主都没有得到善终。马可·奥里略是唯一一个生前死后都享有殊荣的人，这是因为他登上君位靠的是世袭的特权，他没必要去讨好军队或是民众，加上后来他的许多美德赢得了世人的敬重，所以他能够始终让这两个对立的阶层相安无事，从来不曾受到他们的憎恨或轻蔑。但是，佩尔蒂纳科斯在违背军队意愿下登基为皇帝，军队习惯了在科莫多统治时期那种横行无忌的日子，而佩尔蒂纳科斯打算让他们规规矩矩，改邪归正，他们就无法忍受了，因此对君主产生了怨恨。憎恨，再加上轻蔑，这一切促使佩尔蒂纳科斯在垂老之年刚夺取权位就遭到了覆灭。

从这里我们可以看出，善行同恶行全都可以招致憎恨。因此，一个君主想要保住自己的地位，常常被迫不去行善。这是因为，那些能够给你支持的群体，不管是民众、军队或是贵族，在他们腐败堕落的时候，你就只能顺从他们的欲望以讨其欢心，不然面对这样的情况，你的善行反而会招致厄运。看一下亚历山大的情形吧，他仁慈和善良，在位十四年间，竟然没有一个人不经审判就被处死。这让他获得了极高的赞誉。然而，他被民众认为自身软弱无力而听任母亲的支使，从而遭到人们的轻蔑，最终由于军队的谋反而覆灭。

现在我们再来说一说另一种品质。科莫多、塞韦罗、安东尼诺·卡拉卡拉和马斯米诺斯，他们全都以贪婪成性、残忍无道闻名。为满足军队的贪婪而随意去残害民众，除了塞韦罗外，他们的下场都很悲惨。塞韦罗非凡的军事才能使军队始终对他忠心不渝，虽然他也压迫民众，但他还是能够成功地维持其统治。他有那么多优秀的才能，无论是在军队中还是在民众心中，他都可算是非凡卓著，因此民众始终对他望而生畏，而军队则对他十分的满意，表现得必恭必敬。

对于一个新登基的君主来说，他的行为可算是很杰出了。这里，我简要说一说他是怎样得心应手地扮演"狐狸"和"狮子"这两种角色的。如前所述，这是君主必须把握的两种角色。塞韦罗清楚地意识到朱里安皇帝昏庸无能，于是他就设法说服自己所率领的驻在斯洛文尼亚的军队，让他们相信，回师罗马去为佩尔蒂纳科斯报仇是理所当然的（佩尔蒂纳科斯这时已被禁卫军杀死了）。他率军向罗马进攻时就打着这个幌子，从不曾流露出有篡夺帝位的野心。当他的军队已到了意大利，罗马城的人才得知他出发的消息。元老院看到塞韦罗的军队进入罗马非常害怕，于是就推举他为皇帝，并把朱里安杀了。

此后，他想要统治整个帝国还存在两个障碍：其一是在亚洲的驻军统帅佩森尼奥·尼格罗，他已在那里自行称帝；另一个是正在西方执政的阿尔比诺，他也觊觎着帝国的宝座。塞韦罗很明白，同时公开与两者为敌是非常危险的，他决定先进攻尼格罗，于是他给阿尔比诺写信，哄骗阿尔比诺说，元老院现已批准将"恺撒"的称号授予他，自己很愿意和他一同享有这一殊荣。阿尔比诺信以为真。塞韦罗很快就消灭了尼格罗，平定了东方的形势，回师罗马后他向元老院对阿尔比诺提出指控，说他正在使用阴谋诡计，因此必须对阿尔比诺的忘恩负义加以惩罚。然后，塞韦罗对驻在法国的阿尔比诺发动进攻，将阿尔比诺的政权和生命一同剥夺了。仔细分析塞韦罗的行为你将会发现，他不仅是一头无比凶猛的狮子，而且还是一只非常狡猾的狐狸。他得到广大民众的敬畏，却又不曾引起军队的憎恨。因此，像他这样一个突起的新手，居然能够统治这样庞大的帝国，我们对此一点也不需惊讶，因为他享有的崇高声誉，足以抵消由于他掠夺民众可能会招致的憎恨。

他的儿子安东尼诺也是非常卓越的人物，他很受民众的爱戴，同时又受到军队欢迎。因为他是一个好武之人，骁勇强悍，能忍受任何艰难困苦。他鄙视珍馐美味和一切奢侈品的品质，让他赢得了所有军人的爱戴。但是，他过于凶暴残忍，他一生杀人如麻，曾屠杀了罗马的大部分居民，还有亚历山大的所有居民。这让整个世界都对此感到痛心，甚至终日伴在他左右的人也都惶惶不可终日，最终他死于自己军队中的一个"百人队"的队长手中。

通过安东尼诺的事迹可知，这种蓄意的谋杀，君主很难避免，因为任何人只要不怕死都能够加害于君主。不过，也没必要为此担心，毕竟类似的事情极为罕见，作为君王只要留神不严重伤害侍从，以及伴随君主左右为国效力的人就可以了。显然，安东尼诺这一点就没能做好。他凌辱了那个"百人队"队长的弟弟后又将他杀死。事后，安东尼诺虽然不断地恐吓那个队长，却还依然让他担任禁卫，这真是一种愚钝的做法，因而最终招致殒灭。

现在，我们再来看看马可之子科莫多。他自幼享有世袭特权，按理他只要踩着其父的足迹前行，只要能保证军队和民众安然无恙，他就能轻轻松松地维持他的统治。可是，他生性残忍，惯于压迫民众。他十分恩宠他的军队，纵容他们胡作非为。同时，他还不顾君主的尊严，经常去剧场同角斗士竞技，此外还有一些别的卑劣行迹，总之实在是有损于他的帝王之尊，因此他开始受到军队的轻蔑。他既受民众的憎恨，又受军队的轻蔑，最终因为遭到谋反而覆灭。

马斯米诺斯是一个极为好战的人物。正如前文所述，军队对亚历山大的优柔怯懦十分的不满，于是他们就将亚历山大杀了，然后将马斯米诺斯选举为皇帝。可是马斯米诺斯因为两件事使他既受民众的憎恨又被军队轻蔑，所以他无法长久地维持他的统治。其中第一件是他出身卑贱。众所周知，他曾经是特拉恰的牧羊人，这使他在每个人眼中都丧失应有的尊严；而另一件则是，他即位之初并不急于去罗马登基，而是操纵他手下的行政长官在罗马及各地犯下了许多极残酷的暴行。这使他以"极其残暴"闻名天下。于是，全世界都轻视他卑贱的出身，加上由于畏惧他的残暴而产生的憎恨，于是非洲首先开始造反。随后，在元老院的带领下，先是全体罗马民众，接着整个意大利都起来反对他，甚至他的军队也参与其中。军队围攻阿奎莱亚时久攻不克，便对受他的虐待十分恼恨，再加上看到他树敌太多，因此不再对他心怀恐惧，最后终于将他杀死了。至于赫里奥加洛、马科里诺斯及朱里安，他们因为遭受了普遍的蔑视，很快就被消灭了。我想没必要再谈论他们，这番议论也该收场了。

我认为，在我们这个时代，倘若君主想要遏制军队过多的欲望，要比过去容易许多。尽管他们也担心军队的不满，而对其给以特别照顾，但大多能够迅速将此问题解决。因为，现代君主都不曾拥有像罗马皇帝那样与政府和地方行政当局分庭抗礼的军队。在罗马帝国时代，统治者满足军队的欲望要比满足民众的欲望更为重要，因为那时的军队要比民众更有力量。但是，对如今的君主——除了土耳其和苏丹之外——而言，民众比军队更为有力，因此必须让民众得到比军队更大的满足。在土耳其，皇帝始终维持着一万二千名步兵和一万五千名骑兵，他依靠这些军队来维护他的王国的安全，所以首先得和军队保持好关系，然后才考虑其他的问题。与此相同，苏丹国王也是牢牢地把控着军队，他也是尽力与军队友好相处，而对民众的死活则关心甚少。

我们还可以从中看到，苏丹的统治与其他君主国都不相同，它和教皇国有些类似，既不能算是世袭君主国，也不属于新兴的君主国。以前的苏丹君主，他的后裔并不是君主的法定继位者，无法依靠世袭来进行统治。他们有一个古老的惯例：新君一般都是由法定的选举人选出来的，所以不存在新兴君主国所要解决的那些麻烦。君主虽然是新的，可是国家的秩序却是旧的，所以他们像是迎接世袭君主似的，迎接新当选的君主。

现在，我们应当回到问题的中心了。只要对以上讨论的内容分析一下就会明白，导致前述皇帝们灭亡的，正是憎恨或者轻蔑。在那些君主中，有的是这样来行动，而有的行动则与之相反，为什么在各类的行动之中，只有一个君主能够善始善终，其余的都不得善终呢？这是因为，对于同是新君主的佩尔蒂纳科斯和亚历山大来说，想要仿效因继承而得到统治地位的马可，结果不仅是徒劳无益，反而深受其害。同样的，倘若安东尼满、科莫多、马斯米诺斯想要模仿塞韦罗则更加危险，因为他们根本不具有步其后尘的足够才能。因此，作为一个新兴君主国的君主，既没必要去照搬马可的行为，也无必要去仿效塞韦罗的行为方式。不过，若是多少能使用一些塞韦罗的统治方式，则会更利于君主长久的统治，更会为其伟业增加光彩。

君主品德的诸多利弊

　　为了牢牢地掌控自己的国家，有些统治者解除了臣民的武装；另一些君主则将他所属的各个城市分而治之；有些君主则四面树敌；另一些君主则力求取得登基前对自己的统治有顾虑的人们的支持；有些君主大兴堡垒，有些君主却将堡垒摧毁。如果不掌握某些国家的具体情况，而要对于上述的事情做出正确的判断是很难办到的，可我还是想就这个问题在通常的范围内分析一下。

　　我们知道，从未曾见过新立国的君主解除臣民的武装的。与此相反，他总是把赤手空拳的臣民们武装起来，成为自己的防御力量，这就使得那些过去对他有所忧虑的人变得忠诚于他，而先前就忠诚的人则会对他更加忠诚不渝，变成他坚定的拥护者。当然，你无法将全体臣民都武装起来，可是只要你能使武装起来的臣民感到蒙恩受惠，其他人就很容易对付了。因为，前者会对你给予的这种有差别待遇心存感激，因此他们将为你赴汤蹈火。而其他的人则会谅解你，因为他们知道，那些冒着生命危险、承担大任的人，理应获取更多的酬劳。

可是，倘若你解除了他们的武装，你马上就会得罪他们。因为，这往往表明，你或者因为胆怯，或者是因为不守信义，不再信任他们了。事实上，无论哪一种看法都将招致他们憎恨你。而且，你不能放弃武装，不然你将只能依赖雇佣军。如前所述，不论雇佣军如何可靠，他们也会有足够的力量来保卫反对你的强大的敌人，还有那些不再被信任的属民。因此，新兴君主国的君主会自始至终竭尽全力来整治军队，在历史上这样的事例俯拾皆是。

但是，当君主征服一个新国家时，就好比旧体安装了新肢，那他必须将这个国家的武装解除掉。那些在你征服之前已经成为你的党羽的人，你也要寻找机会将他们压制得服服帖帖。此外还要妥善安排，使这个国家的所有武器全部掌握在你曾统帅的故国的军队手中。那些被我们称为贤哲的先人们常这样说："保卫皮斯托亚要依靠党争，保卫比萨要依靠堡垒。"他们正是出于这样的想法，在其所属的一些城邦中时时制造事端，以便为自己的统治制造有利条件。在意大利相对稳定的时候，这种办法倒也能算得上一个良策，但是我不相信这种办法在今天仍能发挥作用。因为，我不相信分裂会带来什么好处；恰恰相反，一旦敌人兵临城下，那种内部分裂的城邦马上就会灭亡。因为，较弱的一方很快就会投靠外国军队，一旦出现这样的情形，另一方就没有力量去反抗了。

我想，威尼斯人在所统领的各个城市培植格尔夫和吉贝林两派势力，正是出于以上的那种考虑。尽管它们还没有发展到流血对抗的地步，但却在民众中间产生了如此深刻的分歧，以致相互间永不停息地争来吵去，无法团结起来反对威尼斯权贵。然而，我们最终发现，威尼斯人并没从这样的结果中得到什么好处。当威尼斯人在维拉战败后，这些城市的民众有的立即揭竿而起，很快将整个国家从威尼斯人手中夺了过来。使用这样的方法表明统治者力不从心，因为一个强大的君主国绝不应当纵容如此的分裂。在和平时期，这种方法可能有利于从容驾驭臣民，而一旦战争发生就显得有些荒谬了。

这就是说，能够克服自身所面临的层层障碍的君主会变得强大起来。因此，当幸运之神要促使一位新君主成为伟大人物的时候，比起世袭的君主，幸运之神认为他更需要获得盛名，于是就会为他制造出一些敌人来，并促使他们去反对他，这样，命运就可以为他战胜他们提供机会。这就相当于是凭借他的敌人给他搭建梯子，让他步步高升。因此，许多人认为：作为明君，只要利用好机会，巧妙树敌并将其制伏，就能使自己变得更加强大起来。

君主们，特别是那些新君们，不难发现，在他们掌权之前觉得有危险的人物，后来反而比一开始就受到信任的人更为忠诚，更有作用。锡耶纳的君主潘多尔夫·佩特鲁奇的统治，多得力于曾让他担惊受怕的那些人。不过，这个问题不能一概而论，常常会因情形与人而有很大的不同。我要说明的是，有些人一开始可能是你的敌人，如果他们很想得到你的信赖以自保，那么你要将他们争取过来就十分的容易。而他们又势必要消除君主原先对他们所产生的坏印象，因而不得不尽忠侍奉，于是君主从他们那里反而能得到更多的益处；而那些一向受到信任的人，由于过分相信自己稳固的地位，反而常常对君主的事不大用心。

此外，在这里我要特意提醒那些由于得到本地的内应而征服一个新国家的君主，应当好好分析一下：促使那些人做内应的动机是什么？如果他们仅仅是因为对前政府不满，而不是出于对新征服者的拥戴，那么新君主要想同他们维持融洽的关系将会十分困难。因为，你无法做到让他们心满意足。关于这一点，请借鉴一下古代和近代的事例，然后用心分析一下就不难发现：相比之下，对前政府感到满意而与新君主为敌的人，较那些对前政府不满而与新君主结盟并帮助他推翻前政府的人，更容易与新政府保持友好的关系。

君主们建筑堡垒，是为了更好地来统治自己的国家，将它作为对付那些企图与自己为敌的人的"嚼子和缰绳"，同时也作为受到突袭时的避难所。这种方法已沿用了好多个世纪。我对此是比较赞成的。可是在我们所处的时代，麦瑟·尼科洛·维泰利为了统治卡斯特罗，反而将这个城邦的两个堡垒全都拆掉了。乌尔比诺公爵圭多·乌巴尔多返回他的领地后——他曾被恺撒·博尔吉亚从那里赶了出去，将那一地区的所有堡垒都夷为平地。他认为，没有这些堡垒，他就不会再度丧失他的领地。本蒂沃里收复波洛尼亚之后也采取了与此相类似的措施。由此可见，堡垒有没有用，要根据时势来确定：在一些情况下可能对你有用，而另一种情况下就可能对你有害。

由此我们不难得出以下的结论：一个君主如果畏惧臣民甚于畏惧外国人，他就会建筑堡垒；如果他畏惧外国人更甚于臣民，那他就会摧毁那些堡垒。弗朗西斯科·斯福查所建筑的米兰城堡，已经而且还将继续危害斯福查家族，更甚于该国的任何一切混乱。总之，对君主而言，最牢固的堡垒就是别让你的臣民憎恨你，不然即使你拥有了坚固的堡垒也无法保护你。因为，民众一旦武装起来，他们就会得到外国人的援助。在当今这个时代，堡垒不曾使任何统治者得益，只有弗利伯爵夫人在她丈夫季洛拉莫伯爵被杀之后的情形较特别：城堡使她逃脱了平民的攻击，最终等到了米兰援军的救援而重获王权。这主要是因为，在那个时候，造反的平民没有得到外国人的支援。可是，当恺撒·博尔吉亚后来向她发动进攻时，满怀敌意的民众同外国人联合起来，她的堡垒就不堪一击了。因此，如果当时或者更早一些她能够免遭民众憎恨，那将远比她拥有一座堡垒更加安全。有鉴于此，在这里我既要颂扬那些兴建堡垒的统治者，也要称赞那些没有修建堡垒的统治者。不过我要指责的是那些仅仅依赖堡垒而无视于民众的憎恨的统治者。

君主怎样去赢得人们的尊敬

　　世上能够使君主赢得人们最大的尊敬的，莫过于他的伟大的事业和他建立的卓越的功勋，当今的西班牙王国阿拉贡的斐迪南就是一个很好的例子。他凭借着自己的声望和荣耀，从一个弱小的君主一跃而成为基督教世界中首屈一指的大人物。为此，人们几乎可以将他看作一位新君主。仔细考察他的行动，我们将会看到，它们全部都是出类拔萃、卓越非凡的。在即位之初，他就下令进攻格拉纳达，这一举奠定了他统治的基础。一开始，他就全力以赴，毫不担心遭到任何阻碍。他促使桀骜不驯的卡斯蒂利亚贵族们将全部的精力都用于资金筹集方面，这使他有足够的能力来供养军队，从而只考虑战争而不去考虑其他的事情。与此同时，还在那些贵族们毫无知觉的时候，他已赢得盛名，并掌握了驾驭贵族的能力。他还依靠教会的收入来维持他的军队，长期的战争又为他的武装力量奠定了良好的基础，由此给他带来了极大的荣誉。

另外，为了实现更加宏伟的计划，他常常利用宗教来做文章。他乞求宗教上的残酷，将马拉尼人的城池掠夺一空，并将他们驱逐出去。世上再没有比这更悲惨和可鄙的事情了。他还披着宗教的外衣向非洲进攻，然后又去攻击意大利，最后入侵法国。他总是这样：刚做完一件大事，便又开始筹划下一件事。这让他的臣民忐忑不安，而又无比的惊叹。需要注意的是，他的这些行动都是一个紧接着一个，这一行动和下一行动紧密相连，几乎不留空当，使人们根本没有机会来反对他的计划。

作为君主，倘若能在处理内部事务上充分展示自己的才能，那也是极有好处的，就如同传说中米兰大公麦瑟·贝尔纳博的所作所为一样。因此，一旦有人在城邦中搞出一点儿异乎寻常的动静，不论是好是坏，君主就应当立刻抓住良机，对当事者进行奖赏或者惩罚，这样一来将会引得人们大发议论。更重要的是，君主应当通过自己果断的行动尽力博取"才智卓越的强者"之名。

此外，当君主不加保留地成为某个外国君主的盟友，或是明显地反对某一个外国君主时，他将会受到盟友或敌人的尊重，这个方法要好于无原则地保持中立。因为，当你身边的两个邻国兵戎相见的时候，通常会出现以下两种情形：一是它们都很强大，那么不论谁获胜，胜利者将会使你感到忧心忡忡；二是它们都不甚强大。不管出现哪种情形，倘若你果断地公开参战，总是对你有利的。遇到第一种情况，倘若你不果断参战，你将会成为胜利者的牺牲品，即使战败者也会对此感到高兴。而且，你没有受盟国庇护的正当理由，胜利者也不会对你提供庇护，因为他们不需要这种无法信赖的、在危急时不肯伸手援助的盟友。反之，失败者也不会来庇护你，因为在他遭到攻击的时候，你没有选择与他同甘共苦。

较近的例子是，安蒂奥修斯在埃托利亚人的邀请下进入希腊，以驱逐罗马人，而且他还派人鼓动罗马人的盟友亚该亚人保持中立。这个时候，罗马人则力劝亚该亚人拿起武器和他们站在一起。这件事被拿到亚该亚会议上进行讨论。会上安蒂奥修斯的使者极力怂恿他们中立，而罗马的使者则针锋相对地反驳说："他们喋喋不休地让你们保持中立，这与你们的利益休戚相关，若是失去了罗马人的友谊与尊严，你们一定会成为胜者的战利品。"

由此可见，要求你保持中立的，常常不是你的朋友；若是你的朋友，则会要求你拿起武器出击。可是优柔寡断的君主常常为避免眼前的危险而保持中立，这将是一条死路。如果君主能挺身而出，明确地支持某一方，那么你的盟友胜利以后，尽管你要听从强有力的胜利者的支配，但他将会更加爱护你，因为他对你负有义务。通常，胜利者绝不会像对待忘恩负义之徒那样，无耻地摧残忠实的追随者。再说，也不曾有过那样彻底的胜利，以至能够让胜利者完全无视于正义和良心。即使你所支持的一方失败了，你一样能取得盟友的感激，只要他还有能力，是一定会帮助你的。因为，倘若他有幸能东山再起，你将是他命中注定的助手。

如果是第二种情况，即交战双方都不算强大，你更毋需担心谁取得胜利。此时，支持哪一方你更应当慎重考虑。因为，你将利用你的力量去打倒另一方。要是前者足够明智，他有可能会保护后者。如果能够获胜，他将要处在你的支配之下，他当然会在你的帮助下取得胜利。从这里我们可以看出，一个明君应当懂得：若不是迫不得已，不要为了进攻别人而成为一个强于自己的君主的盟友。如前所述，就算你能获胜，也将成为强国的囚徒。因此，一个明智的君主应当尽力避免被他人所操纵。威尼斯人为对付米兰公爵与法国结盟，最终自取灭亡了，而他们本来完全能避免这种同盟的。若是遇上不可避免的结盟，也应该像教皇和西班牙派兵去围攻伦巴第时的佛罗伦萨人一样，更应该按照上面的原则来采取行动。

无论你用什么方式去统治一个国家，都不要认为自己会稳操胜券；恰恰相反，你应当将其设想为一条吉凶未卜之路。因为，事物的发展总有自己的规则：人们在力求逃避一种困境时常常会陷入另一困境。而智者应当能认清各种危害的轻重缓急，从中选择那些危害最轻的作为上策。

善待贤才，褒扬技艺超群之士，这是一个明君应当做到的，以此来表明自己对艺术与科学的兴趣。此外，君主应当鼓励民众，使他们能安心地在商业、农业及其他方面工作，不要让他们因害怕财产被剥夺而不愿增值财富，也不能让他们因苛捐杂税过重而不愿从事生产劳动。总之，君主应当及时奖励那些投身于实业的人，应当设法获取更充足的资源来发展城邦。另外，每年在适当的时间召集民众举行一次庆典，观赏演出。君主还应当承认，每个城邦存在的各种行会或集团，不时地接见他们，以显示君主的平易近人和雍容大度的气派。不过一定要注意保持王者的威严，不管在任何时候都不能忽略这一点。

君主的近臣

对于君主来说，选择大臣是一件非常重要的事情。他们是不是贤臣，全取决于君主是否英明。通常，人们会通过观察君主左右的大臣来判断他的品行和能力：倘若君主左右的大臣忠心耿耿并胜任其职，那么君主就堪称明达，说明他已经懂得如何去鉴别大臣们的才能，并且让他们做到忠贞不渝。若其大臣的表现与此相反，君主常常就会受到贬损的议论，人们往往会对他做出恶劣的判断。因为，人们从他所选择的谋臣就可以看出，他已经在不经意中犯了第一个错误。

　　凡是知道锡耶纳的君主潘多尔夫·佩特鲁奇的大臣麦瑟·韦纳弗罗的人，全都认定潘多尔夫才智非凡。因为，他能重用麦瑟·安东尼奥。一般来说，人的悟性有三种类型：第一种是无师自通；第二种则需要由他人来加以点拨；第三种是经别人点拨依然不通。第一种人当然出类拔萃，第二种也算是优秀，第三种则等同废物一个。因此，确凿地说，潘多尔夫的悟性即使不是第一种，也堪称优良。因为，任何人都能够识别他人的言行的优劣，就算君主自己缺乏创见，他也能鉴别大臣行为的善恶，从而奖励有才能的人，惩戒品行低劣的人。这样一来，大臣们只能尽心尽职而不敢有欺君的想法了。

　　那么，作为君主，该用什么办法去鉴别一位大臣呢？有一个办法可以算得上屡试不爽：倘若你发觉某个大臣经办所有的事都要从中谋取私利，也就是为己谋利甚于为君谋利，那么这种人绝对不是什么良臣。你也不应该去信任他，因为他会危及到你的存亡。以他的角色身份，他本该只想着君主，不该只想着自己，并且也不应当去操心那些同君主毫不相干的事情。另一方面，为了使大臣们对自己忠贞不渝，君主须常常想着大臣的切身利益，及时给予其关怀及荣华富贵，让他感恩戴德，既让他分享荣誉，也让他分担职责；并使他明白：他之所以获此殊荣，全是蒙君主的恩典。而且太多的荣誉使他更无所求，太多的财富也使他不再有贪心，而他的职责更是让他唯恐有变。因此，当大臣们能与君主建立这样一种关系的时候，彼此之间就能够做到生死相托。反之，其结果对双方都没有什么好处。

如何屏退谄媚者

还有一件很重要的事情我不能不提，君主如果在这件事情上不能十分审慎或者不能择善而从，那他就很难避免自己不犯错误：这就是来自谄媚者的危险。这样的人在朝中比比皆是。由于大多数君主一向容易对自己的作为自满自足，而且常常自己欺骗自己，因此很难防御这种阿谀之灾。而且，即使他们想防备，也将冒着受人轻视的危险。因为，君主要想防止臣民的阿谀谄媚，除非臣民心里清楚不会因为说真话而获罪，不然就很难防止君臣的阿谀奉承。可是，一旦所有人都能够对你讲真话，他们对你的尊敬就日渐减少，可怕的悖论就在这里。

因此，聪明的君主常常会采用第三种办法：选择一些有德有识的贤士，单独给予他们讲真话的权利，不过只限于君主所询问之事而不论其他。作为君主，最好一切事都向他们咨询，然后根据他们的建议，加上自己的意志做出决定。而且，君主应当力争使每个谏议之士都有这样的意识：越是坦率直言，则越能受到赏识。此外，君主还应该做到，除了这些谏议之士的话以外，他不再聆听其他嘈杂的议论。一旦他决定做某件事情就应当立即采取行动，而且他的决定不应轻易改变。否则，他不是被佞臣的谗言所毁，就是因为缺乏见识而为臣民所蔑视。

在这个问题上，我想举一个当代的例子。当今的君主马克西米利安的宠臣卢卡神父在谈到君主的见识时曾说：君主表面上从不征求任何人的意见，到头来却从来没有按照自己的意愿去行事。这正是由于当今君主的做法与上述方法背道而驰所致。因为，君主向来喜欢遮遮掩掩，不喜欢向人吐露自己的计划，也不去征询他人的看法，直到这些计划将要付诸实施的时候才能为人们所知，随后又会因左右的反对而轻易改变计划，以至于经常出现朝令夕改的现象，谁也弄不懂他心里究竟想些什么，或打算干些什么，因此他的决定根本就不值得臣民信赖。

所以说，作为明君，要在自己决定实施何种政策的时候勤于询问谏议之臣，而不是盲目地根据别人的意愿去行事。此外，对于那些没有必要征询意见的事，要让所有的人都不敢多嘴。与此同时，他应当宽容大度，耐心地聆听谏议之臣议论，一旦发现有人不据实阐述，他应该赫然震怒，而不管是出于什么理由。

人们惯常认为，那些赢得"英明"称誉的君主，之所以能做到这样，只是由于他有良臣服侍左右，而不仅仅是由于他本人的才能。我却认为，此言大谬。因为，这其中有一个铁定的法则：倘若是一个昏君，他就不大可能会听取任何良言，除非他交上了好运，能将自己的国家托付给一个足智多谋的人，而且完全听任后者的支配。在这种情况下，他的确会得到一些锦囊妙计。可好景不会太长，因为，为他出谋者随时都有篡夺他权位的可能。而且，当他听取不止一人的议论时，倘若君主不够明智，他就不会明白怎样将它们融会贯通。最终的结果只能是：出谋者各怀心思，而君主则不知所从。因此，除非你能让谋士们始终保证贤能，否则他们终将会对你不利，这没有什么可奇怪的。因此，我们不妨这样说：一切良好的忠言，不管最初是由谁提出的，最终一定是源自于君主的英明，而不是君主的贤明出自于良好的忠言。

意大利的君主们何以丧权失国

倘若一位新君能小心谨慎地奉行我所提出的建议，那么他很快就能在国内真正确立根深蒂固的地位。这种地位甚至要比世袭权位还要稳固。因为，一位新君的所作所为，比起一位世袭君主来要更加惹人注目。如果在这些行动中新君显示自己的力量和贤明，那么他就比世袭的君主更能抓住人心，民众也将会更加拥护他，和他紧密地团结在一起。这是因为，眼前的事情要比过去的事情更能吸引人们的注意力。如果在当前的条件下，民众的生活蒸蒸日上，他们就会心满意足而不求其他。只要这位君主在别的事情上不曾让他们失望，那么民众将会竭尽全力来保卫他。这样一来，作为开国之君，他又能以良法、强兵以及可靠的盟友和伟大的事业让国家强大，那他将获得双重荣誉。这正如同一个世袭君主因为愚蠢而丧国则会蒙受双倍的耻辱一样。

研究一下当代那些丧权失国的意大利统治者，像那不勒斯国王、米兰公爵等，我们不难发现，根据前面已分析过的诸多原因，首先他们在军队建设方面犯了一个共同的错误；其次，我们不难看出，他们之中有的是激起了民怨民愤，要不然就是，虽然他们有民众的支持，但却未能避免贵族们的反对。如果没有这些问题，君主只要有足够的力量来维持一支能够纵横疆场的军队，就不至于会丧失国家。

马其顿王国的菲利浦，这里指的不是亚历山大之父，而是败于提图斯·昆提尤斯的那个，他的力量显然无法与一同攻击他的强大的罗马和希腊联盟相抗衡。可是，他是个勇武好斗的人，而且深谙与民众和睦相处之道，也懂得如何防止贵族为患，因此他尽管丢了几个城邦，却依然能够持续抗争多年，最终保住了他的王国。

因此，那些长期享有君位却最终亡国的意大利君主们，只应责怪自己的无能，而不应当抱怨命运的不公。他们在和平的日子里从不去思考如何去应对突如其来的变化，正如人们的通病，在风和日丽时就不会想到暴风骤雨。因而，一旦身处困境，他们不思自卫，只想到奔逃，却又幻想着有朝一日被征服者淫威所激怒的民众会召唤他们回去。如果实在无法可想，这也算个主意，但最糟的还是那些放弃所有的努力而坐享其成者。你绝不能因为觉得将来会有人支持你，你就甘于失败。这种情况根本就不会发生，就算偶尔出现了，对你也没什么好处。因为，你不曾自己拯救过自己，而是采用了懦夫的方法。因此，唯一确凿可靠而有效的防卫之道就是：自信与自立。

君主如何主宰自己的命运

　　世上的事情都是出自命运以及上帝的支配，而人的智力则不足以对之进行改变，或加以补救。这是许多人一惯的观点，而且如今依然盛行。持有这种观念的人断定，任何人在人世事务上辛劳挣扎都是毫无用处的，一切都应听从命运的支配。在我们这个时代，这种观点更显得尤为可信。因为，无论是过去的，还是每天正在发生的沧桑巨变，都远远出乎人们的预料之外。一想起这些变迁，在某种程度上连我自己隐隐约约地也对这种观念肃然起敬。然而，为了我们的自由意志不被完全抹杀，我觉得事情的真相是这样的：命运只是主宰了我们行动的一部分，却还留下了另一部分——也许是较小的一半——任由我们自己去支配。

我将命运比于那些泛滥成灾的江河。当它爆发的时候，树倒屋塌，平原会被淹没，土壤河流等一切都在其威力下屈服，人们只能四处奔逃，只能任其肆虐，而无还手之力。不过，尽管其发作时如此的狂暴，但我们还可以在天晴气朗的时候开通沟渠，修筑堤岸来加以防备。倘若再有洪水到来，就能顺渠而泄走而不至于泛滥成灾。命运的情形也是如此，我们在不曾做好抵抗它的准备时，它就会向你炫耀它的威力——哪里没有堤坝沟渠的防备，它就冲向哪里。

想想我们今天的意大利，正是这种沧桑巨变之所，同时又是沧桑巨变的源泉。它是一片既没有沟渠也没有堤坝的平原，要是它有日尔曼人、西班牙人和法兰西人那样足够的力量与智慧构筑堤坝的话，那么就不会像今天一样任由"洪水肆虐"，以至造成如此深重的创伤。当然，这里我们只要一般性地谈谈与命运相抗衡的问题就够了。

我们看到一些君主，今天还享受着安乐，明天却垮台败亡。可是，他们天赋的禀性或生活习性并没什么变化。为此，我想仔细地分析一下其中的原因。我认为，之所以会这样，首先是由于我先前已论述过的那些原因。就是说，倘若一个君主完全依赖于命运，一旦命运发生变化，他也就跟着垮台了。我还相信，倘若一位君主的行为能跟上时间的节拍，那么他就会如鱼得水；反之，如果他的行为不合时宜，那么事事都很难如愿。

很多人生来就是为了追求荣耀与财富，在实现这项事业的路上，他们各自都有各自的行为方式。有些人行事谨慎，有些人鲁莽急躁；有些人得益于暴力，有些人善于玩弄技巧；有些人能够忍辱负重，有人却与此相反。而采用这些不同方式的人最终都能达到自己的目的。不过，我们不难发现，两个同样行事谨慎的人，很有可能一个能实现其目标，另一个则劳而无功；而两个习性不同的人，一个小心，另一个急躁，最终却可能都能获得成功。这主要在于他们是否有合乎时宜的想法，而不是别的原因。

如上所说，两个各行其是的人最终却能取得同样的结果，而两个采取同样行动的人最终却会一个成功，一个失败，这其中决定成败的关键在于：一个人如果采取谨慎、耐心的方式行动，而时势的发展正好与他的做法契合，那么他就能获得成功；但是，如果时势遽变，他就会遭到失败。这说明他不曾做到因势利导。一个谨小慎微的人受他的习性驱使，是很难做到随机应变的。因为，他很难脱离走惯了的曾经使他功成名就的老路，也就很难说服他去改弦易辙。因此，处事谨慎的人一旦遇上需要迅猛行事的时候，他就会不知所措，从而招致毁灭；但是，如果一个人的习性能够跟得上时势的变化，那么他的命运就绝不会有太大的起伏。

教皇朱利乌斯二世无论面对任何事务都是雷厉风行，他所察觉的时势与他采取的这种行为方式正好合拍，因此他总能取得辉煌的成就。看看他在麦瑟·乔万尼·本蒂沃里还在世时发动的对波洛尼亚的第一次进攻便可知道。当时，威尼斯人对此表示反对，西班牙国王也并不赞成，朱里乌斯二世就同法国商议这项计划，而且他的刚强和迅猛的禀性使他干劲十足，他甚至亲自出征参战。西班牙人和威尼斯人被他这一行动弄得呆若木鸡，不知所措。西班牙人主要担心重获整个那不勒斯王国的希望将会破灭，而威尼斯人则是出于惶恐。另一方面，教皇能把法国国王拉过来与自己一同行动，是因为法国国王认识到，既然朱利乌斯已经开始行动了，为让威尼斯人俯首贴耳，最好的办法是成为教皇的朋友。于是，为了不公开得罪教皇，他当然不能拒绝向教皇提供军事援助。

朱利乌斯于是以疾风迅雷之势完成了这一大业，这是其他任何一个教皇——就算他有世上最高的深谋远虑都无法成功地做到的。如果朱利乌斯也同别的教皇一样要等到万事俱备、事事周全之后才离开罗马，他就绝不会成功。因为，法国国王会找出一千条推托的借口，而威尼斯人也将会因为对他的担忧而奋起抗争。我想，他的其他业绩全都是这样取得的，而且每一件都是卓有成效的，这里就不必多说了。他的短促的生命使他没有来得及去体验与此相反的事。假使时光流转到他必须谨慎行事的时候，他就会落下一个悲惨的结局。因为，他绝对不会一反他的天性来行事。

于是，我得出这样的结论：命运易变，而人的本性难以改变。因此，能和命运紧密合拍时，那就意味着成功；

一旦二者相违，那就只有失败一途了。据我所见，与其谨慎，毋宁行险。因为命运是一个"女人"，你只有对她大打出手才能将她制伏；她宁愿为果敢行险者所制伏，也不愿为谨小慎微的冷静者所征服。而年轻人勇猛果敢，不爱瞻前顾后，所以能有较大的勇气去征服"她"。

如何从蛮族手中解救意大利

将上面讨论的一切仔细加以分析后，我们不妨进行这样的思索：目前这个时代的意大利会不会出现一位众望所归的新君主；现存的条件，是否会给贤德的明君创造出机会，使他能创建既能让他本人获得荣耀，又能给本国民众带来福祉的伟业。在我看来，有如此多有利于新君横空出世的事情正在发生，因此当前比过去任何时候都更适宜一个新君开创伟业。

在前文中我已说过，为了显示摩西的力量，就得让以色列人在埃及饱受奴役；为了显现居鲁士的非凡气概，波斯人就要受到米堤亚人的欺凌；为了彰显提修斯的卓尔不群，雅典人就得蒙受颠沛流离之苦。如今，意大利为了能产生一位震惊天下的新君，意大利就得沦落到当下的这种境地：要比希伯来人受更多的压迫，比波斯人受更深的奴役，比雅典人受更多的流离失所之苦；没有首领，毫无秩序；屡受重创而任人宰割，四分五裂而饱受蹂躏，尝尽了国破家亡的苦难滋味。

迄今为止，虽然已有一些意大利人显示出了奉上帝之命来拯救意大利的迹象，但后来我们发现，正当他的事业达到顶峰时，却被命运遗弃了。因此，直到如今，意大利看上去仍然死气沉沉，依然在等待着"圣人"来医治她的创伤，终止伦巴第被蹂躏掠夺的命运，让那不勒斯王国和托斯卡纳不再受到抢劫与勒索，从而将那些长期恶化的溃疡彻底消亡。她正在祈求上帝派遣"圣人"使她摆脱残酷傲慢的蛮族人的魔爪。只要有"圣人"将旗帜竖起，意大利人将心甘情愿地追随这面旗帜。

目前，再也找不到任何人能比您①那显赫的家族更被上天寄予厚望的了。您的家族依靠自己的命运和能力为上天

_____

① 指文章开头所说的美第奇殿下。——编者注

与教会所宠幸，现在又是教廷的领袖，而且府上人才济济，完全能够成为拯救意大利的伟人。您只要牢记我在前面提到过的那些人物的事迹，那么拯救意大利并不是难事。这些人物虽然都是旷世稀有的奇才，但他们毕竟还是人，而且他们每个人所拥有过的机会并不比现在多；他们所干的事业并不比光复意大利这项事业更富正义、更容易，而且上帝给予他们的眷顾，也不会大于您之所得。

伟大的正义应当属于我们。因为，战争对于被迫进行自卫的人们总是正义的。意大利人若不拿起武器，就会有灭绝的可能，武器将为此变得神圣。现在的意大利拥有异乎寻常的机会，您的家族只要采取我已经作为目标推荐的那些人所采取的措施，那么光复意大利就不存在巨大的困难。此外，现在我们还将看见上帝为您指引方向的空前奇迹：大海分开了，云彩为您引路，泉水自石中涌出，粮食自天而降，万事万物都因您的伟大而联合起来。上帝并不包办一切，别的事情则必须由您自己去做了。这样就不会将我们的自由意志和本该属于我们的那份荣耀夺走。

如果上述那些意大利人没有一个能够完成您显赫的家族也许可以完成的伟业，也不足为奇。在如此频繁的动荡和战乱之中，意大利的军事力量几乎全部丧失了。这主要

是因为旧的制度有问题，而如今又缺少一个有智慧有才能
的人去开创新的制度。一个新近崛起的君主若要想得到非
凡的荣耀，再没有比创立新的法律和制度更好的了。如果
这些新法和制度能有良好的基础与伟大的实质，一定能让
创建者赢得尊敬与称颂。

　　当今的意大利，有的是机会让人去实行各种各样的改
革。只要头脑明智，那么四肢则容易强健有力。请看，在
只有少数人参加的决斗中，意大利人在力量、技巧和智慧
方面是多么让人叫绝。可是，当同样的问题落到军队头上
时，就再也看不到这些优良的品质了，这完全是国家的领
袖软弱所致。有能力者却无人服从，人人都自视英明。到
目前为止，尚未出现一个依靠其才略与幸运，上升至崇高
地位而使别人听从于他的领袖。因此，过去二十年的漫长
岁月中，发生了如此频繁的战争，其中只要是一支清一色
意大利军队，结局总是损兵折将：最初的例证有泰罗之战，
后来是亚莱山特里亚、卡波亚、热那亚、伐衰拉、波隆那
与梅斯特里诸地的一系列战争。

　　您的显赫的家族若是决意效法我先前谈到的那些曾经
拯救了他们各自国家的伟大人物，那么最要紧的事情就是
组织一支属于自己的军队，这将是任何伟大事业的第一步，

不会有比他们更忠实、真诚和优秀的战士了。而且，虽然他们每一个人都很优秀，但是当他们看到指挥他们的是自己的君主并且是自己的君主给予了他们荣誉和给养时，他们将会更加优秀，团结得更加紧密。因此，只有筹建这样一支军队，才能使意大利有能力抵御外侮。

虽然瑞士和西班牙的步兵很是可怕，但二者也各有缺陷，因此，第三种类型的军队完全有把握与他们抗衡，进而战胜他们。因为，西班牙的步兵无法抵挡敌人的骑兵，瑞士人遇上和他们同样顽强的步兵近距离搏斗时，也会胆战心惊。经验已经表明，西班牙人受制于法国骑兵，而瑞士人也会被西班牙步兵所败，虽然后一种说法尚未完全证实，但是从拉文纳之战中可以看出一些迹象。当时与西班牙步兵作战的是德国的军队，后者采用了瑞士步兵的战术。西班牙人有着矫捷的身姿，他们在圆盾的掩护下钻到德国兵长矛阵中，大肆地向德军进攻，使德国人无法还手。后来若不是受到了德国骑兵的进击，也许西班牙将会全歼德国步兵。抓住这两类步兵的缺点，意大利的新一代君主就可以建立一支既能抗击骑兵，又不会害怕步兵的新型军队。这一切将取决于战术的调整和武器的配备。而这也能像制度一样给一位新君主带来威望与伟大的地位。

为了经过漫长的岁月之后使意大利终于能够看见她的救星出现在眼前，请千万不要错过这一天赐的良机。我没法去表述在备受外国蹂躏的那些地方，人们将怀着怎样的爱戴、怎样的雪耻的渴望与赤诚、怎样的热泪盈眶来迎接他！有谁会去拒绝他呢？有谁会不听从于他呢？有谁还会对他表示嫉妒？有谁还会拒绝效忠呢？蛮族的暴政已使所有的意大利人深恶痛绝，所以我恳请您显赫的家族，承担起这一重任，以人类从事正义事业所具有的崇高的精神和勇气，使我们的祖国在您的旗帜下日月重光，蓬勃发展。那个时候，我们将会看到，彼特拉克①的诗句是如此的真实：

　　拿起刀枪，

　　不要畏惧蛮族的暴政。

　　战斗即将结束，

　　因为先祖的勇气，

　　在我们意大利人的胸中。

---

① 1304－1374，意大利文艺复兴时期的学者、诗人。——编者注

世界三大奇书

—军事智慧的圣经—

孙子兵法

（春秋）孙武 著　　辉浩 主编

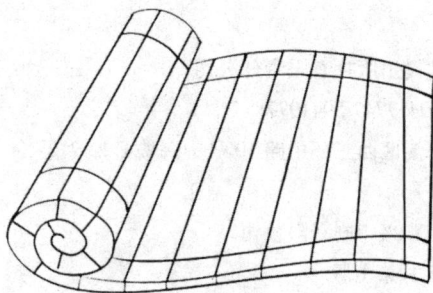

民主与建设出版社
·北京·

ⓒ 民主与建设出版社,2020

图书在版编目(CIP)数据

孙子兵法/(春秋)孙武著. —北京:民主与建设
出版社,2020.7(2023.4 重印)
(世界三大奇书 / 辉浩主编)
ISBN 978 - 7 - 5139 - 3092 - 5

Ⅰ.①孙… Ⅱ.①孙… Ⅲ.①兵法 - 中国 - 春秋时代
Ⅳ.①E892.25

中国版本图书馆 CIP 数据核字(2020)第 111070 号

孙子兵法
SUNZIBINGFA

著　　者	(春秋)孙　武	
责任编辑	王　颂　郝　平	
封面设计	胡小静	
出版发行	民主与建设出版社有限责任公司	
电　　话	(010)59417747 59419778	
社　　址	北京市海淀区西三环中路 10 号望海楼 E 座 7 层	
邮　　编	100142	
印　　刷	三河市宏顺兴印刷有限公司	
版　　次	2020 年 7 月第 1 版	
印　　次	2023 年 4 月第 4 次印刷	
开　　本	880 毫米 × 1092 毫米　1/32	
印　　张	18	
字　　数	105 千字	
书　　号	ISBN 978 - 7 - 5139 - 3092 - 5	
定　　价	98.00 元(全 3 册)	

注:如有印、装质量问题,请与出版社联系。

前　言

　　《孙子兵法》又称《孙武兵法》《吴孙子兵法》《孙子兵书》《孙武兵书》等，为春秋时期孙武所著，是世界上最早的兵书，被誉为"武学之圣典，兵家之绝唱"，在中国军事思想史，乃至世界军事思想史上都占有极为尊崇的地位。其内容博大精深，思想精邃，逻辑缜密。该书自问世以来，对中国古代军事学术的发展产生了巨大而深远的影响。历代兵学家、军事家无不从中汲取营养，用于指导战争实践和发展军事理论。三国时期著名的政治家、军事家曹操第一个为《孙子兵法》作了系统的注解，为后人研究运用《孙子兵法》打开了方便之门。

　　孙武（约公元前545——公元前470年），字长卿，齐国乐安人，春秋时期著名的军事家、政治家，尊称兵圣。后人尊称其为孙子、孙武子、百世兵家之师、东方兵学的鼻祖。

　　《孙子兵法》全文十三篇，以始计篇为首篇，具有统领全文的意义，其余十二篇都是从行军作战的技巧、排兵布阵的谋略、具体作战的方式来展开论述的。它深刻地指出了战争与政治、经济的关系，提出决定战争胜负的五个基本因素是政治、天时、地利、将帅、法制，而首要的是政治因素；它提出许多杰出的命题，如"知彼知己，百战不殆""攻其无备，出其不意""不战而屈人之兵，善之善者也"等反映了战争的一般规律。在有关对战争问题的论述上，也包含了许多有价值的哲学思想。

书中内容具有丰富的辩证法思想，它探讨了与战争有关的一系列矛盾的对立和转化，如敌我、主客、众寡、强弱、攻守、进退、胜败、奇正、虚实、勇怯、劳逸、动静、迂直、利患、死生等。其中最重要的就是人的主观能动性，它认为战争胜负不仅取决于客观的形势，还取决于战争的主观指导是否正确。一方面，它说"胜可知，而不可为"，认为胜利可以预见，但不能凭主观愿望去取得。另一方面又说"胜可为也。"认为只要研究敌我双方的情况，据此正确决定自己的行动，发挥自己的实力，避免自己的被动，并且利用敌人的弱点造成敌人的被动，就可以为胜利创造条件。本书正是在研究战争中种种矛盾及其转化条件的基础上提出其战争的战略和战术。

《孙子兵法》论战争问题中体现的辩证思想，是我国古代辩证思维的一个重要组成部分，在中国辩证思维发展史中占有重要地位。同时其辩证思想、军事谋略也被运用到了企业经营和商战中。

目　录

形篇第四

势篇第五

虚实篇第六

军争篇第七

九变篇第八

用间篇第十三

始计篇第一

题解

　　《始计篇》为《孙子兵法》的首篇。在本篇中,孙武提出了"慎战论",并从全局的角度提出了"五事七计"为考察胜负的条件。"庙算"为本章的主要观点,并由此引伸出用兵作战的要领——诡诈。"因利制权""兵者,诡道也"等都是"庙算"的主要内容。

兵者，国之大事

原文

> 孙子曰：兵①者，国②之大事，死生③之地，存亡④之道，不可不察⑤也。

注释

①兵：兵器、兵士、军队的意思，这里指的是战争。

②国：国家。

③死生：生死，此处为军民的生死。

④存亡：存在或灭亡。在此处指国家的生存或灭亡。

⑤察：考察，研究。

译文

孙子说：战争是国家的大事，关系到军民生与死，关系到国家存亡，不可以掉以轻心，应认真地考察、研究。

解析

"慎战论"对现实有着极其实际的指导意义，可谓知全局而预见需"未雨绸缪"。

开篇"兵者，国之大事"一针见血，意义深刻，继而提出慎战的军事思想，即慎战论，认为对待战争应该持谨慎的态度。古往今来，在政治上的策略也以"慎战论"为依据。国家之政事，关系着民生、社会稳定、经济发展、国家安全等。国之大事则为：政治、政务。治理国家若是不重视政治、谋权，不理政务就会导致社会震荡，民不聊生，严重者国家覆亡。

　　"商场如战场"，当今世界，全球经济一体化，区域竞争也愈演激烈，竞争也日益集团化，从这个角度理解，商场即为战场。在企业竞争中，企业要具备旺盛的生命力，定要对企业的发展战略、经营方式、管理手段慎重研究，错棋一着，最坏的结果便是全盘皆输。

经典战例

南唐后主李煜

　　《孙子兵法》认为，战争关系着国家生死存亡。因为历代君主对于战争都是非常重视的，但南唐后主李煜就是其中的一个反例。而正是因为如此，导致了其被囚禁，国家灭亡的悲剧。

　　李煜是五代南唐的最后一位君主，史称李后主。李煜是一个才子，琴棋书画无一不通，在艺术方面有很深的造诣。但是作为一国之主，他更应该勤于政务，重视国防，重视国家人才的培养与任用。相反，他每日纵情诗酒，沉溺声色，每天只知道和皇后——小周后轻歌曼舞，琴棋书画。可能是天妒小周后的美貌，没多久她就因病去世了。本性难移的他在小周后去世不久，又迷上了小周后的亲妹妹，耗资逾万大办婚礼，然而当时的南唐早已因李煜疏于政务，不求发展而国库虚空，南唐逐步走向亡国之路。

　　就在南唐日渐衰落的同时，北宋王朝却日渐强大，此时便对南唐开始虎视眈眈，不久宋太祖一声令下，宋国大军开始向南唐进军。不理政事的李煜对战争更是一窍不通，大敌当前，战争来临的时候，一筹莫展。思前想后，他只得派自己的弟弟李从善为使者前往宋朝做说客，说自己愿意为宋朝的藩属。但谁知弟弟也是庸碌之辈，最终被软禁都还不知道，天天自以为在宋国是受到厚待的宾客，居然乐不思蜀。李煜看到自己弟弟被人软禁，又面临着即将被攻打的危险，心里非常惆怅，只能登高北望，黯然泪下。但是，大敌将至，终归还是要面对的，一招不行只好硬着头皮应战，按理说此时南唐已经没有什么战斗力可言，如此也罢了，可悲的是李煜却信任谗佞，错杀忠良，他中了宋太祖的奸计，做了一个最坏的决定——不相信自己的将军林仁肇，将他冤杀了。

　　猛将死去，国库虚空，君主无能，宋太祖抓住时机，命颍州团练使曹翰领兵赴荆南，命宣徽南院使曹彬率大军由长江顺流东下，命山南东道节度使潘美率军从汴京南下，合击金陵。大军压境，兵临城下，金陵城危在旦夕。李煜顶不住压力，便率朝臣出城请降了。最终落得国破家亡，被俘敌营，江山易主，他也只能叹息"流水落花春去也"。更令他气愤的是小周后被封为郑国夫人，宋太祖常常把她召进宫去，陪他饮酒作乐。李后主只能写诗感叹"故国不堪回首明月中"了。

五事七计，而索其情

故经①之以五事②，校③之以计④而索其情：一曰道，二曰天，三曰地，四曰将，五曰法。道者，令民与上⑤同意⑥也，故可以与之死，可以与之生，而不畏危⑦。天者，阴阳⑧、寒暑⑨、时制⑩也。地者，远近、险易、广狭、死生也。将者，智、信、仁、勇、严⑪也。法者，曲制、官道、主用也。凡此五者，将莫不闻⑫，知⑬之者胜，不知者不胜。故校之以计而索其情，曰：主孰⑭有道？将孰有能？天地孰得？法令孰行？兵众孰强？士卒孰练？赏罚孰明？吾以此知胜负矣。

①经：量度，这里指分析研究的意思。

②五事：指道、天、地、将、法五方面。

③校（jiào）：通"较"，比较。

④计：在此指"主孰有道"等"七计"。

⑤上：帝王、国君。

⑥同意：一致，相同。

⑦不畏危：不害怕危险。

⑧阴阳：指昼夜、晴雨等天时气象变化。

⑨寒暑：指寒冷、炎热等气温的不同。

⑩时制：指四季时令的更替。

⑪智、信、仁、勇、严：此指将帅的智谋才能，如赏罚有信、爱抚士兵、勇敢果断、军纪严明等条件。

⑫闻：知道、了解。

⑬知：知晓，在此指深刻了解，确实掌握。

⑭孰：谁，这里指哪一方。

译文

因此，要把握五条径路，比较敌我双方，探索战争胜负的情势。这五条径路是：一是治民之道，二是天时，三是地利，四是将帅，五是法制。所谓"道"，指使民众与国君的意愿一致，这样民众在战争中可为国君出生入死而不怕危险。所谓"天"，指昼夜阴晴，严冬酷暑，四季时节气候。所谓"地"，指路途远近，险要平坦，广阔狭窄，生死之地。所谓"将"，指才智谋略，军纪严明，赏罚分明，爱护部下，勇猛决断，威严整肃。所谓"法"，指军队编制部署调度，设官分职用人，军需供应。这五方面情况，作为将帅不能不知道。掌握就能打胜仗，不了解则不能取胜。所以，比较上述五方面，可判断敌我胜负的情况，即：哪一方君主治国有道？哪一方将帅更有才能？哪一方能得天时地利？哪一方能执行法令？哪一方军队强大？哪一方士兵精练？哪一方赏罚严明？我们依据这些就可以判断胜负。

解析

"五事七计"的意义在于深度发掘，因敌探之、谋之，而后胜之。

开篇孙武即提出"慎战论"，即对作战双方有深刻的认识，而认识则来源于对各方情况——"五事"之于我方的自我分析和审度，"七计"全局统筹观察。意义在于，基于预见胜利的基本条件而谋划，取长补短，进行有针对性的有效训练和提高，促使自己实力在敌人之上，使得在战争中能立于不败之地。若不经"五事七计"而谋之，过于仓促和鲁莽，战术准备上必然漏洞百出，速战则速败。"五事"中道为先，"道者，令民与上同意也。"是决定战争是否胜利的首要条件。它明确了君将民在政治思想及观念领域统一之重要。同时，也是以人为本的战争思想的体现，这样才能得民心，才能完美。

强国之所以称之为强国，是以为走在世界的前端。政治指引着国家的发展方向，因而意义重大。经济实力、政治势力、军事实力的发展，基于国家政策方针的指导，而政治方针的制定则基于国内外各项条件。纵观全局，有针对性地对各方面进行分析和指导，似孙武之"五事七计"，胜利便握在手中。

商业竞争，是产品、市场、效率的竞争，各项标准较之于竞争对手是否能立足于市场，或者称霸市场，在于对自我生产力、产品创新力、销售能力及对手的各项水平孰赢孰输。提高商业竞争力，需对自我和对手进行有效、深入的了解。这样的了解有助于企业获得扭转劣势，发展优势，扩大优势力量战胜对手。对于企业来说，更深入的了解意味着手里是否掌握有制胜的王牌。

经典战例

解放战争之淮海战役

《孙子兵法》认为战争开始之前，必须对敌我双方的各方面进行分析，进行研究比较，然后预测胜负。粟裕将军指挥的著名战役——淮海战役就验证了这一点。

1948年粟裕将军率军南进，目标便是阔别多年的齐鲁老家济南。当时济南有国民党坚固设防，可谓易守难攻。但是在粟裕将军指挥下，军队经过8天的浴血奋战后于1948年9月24日，攻下济南城，全歼守敌14.4万人。

当时，国民党"剿总"上将总司令刘峙统师在徐州带着几十万大军竟是眼巴巴地看着济南城落入我党手中也不敢越雷池一步去援救。这种情况使得粟裕将军认为国民党军队处于分崩离析的状态，因而卓有远见地认为：在长江以北全歼国民党军队主力远比让国民党军队撤至长江以南再行决战要好！经过周密的研究分析之后，粟裕立即致电毛泽东主席:"我们下一步行动,拟作以下建议:立即进行淮海战役。这战役可分为两个阶段……"

收到粟裕的电报,毛泽东极为振奋。但是,光是听到振奋的消息是不够的,如此大战毕竟关系重大,毛泽东展开地图分析一下我军情况和国民党的现状,他发现国民党军队的部署是以徐州为中心,沿津浦、陇海线部署了两条长蛇阵。看到这样的情况,他特别兴奋,还随即说了一句笑话:蒋介石不愧是个基督徒,在徐州为自己摆了个十字架!

但是,唯一的不利状况便是,当时在淮海战场上,国民党军队有60万人,我华东野战军和中原野战军加在一起也不过40万人;另外从军事装备和后勤补给上来比较,国民党军队都占绝对优势。毛泽东再三权衡了利弊,以惊人的胆略回电粟裕:"我们认为,举行淮海战役甚为必要……""淮海战役第一个作战,并且是最主要的作战,是钳制邱(清泉)、李(弥)两兵团,歼灭黄(百韬)兵团……"

经过对国民党的正确估计,作战中几个阶段的正确指挥作战配合,为彻底打败国民党军队奠定了基础,周密的分析后,淮海大决战分三个阶段进行,于1948年11月6日正式展开。战争第一阶段,先拿悍将黄百韬"祭刀",华东野战军于碾庄全歼黄百韬兵团12万人马;战争第二阶段,中原野战军在粟裕配合下,全歼黄维的12万钢铁大军于双堆集;战争的第三阶段,杜聿明的30余万国民党军队在陈官庄全军覆没。在精密的部署下,最终淮海战役以我军的全胜而结束,这个战绩令平津战场上的国民党将领傅作义极为震惊。这场重要的战争结束之后的不久,北平即宣告和平解放,平津战役结束,蒋介石赖以打内战的国民党军队主力也消耗殆尽,蒋介石本人也被迫宣布下野。

出其不意，因利制权

将①听吾计②，用之必胜，留③之；将不听吾计，用之必败，去④之。

计⑤利⑥以⑦听⑧，乃为之势，以佐⑨其外。势者，因利而制权⑩也。

注释

①将：作为"听"的助动词。意为假若、如果。

②计：计划、打算、计谋，在此指计谋。

③留：停下、停止，在此指留下。

④去：离去、离别。

⑤计：计策，这里代指战争决策。

⑥利：有益的，有利的。

⑦以：通"已"。

⑧听：听从，采纳。

⑨佐：辅助。

⑩因利而制权：根据是否有利而采取相应的行动。

译文

如果能听我的计谋，作战一定胜利，我就留下；如果不能听从我的计谋，作战一定失败，我就离去。

采纳有利于我的作战方略，造就态势，借以把我军潜能转化为战场上的优势。所谓"势"，就是根据是否有利而采取相应的变化与举措。

解析

战前的充分准备是必须的，根据自身具备的优势条件制定相对应的策略。充分了解敌情，采取出其不意的战争策略，使得我方优势更加明显，还能"攻其不备"。出其不意地进行袭击，能在军事上和心理上给敌人造成巨大的压力，从而使敌人在慌乱之中做出错误的判断，采取错误的行动，以至酿成更大的恶果。这样的状况下，再根据自身的特点以及敌方出现的混乱状况制定相应的战斗策略，这样保持并发挥优势，取得战争的胜利是必然的。

政治活动中，特别是外交手段上，对于"优势"和"谋略"要有一个客观深刻的分析，外交活动对国家在国际上的地位有着举足轻重的影响。出色的外交在于"特别而稳当"，稳当又在于优势的大小和政治立场。因此需"因利制权"。

商业竞争中，优势意味着能获得更大的利益，而很多时候当竞争对手有足够的时间做相应的应对措施时，优势相对而言就不那么明显。因此，商场中应该要懂得"因利制权"，根据自己的优势制定一个让竞争对手防不胜防的策略。"出其不意"意味着灵活多变，会使得优势扩大，"杀伤力"更强。一个出色的点子，一个爆发力十足的宣传，常常是制胜的关键。

经典战例

晋楚城濮之战

《孙子兵法》认为，对敌我双方的具体情况了解之后，最好进行谋划，调整战略达到出其不意，因敌制胜的目的。晋楚城濮之战中晋文公出其不意直捣卫境，先后攻占了五鹿及卫都楚丘，占领了整个卫地，使得战争局势扭转。鉴于优劣的扭转，城濮之战以晋胜楚败告终，追其原因是晋军善谋，而使楚军陷于孤军作战的阵地，最终溃不成军。

春秋时期，地处江汉之间的楚国日益强盛，它控制了西南和东面的许多小国和部落。在楚文王时期，楚国开始北上向黄河流域发展，攻占了申（今河南南阳北）、息（今河南息县西南）、邓（今河南漯河市东南）等地，并使蔡国屈服。楚成王时期，齐崛起，齐桓公称霸中原，楚国难以再向北扩张。齐桓公死后，齐国内乱，霸业衰落，这时楚国乘势向黄河流域扩展，控制了鲁、宋、郑、陈、蔡、许、曹、卫等小国。公元前638年，楚军在泓水之战中打败了宋襄公，开始向中原发展，期望成就霸业。

正当楚国图谋中原称霸之时，晋国也逐渐强盛起来。公元前636年，流亡在外十九年的晋公子重耳在秦国的帮助下回国即位，称晋文公。晋文公即位后，实施一系列改革措施和外交活动，逐步具备了争夺中原霸权的强大实力。楚国看到晋国发展如此迅猛，进而有了危机感，因而晋、楚关系日益紧张起来。

公元前632年晋、楚两国发生了争霸的第一次战役——城濮之战。战争之初，楚国的实力强于晋国，而且楚国有许多盟国，声势浩大。战争以楚国出兵攻打宋国，而宋国向晋国求救，晋国出兵反击而展开。但形势并不容乐观，晋国并不靠近宋国，远道救宋，必须经过楚国的盟国曹、卫，这样的形势于晋十分不利。

晋国的狐偃针对这一情况，建议晋文公先攻曹、卫两国，那时楚国必定移兵相救，那样宋之围便可解除。晋文公采纳了这一建议。尽管如此，晋国感到真正的敌人是楚，要对付如此强大的敌人，必须进行较充分的准备。晋国按照大国的标准，扩充了军队，任命了一批比较优秀的贵族官吏出任军队的将领。一段时间的准备之后，两国开始交战，但是楚国终归是大国，这样攻打使得晋文公感觉非常吃力，也没有胜利的把握。于是晋文公调整策略，来一招出其不意。晋文公建议宋国假意与晋国疏远，并送礼齐、秦以求他们自己的盟友楚国撤军宋国；另一方面晋国则把曹公扣押起来，把曹、卫的土地赠送给宋国一部分。楚国同曹、卫本是结盟的，看到曹、卫的土地为宋所占，楚国拒绝了齐、秦的建议。这样就把齐、秦两国激怒了，使得他们将楚孤立。这正好中了晋文公的计，楚国从此势单力薄，孤军作战，使得战争形势急剧扭转最终落败。城濮之战中晋军的胜利，不胜在实力，而胜在谋略。

兵之为战，诡诈之术

原文

兵者，诡①道也。故能而示②之不能，用而示之不用，近而示之远，远而示之近；利③而诱④之，乱⑤而取⑥之，实⑦而备之，强而避之，怒而挠⑧之，卑⑨而骄之，佚⑩而劳⑪之，亲而离之。攻其无备，出其不意。此兵家之胜⑫，不可先传⑬也。

注释

①诡：诡诈、奇诡。

②示：示形，这里是伪装的意思。

③利：好处、益处。

④诱：诱获，引诱。

⑤乱：混乱。

⑥取：攻取，攻夺。

⑦实：充实，充足。

⑧挠：挑逗。

⑨卑：卑视，看不起。

⑩佚：通"逸"。

⑪劳：使……疲劳。

⑫胜：佳妙、奥妙。

⑬不可先传：不可以事先加以具体规定。

译文

用兵打仗是一种诡诈的行为。所以，能打装作不能打，要打装作不打；要向近处装作要向远处，要向远处装作要向近处。敌人贪利，就去引诱他；敌人混乱，就乘机攻取他；敌人实力强，就防备他；敌人强，就设法暂时避开他；敌人来势汹汹，就设法削弱他；敌人慎重，就设法使之骄傲；敌人安逸，就设法让它疲劳；敌人内部和睦，就离间他。出乎敌人意料发动攻击，攻击敌人所不防备的地方。这些是军事家取胜的奥妙，是不能预先传达布置的。

解析

"兵者，诡道也"，以此提出作战必须用诈的军事观点，体现了一种辩证思维的方式，也是贯穿《孙子兵法》的重要战略思想。历史证明：兵不厌诈，兵需用诈。意义在于，可以掩盖敌我双方的作战意图，想方设法利用计谋诱惑、欺骗敌人，从而取得战争优势，获得主动权，创造有利的作战条件，使得能以较小的代价获得较大的利益。从道德方面讲，这种力求以最小的代价来换取最大战争效果的追求，本身就是蕴含着人道精神的做法，是其道德立场的曲折体现。

现今商业的竞争就是利益的争夺，从商者运用的计谋立足于利益，一切活动的进行都是以利益为出发点。"诡道"的运用对于企业而言意味着消费者的产品印象、品牌效应、商业秘密获取等，而这一切导致的结果是品牌价值提高、市场占有量提高、生产效率提高、产品创新力加强。最终的结果是赢得市场，踢走竞争对手。

经典战例

日军败战中途岛

战争在大多数的情况下是军事力量的较量，但是《孙子兵法》认为"兵者，诡道也"，战争中应该侧重谋略的应用。谋略能使得战争形势逆转，甚至可以"不战而胜"。著名的美日中途岛战役就是运用战争谋略的著名战役。

1942年6月4日爆发的中途岛海战是第二次世界大战的一场重要战役。美国海军不仅在此战役中成功地击退了日本海军对中途环礁的攻击，还因此得到了太平洋战区的主动权，所以这场仗可说是太平洋战区的转折点。日本在这场战役结束之后，逐渐走向失败。

日本当时算是有必胜的把握的，为何会遭如此惨败呢？事件是这样发展的。

第二次世界大战之中，日本海军企图在中途岛与美国海军展开决战，将美军逐出太平洋，并拟定了作战计划。但是，美军情报机关早已派遣间谍于日军中，截获并破译了日军的密码，有了密码，美国开始密锣紧鼓，针锋相对地制定了歼灭日本海军的行动计划。正当日、美海军都在进行战争部署时，美国芝加哥的一家报纸不知通过什么途径获得了美国海军的行动计划，并把它当作独家新闻刊发在报纸上。

如此突然发生的情况使得双方都大吃一惊，随后，立即把这一情报报告给各自的首脑。

当时的美国总统罗斯福收到本国情报机关的情报之后也大吃一惊，如此严重的泄密，其后果不堪设想。但是，罗斯福在惊诧之后又立刻冷静下来，他认为：如果对这家报纸兴师问罪，必然会惊动日本人，日本人立刻就会取消中途岛的作战计划，更加严重的是，日本人会警觉起来，对他们自己的密码的可靠性发生怀疑，倘若日本人更新他们的密码，美国情报机关又只好从零开始……

如《孙子兵法》中"能而示之不能"的谋略，罗斯福采取的对策是听之任之，故装"不知"。如此一来，本来日军想从敌国首脑的反应看看美国是否真的得到情报密码。此时罗斯福一装糊涂，日军首脑则真的糊涂起来，他们得出的结论是：美国人是在讹诈，其实，他们根本没有破译日本的密码。因此，日军不但没有终止中途岛大战的计划，而且连密码也没有更换。

中途岛一战，日本海军撞入美军精心设下的陷阱中，损失惨重。

中途岛大战后，日本海军永远地失去了它在海上的优势。罗斯福总统处变不惊，大智若愚，使美国海军从此掌握了海上作战的主动权。

俗语有云："最危险的地方，最安全。"正是罗斯福揣摩到日本首脑的心思，使用了谋略，险棋一着，扭转乾坤，取得了战争的胜利。

未战而算，庙算者胜

夫未战而庙算①胜者，得算多②也；未战而庙算不胜③者，得算少④也。多算胜，少算不胜，而⑤况于无算乎！吾以此观⑥之，胜负见矣。

注释

①庙算：古时候兴师作战，要在庙堂举行会议，谋划作战大计，预计战争胜负，这叫做"庙算"。

②得算多：指计算周密，胜利条件多。算，计数用的筹码，这里引申为胜利条件。

③胜：取胜，胜利。

④算少：计算不周。

⑤而：更。

⑥观：观察。

译文

凡是未开战在宗庙中就预计能取胜的，是因为我方得到的胜利条件多；未开战在宗庙中预计不能取胜的，是因为得到的胜利条件少。多筹算就可取胜，筹算不周就不能取胜，更何况根本就不作筹算呢！我们根据这些来观察，胜负就显而易见了。

解析

"庙算"是极富军事智慧的。高明的指挥官和战略家能"运筹帷幄之中，而决胜千里之外"就是因为庙算。庙算即是根据具体的客观现实制定可行的、有效的战术，也称为"计"。"计"是决定胜负的首要因素和前提条件，而且"多算多胜，少算少胜"。战术准备充分必然会使得战争的损耗降低，如此说来，事先的"庙算"是必要的。否则，仓促应战，不明敌情只会造成失败。

大国之间综合实力的较量都需要"先算"而行，必须对各项行为做好充分的准备，如能量储备，外汇储备，军队和军需储备，政治准备等，真所谓"牵一发则动全身"，现在全球一体化的步伐正在加快，不管是经济还是政治，世界上任何一个国家出点问题，世界上其他国家都要受到影响，因国而异，影响大小不同。因此，政治上对各个国家的具体状况做相应的了解，根据自己与其的相关联系，在做战略思考时做相应的调整。

企业竞争存在差异，这些差异会造成企业的差距，因此必须根据企业自身的情况，结合竞争对手的竞争策略"算"一番。俗语有道："不打无准备之仗。"因为无准备之仗没有胜算。事先不做好充分的分析和准备，若是竞争对手突然袭击，必然会使得自己手足无措，计划失误。因而，企业竞争更需要灵活地做好各方面的准备，比如新产品研发，材料的适当存储，维持原优势产品的地位，等等。一方面争取主动位置，一方面做好防御姿态。

经典战例

刘邦未战先算取英布

"算"可以理解为算计，或者是运筹帷幄。对于战争来说，"庙算"即为谋略。谋略的取胜就是战争局势转变的关键，汉高祖刘邦对谋略的应用堪称绝世。

汉高祖刘邦在平息了梁王彭越的叛乱和杀死韩信后不久，曾为汉朝天下的建立做出重大贡献的淮南王英布兴兵反汉。刘邦向文武大臣询问对策，汝阴侯夏侯婴向刘邦推荐了自己的门客薛公。

汉高祖问薛公："英布曾是项羽手下大将，能征惯战，我想亲率大军去平叛，你看胜败会如何？"

薛公答道："陛下必胜无疑。"

汉高祖道："何以见得？"

薛公道："英布兴兵反叛后，料到陛下肯定会去征讨他，当然不会坐以待毙，所以有三种情况可供他选择。"

汉高祖道："先生请讲。"

薛公道："第一种情况，英布东取吴，西取楚，北并齐鲁，将燕赵纳入自己的势力范围，然后固守自己的封地以待陛下。这样，陛下也奈何不了他，这是上策。"

汉高祖急忙问："第二种情况会怎么样？"

"东取吴，西取楚，夺取韩、魏，保住敖仓的粮食，以重兵守卫成皋，断绝入关之路。如果是这样，谁胜谁负，只有天知道。"薛公侃侃而谈，"这是第二种情况，乃为中策。"

汉高祖说："先生既认为朕能获胜，英布自然不会用此二策，那么，下策该是怎样？"

薛公不慌不忙地说："东取吴，西取下蔡，将重兵置于淮南。我料英布必用此策——陛下长驱直入，定能大获全胜。"

汉高祖脸色转晴，道："先生如何知道英布必用此下策呢？"

薛公道："英布本是骊山的一个刑徒，虽有万夫不当之勇，但目光短浅，只知道为一时的利害谋划，所以我料到必出此下策！"

汉高祖连连赞道："好！好！英布的为人朕也并非不知，先生的话可谓是一语中的！朕封你为千户侯！"

"谢陛下。"薛公慌忙跪下，谢恩。

公元前 196 年 10 月，汉高祖刘邦亲率 12 万大军征讨英布。果然，英布在叛汉之后，首先出兵击败受封于吴地的荆王刘贾，又打败了楚王刘交，然后把军队布防在淮南一带。刘邦一生南征北战，也深谙用兵之道。双方的军队在蕲西（今安徽宿县境内）相遇后，汉高祖见英布的军队气势很盛，于是采取了坚守不战的策略，待英布的军队疲惫之后，一举击溃英布。

作战篇第二

题解

　　《作战篇》为《孙子兵法》的第二篇。本篇中指出了发动战争的目的是谋取一定利益，通过战争巩固政权、扩充疆土、掠夺财物等。同样指出了战争很大程度上是国力的较量，长期作战必定损耗国力，导致国内虚空。孙武在该篇对战争的利弊进行分析后，提出了"以战养战""因粮于敌""兵贵胜，不贵久"等作战思想。

用兵之本，在于国力

原文

> 孙子曰：凡用兵①之法，驰车②千驷，革车③千乘，带甲④十万，千里馈粮⑤；则内外⑥之费，宾客之用⑦，胶漆之材⑧，车甲之奉⑨，日费千金⑩，然后十万之师举⑪矣。

注释

①用兵：兴兵打仗。

②驰车：快速轻便的战车，原为名词，此处作动词，有动用之意。

③革车：指载运粮秣、军械、装具等的辎重兵车。

④带甲：穿戴盔甲的士卒，这里泛指军队。

⑤馈粮：运送粮食。馈（kuì），馈送，供应。

⑥内外：这里指前方后方。

⑦宾客之用：指与各诸侯国使节往来的费用。

⑧胶漆之材：胶漆是制作、保养弓矢器械的物资，这里泛指维修作战器械所需的各种物资。

⑨车甲之奉：指武器装备的保养补充。

⑩千金：巨额钱财。

⑪举：出动，进攻。

译文

孙子说：凡兴兵打仗，动用战车千辆，辎重车千辆，军队十万，还要千里运粮；那么事先要准备充足各种费用，如：外交使节往来的开支，器材物资的供应，车辆铠甲的维修，每天要大量耗资，然后十万大军才能够出动。

解析

两军交锋，胜负是个未知数，因此对自己，对敌人战前都要"算"。战争耗资巨大，对国家人力、物力、财力都有相当的要求，这是战争的后方支持力量。三者对出师作战而言都是缺一不可的，是战争进行的基本条件。在这里，孙武也为反对穷兵黩武埋下伏笔。

对一个企业的制胜之道，也是同样的道理，那就是要不断增强实力，以宏大的规模效应给对手以沉重的打击。但是任何企业参加市场竞争，首先面临的问题就是经费能否给予足够的支持。经费就是"甲兵之本"，它主宰着企业是否能继续进行产品研发、市场开拓，因而决定着企业的命运。因而若是企业要求得发展，赢得竞争，首先要对经费预算做好充分的准备。

经典战例

宋襄公草率迎敌一败涂地

《孙子兵法》认为出师作战必须做好人力、物力、财力三方面的充足准备，并且对战争要深入地研究分析。

春秋时期，宋襄公领兵攻打郑国，郑国遭遇失败之后马上从邻国搬救兵，请求楚国与自己联合起来攻打宋襄公。楚国国君派能征善战的大将成得臣率兵向宋国发起攻击。宋襄公担心国内有失，只好从郑国撤兵，双方的军队在泓水相遇。宋国大司马公孙固深入分析双方客观条件之后，知道宋国远不是楚国的对手，劝宋襄公道："楚国是大国，兵多将广，土地辽阔，我们一个小小的宋国哪里能与它相匹敌呢？还是跟楚国议和吧！"

宋襄公刚刚大败郑国，认为自己必胜无疑，于是生气地说："楚军虽说兵力有余，但仁义不足；我们宋国兵力不足，但仁义有余，仁义之师是战无不胜的。大司马为什么要长敌人志气，灭自己威风呢？"公孙固还想再次劝解，但宋襄公怒冲冲地不许他说话："我意已决，不要说了！"于是宋襄公不顾公孙固的劝告，一意孤行领兵应战。另外还命人做了一面绣着"仁义"两个醒目大字的大旗，高高地竖了起来。

战斗开始，楚军士气极高，大声呐喊着强渡泓水，向宋军冲杀过来。此时，宋将司马子鱼看到楚军一半渡过河来，一半还在河中，觉得这是出兵灭掉楚军的最好时机，于是就劝宋襄公下令进攻，打楚军一个措手不及。宋襄公却骄傲地说："我一向主张仁义，敌人尚在渡河，我军趁别人之危而进攻，那便是不讲道德仁义，这可怎么行呢，等他们过完河我们再应战。"

楚军渡过河后也一直纳闷宋军为何还不进攻，于是从容布阵。司马子鱼又见有出战的时机，又劝宋襄公："大王，楚军立阵未稳，我们赶快进攻，还有希望获胜，赶快下令吧！"宋襄公再次如前一样回答司马鱼，并且没有下令开始进攻仍然按兵不动。

楚军布好阵后，马上以排山倒海之势向宋军杀来。如此的阵势把宋军都吓破了胆。所有士兵看此情形，不等短兵相接，一个个掉头就跑。楚军并没有顾及宋军之前对他们的仁义，继续乘势追杀，结果楚军不费多大的力气就取得了胜利。宋襄公本人在战斗中也被一箭射中大腿受了重伤。

惨败归国后，宋襄公还对司马子鱼说："仁人君子作战，重在以德服人，敌人受了重伤，不应再去伤害他；看见头发花白的敌人，也不应抓他作俘虏。敌人还没有摆好阵，我们就击鼓进军，这不能算是堂堂正正的胜利。"司马子鱼长叹一口气，说："我们宋国兵微将寡，国力兵力都不是楚国的对手，早前大司马公孙固就已经劝告你不要出战，因为我们不是楚国对手。可是大王您一意孤行，非要交战不可。这也就罢了，一旦交战，抓住时机进行进攻是非常必要的，可是您却一直以仁义之师作为挡箭牌，一次次错过进攻的大好时机，打仗本来就是你死我活的事情，枪对枪、刀对刀，你不杀他，他就杀你，战场上哪有仁义可言呢？"司马鱼一番话后，令宋襄公无言以对。次年五月，宋襄公便因伤势过重，久治不愈而死。

速战速决，久战兵钝

其用战也胜①，久则钝②兵挫锐③，攻城则力屈④，久暴师⑤则国用⑥不足。夫钝兵挫锐、屈力殚货⑦，则诸侯乘其弊⑧而起⑨，虽有智者⑩，不能善其后⑪矣。故兵闻拙速，未睹巧之久也⑫。夫兵久⑬而国利⑭者，未之有也。故不尽知⑮用兵之害⑯者，则不能尽知用兵之利⑰也。

注释

①用战也胜：指用兵作战宜速胜的意思。

②钝：疲惫。

③锐：锐气。

④力屈：力量消耗竭尽。

⑤暴师：军队在外作战。

⑥国用：国家财政经济。

⑦殚货：经济枯竭。

⑧弊：疲困，这里指危机。

⑨起：攻打。

⑩智者：智慧高明的人。

⑪善其后：挽回失败的局面。

⑫兵闻拙速，未睹巧之久也：用兵打仗只听说宁拙而求速胜的，没见过求巧而久拖的。

⑬兵久：战争拖延。

⑭国利：使国家得利。

⑮尽知：完全懂得。

⑯害：坏处，害处。

⑰利：好处，利益

译文

用如此庞大的军队作战，就要求速胜；旷日持久，就会使军队疲惫，锐气挫伤。攻城就会力量耗尽，军队长期在外也会导致国家财政发生困难。如果军兵锐气受挫，军力耗尽，财力枯竭，那么各国诸侯就会乘机侵犯，即使有足智多谋的人，也不能挽回危局。所以用兵上只听说过不求巧而求速胜的，但战争拖延而有利于国家的情况，从来没有过。所以，不完全懂得用兵害处的人，也不可能完全知道用兵的好处。

解析

用兵作战很多时候是与时间在较量，因为战争需要大量的人力物力的支持，相应的战争就会加重国民生产的负担，长久在外作战必定会导致国库虚空，因此没有了后方支持力量的话，战争是很难再继续的，失败是必然的。士兵在外长期作战必定会劳累过度，且离家时间长了思乡情结严重，必然就无心迎战，这样同样会导致战争的失败。因此作战提倡速战速决，一方面可以减少财力的消耗，另一方面快速作战军队士气高昂，那么胜利的机会也会加大。孙武提出的"速战速决"，对用兵作战具有重要的指导意义。

有人说："政治行为是一个长期的行为。"的确没错，这是针对持之以恒的管理而言的，但是国家活动中时常有突发性的事件发生，因此，在能力允许的范围下，也必须速战速决，以最快的时间争取到最好的结果。比如，在打击犯罪时，必须速战速决，绝不手软。长期地与罪犯纠缠，一方面可能会导致罪犯更猖狂地作案，另外一方面，长期纠缠必定会使得执法机关疲惫不堪，长期的人力和资源的消耗也是一个浪费。

企业在商业竞争中同样以时间作为赢得先机的标准，比竞争对手更快地抢资源、抢市场、抢客户、抢利润，自我就有更大的冲击力。这样做，一方面，可以加快资金的周转，可以使得自身的策略隐藏得更好，不易被敌人发现；另一方面，收获更大的竞争力量，争取所有力气一起迸发，一举打败竞争对手。

经典战例

"奉戴天子"之策

《孙子兵法》认为，用兵作战多是在与时间较量，一是因为时间太长，会消耗更多的力量，实际上是削掉自己的实力；另一个方面，时机通常都是稍纵即逝，我们必须把握扭转乾坤的机会。曹操和袁绍之争就是很好的例子。

汉朝末年，王室衰微，诸侯并起，谁都想趁机称帝，但又不能明目张胆地取而代之，因此奉戴天子以讨伐群雄尚不失为一个争霸天下的良策。谁先拥戴了天子，谁就会取得政治上的主动权。当时董卓首先拥有了这个机会，但是终因能力不及而没有得天下。董卓之后，袁绍和曹操集团的谋士分别也向他们献计，建议他们行"奉戴天子"之计。

毕竟天下大乱，奉戴天子还是有一定风险的，而且两集团相争，注定有输有赢。为了达到目的，集团内部谋士们争相发表自己的意见。袁绍集团内部，双方辩得颇为激烈。在奉迎天子的问题上，几乎在荀彧等向曹操提出此建议的同时，袁绍的首席幕僚沮授也向他建议："主公的世家好几代都荣任辅佐皇帝的宰相，忠义之名天下皆知。如今，皇上和朝廷被迫西迁长安，宗庙遭到破坏。而全国各地州郡，虽都以勤王之名起事，但实际只求扩张自我势力，根本没有人有保卫皇室、安定天下百姓之心。如今本州初定，我们已有了较稳定的力量，就应该奉迎皇帝到邺城安顿，一方面表示我们安定天下的志愿，一方面可以'挟天子以令诸侯',用堂堂正正的名义,来讨伐不守臣节的州郡,相信没有人能抵挡得住我们的。"袁绍听后点头同意他的观点。

但是反对方审配及大将淳于琼同时提出意见:"汉王室衰颓已久,即使想帮他们重建也是很困难的。如今天下群雄割据,各拥庞大军团,有道是'秦亡其鹿,先得者王',现在应是大家再公平打天下的时候了。如果把皇帝请到邺城,任何行动理当请示,这样会严重损害军事行动的机密性和机动性,得不偿失。更何况皇帝身旁还有很多公卿大臣,过分尊重他们会使我们的权力变小;不尊重他们则会有违抗皇权的麻烦,实在值得考虑。"

沮授听后立刻反驳道:"奉迎皇帝,必得天下大义之名,这个利益对我们的发展比什么都重要。以时机而论,目前皇帝正愁没有去处,执行起来最轻松;如果不乘机行事,一定有不少人会抢着去做。通权变者从不放弃任何机会,能立大功者在于不延误时机,希望主公尽速考虑这件事。"

袁绍一向优柔寡断又怕麻烦,两者都是自己的忠臣,意见也都十分有道理。其实,听谁的意见都无关重要,他最大的愿望是巩固黄河以北政权而已。有了这个想法,袁绍一直左右摇摆,迟迟难以定决,最终,曹操抢占先机,挟持了汉献帝,而袁绍最终错失良机。

以战养战，胜敌益强

原文

善用兵者，役不再①籍②，粮不三③载④；取用于国⑤，因⑥粮于敌，故军食⑦可足⑧也。

国之贫于师⑨者远输⑩，远输则百姓贫⑪。近于师者贵卖⑫，贵卖则百姓财竭⑬，财竭则急于丘役⑭。力屈⑮，财殚⑯，中原⑰内虚于家⑱。百姓之费⑲，十去其七；公家⑳之费，破车罢马㉑，甲胄矢弓㉒，戟楯蔽橹㉓，丘牛大车㉔，十去其六。

故智将㉕务食于敌㉖。食敌㉗一钟，当㉙吾二十钟；芑秆㉚一石㉛，当吾二十石。

故杀敌者㉜，怒㉝也；取敌之利者，货也㉞。车战得车十乘已㉟上，赏其先得者，而更其旌旗，车杂㊱而乘之，卒善而养之㊲，是谓胜敌而益强。

注释

①再：经常，多次。

②籍：指征集兵员。

③三：代指多次。

④载：运载、运送。

⑤取用于国：指武器装备等从国内取用。

⑥因：依靠。

⑦军食：军队的食粮。

⑧足：供应充足。

⑨师：军队。

⑩运输：远距离运输。

⑪百姓贫：使百姓贫。

⑫贵卖：物价飞涨。

⑬财竭：财富枯竭。

⑭丘役：赋税徭役。

⑮力屈：军力耗尽。

⑯财殚：财富枯竭。

⑰中原：这里指国内。

⑱内虚于家：国内百姓贫苦。

⑲费：资财。

⑳公家：国家。

㉑破车罢马：破车，战车损坏。罢马，战马疲病。罢（pí），同"疲"。

㉒甲胄矢弓：泛指装备战具。甲，护身铠甲；胄，头盔。

㉓戟楯蔽橹：指各种攻防兵器。

㉔丘牛大车：指辎重车辆。

㉕智将：高明的将帅。

㉖务食于敌：务求在敌国解决粮秣。

㉗食敌：吃敌方的粮食。

㉘钟：容量单位，每钟六十四斗。

㉙当：相当于。

㉚芑秆：饲草。芑（qí），同"萁"，豆萁；秆，禾茎。

㉛石（dàn，担）：重量单位，每石一百二十斤。

㉜故杀敌者：要使士卒勇敢杀敌。

㉝怒：仇恨，即对敌人仇恨。

㉞取敌之利者，货也：夺取敌军资财，用来奖赏士卒。

㉟已：同“以”。

㊱杂：混合、掺杂。

㊲卒善而养之：对俘虏来的士卒要给予善待和使用。

译文

善于用兵的人，不多次征集兵员，粮草不多次运送；武器装备从国内取得，粮草到敌方就地夺取，这样军队供应就可以充足了。

国家之所以因为用兵而贫困，是由于远道运输；远道运输就会使百姓贫困。靠近军队的地方物价昂贵，就会使百姓财富枯竭；国家就因此而急于加征赋役。战场上军力耗尽，国内百姓就空虚。百姓的资财耗去十分之七；公家财产，由于战车损坏，战马疲病，装备、兵器、战具的损耗，辎重车辆损坏，也耗去了十分之六。

所以，聪明的将领，务求在敌国解决粮草。消耗敌方一钟粮食，相当于本国二十钟；用敌方一石草料，等于本国二十石。

要使将士奋勇杀敌，就应激励士气；要夺取敌方军资，就要夺敌资财后用来进行奖赏。所以在车战中，缴获战车十辆以上，就应该奖赏最先夺得战车的人，并更换车上旗帜，混合编入自己的车队之列。要优待和使用战俘，这就是战胜敌人壮大自己。

解析

战争消耗巨大，必须在国内征收沉重的赋税以给予战争强大的支持，长期加重人民的负担，必然会使得百姓贫穷，民怨声声，更可怕的是财物枯竭——“军无粮食则亡”，而“以战养战”的军事思想是人性化的体现之一，也是现在军事重视后勤思想的体现。在外作战，将领首先要做的最好是夺取敌人的粮草，这样一方面使得敌人物资短缺，还能使得我方的战粮得到补充，同时这样得到的粮食，比起从国内运输至边疆要少费力许多；另外一方面能消耗敌人的力量，使得“一箭双雕”。

学会借助别人的力量，使得自己站在有利的位置，同样也使得战斗力加强。联盟这个概念运用于国家管理中就好比"以战养战",联盟国家之间必定也会有利益冲突,但是这并不妨碍国家在世界大范围的竞争,只要竞争力得以加强,自然就把别人比下去了。因此,"因粮于敌,以战养战"的思想同样适合政治层面。

现代商战中,"以战养战"表现为企业以下这些行为:就地取材、就地生产、就地销售。这些行为措施能降低企业成本,提高成本竞争优势,克服高运输成本和高库存成本,以最小的付出占取市场。"胜敌益强"的思想表现为取长补短,谋略表现为引进技术、资金和人才。这样市场的敏感度和不稳定因素的影响对于企业而言就无严重影响了,是提高竞争力量的重要手段。

经典战例

夺粮战

《孙子兵法》认为富有军事才干的将领不会多次从本国运送粮食辎重等作战物资,而会从敌国获取粮草。这样做,既可以节省从本国运输粮草所花费的巨额开支,又能够削弱敌国的物资保障,可取一举两得之功效。三国时期的袁绍便曾成功运用此道,不仅夺了对方的粮草,使得自身实力增强,削弱了敌方的物资保障,进而取了对方的城池。

袁绍与冀州牧韩馥曾共同讨伐董卓,自此成为了朋友。有一回袁绍正在河内屯兵待战,但是日见粮食已不多,很是犯愁。韩馥知道袁绍的难处,于是派兵给他送去了粮草,解决了袁绍的燃眉之急。袁绍因此觉得韩馥很够朋友,心底非常高兴。但是在他身旁的谋士逢纪却说:"大丈夫出兵打仗闯天下,等别人送粮食来算是什么?既然冀州是粮仓,为什么不去夺取呢?"听到这个建议,袁绍大为惊喜,连忙问:"你有什么妙计?"逢纪说:"公孙瓒假借讨董卓之名,引燕代之兵进入冀州境内,准备袭杀冀州牧韩馥。将军可派人送信与公孙瓒,约好与他共同打冀州,公孙瓒必然发兵。而韩馥属无谋之辈,他必然请将军去保卫冀州，冀州便唾手可得"。袁绍听了逢纪的计谋十分高兴，便给公孙瓒发了书信。公孙瓒见信，知道与袁绍共同攻打冀州，可平分其地，大喜，即日发兵。同时，袁绍又派说客去冀州。说客见到韩馥后说："公孙瓒已是势不可当，袁绍也是一时之豪杰，如果二人联合攻城，恐怕此城难保。而袁绍是您的旧友，不如您把城让与袁绍，既保住了性命，又得了让贤之名。"韩馥素来胆小怕事，听到这个建议即时表示同意。于是，袁绍带兵是以客人的身份进入冀州的，但他逐渐任用自己的部下田丰、沮授、许攸、逢纪主管冀州之事，反客为主，尽夺韩馥之权。直到这时，韩馥才懊悔不及。袁绍夺粮一招可谓了得，等占据了冀州这个大粮仓之后，粮草军备等后勤物资有了保障，军事实力也大大加强了。

兵贵胜，不贵久

故兵①贵②胜，不贵久。

故知兵③之将，生民④之司命⑤，国家安危之主⑥也。

注释

①兵：用兵打仗。

②贵：宜。

③知兵：应当深知用兵之法。

④生民：泛指民众。

⑤司命：古星名，此处借喻为命运的掌握者。

⑥主：主宰者。

译文

因此，用兵贵在速胜，不宜久拖。深知用兵之法的将帅，是民众命运的掌握者，是国家安危的主宰。

解析

战争宁可"拙胜"，不求"巧久"，战争的危害性使得必须与时间做一较量。时间是胜利的保证，《曹刿论战》一文说过"一鼓作气，再而衰，三而竭"，说明锐气很重要，士兵战斗力缺乏就会不战而败，只有争取到时间才能保证士气一直高昂，后方物资资源足以保证军事开支，而两者都是作战的基本。另外，战况是瞬息万变的，此时的计谋也只能在一定的时间内起到有效的作用，错过时机便失去了夺取胜利的良机。因而战争必须"速战速决"，而不可久战。

时间无论是对于军事战争来说还是对于政治斗争来说，都是非常重要的。政治斗争中，速战速决表现为，争取政治利益的时候抢先一步，以获得更多的支持。若是慢半拍，等别人抢在自己之前，那么要想再从别人手里夺过来，就不那么容易了，毕竟防守和巩固比进攻容易得多。

"兵贵胜，不贵久"的思想运用于商战之中，表现为在做好战前的准备和谋略之后，要迅速出击，以快攻配合作战，否则就会功败垂成。商场信息瞬间变化，一方面战术谋略只在一定时间内有最佳效果，而商场讲究先抢商机为赢；另外一方面，信息流动太快、太多，很容易被竞争对手看穿，那么事先的策略和谋划就会泡汤。

经典战例

速战速决，见机先取

《孙子兵法》主张作战应该速战速决，而不是屯兵待机不战。兵战神速才能取胜的例子数不胜数，曹操破乌桓和晋秦麻隧之战就是极好的例子。

官渡之战后，袁绍死去。袁绍的两个儿子都投奔了乌桓的单于，以待时机东山再起。曹操决定乘胜追击，杀掉单于蹋顿和二袁，于公元207年亲自带兵远征乌桓。由于乌桓地远，军队阵势浩大，人马、战车、粮草数量巨大使得行军速度极慢。看到这种状况，曹操的谋士提出建议："速战速决取胜，不能等到敌人都做好充分准备才到达，那时定会由于疲于行军而无法尽力作战，这样肯定是无法取胜的。"曹操听了建议后恍然大悟，于是改变作战策略，精选几千精兵火速赶到乌桓。突如其来的大兵使得蹋顿手足无措，于是立马召兵，誓在自家门口与曹操军队决一死战。

曹操见此阵势，也不敢放松，拼死战斗，以一敌十。但曹操战术得当，虽精兵死伤无数，但是蹋顿军队的将领死的死，伤的伤，数千兵马一时群龙无首，都慌忙逃脱。袁熙、袁尚听到蹋顿阵亡的消息，带领随从逃出乌桓，投奔了辽东太守公孙康，不久便被公孙康设计杀死。曹操北部边疆从此安定了下来。

谋攻篇第三

题解

　　《谋攻篇》中孙武提出"不战而屈人之兵，善之善者也。"的战略思想,即在形篇中,用兵作战最佳的战果是不战而胜，依照"伐谋""伐交""伐兵"的顺序安排战术，使得花最小的代价争取最大的利益。再次，分析国君和将领的作用，充分了解敌情，根据敌情作战术安排，以求"知己知彼，百胜不殆"。

不战而胜，善之善者

原文

孙子曰：凡用兵之法①，全国②为上，破③国次之；全军④为上，破军次之；全旅⑤为上，破旅次之；全卒⑥为上，破卒次之；全伍⑦为上⑧，破伍次之。是故百战百胜，非善之善者也；不战而屈人之兵⑨，善之善者⑩也。

注释

①法：法则。

②国：古代指都城。

③破：击破，打败。

④军、⑤旅、⑥卒、⑦伍：古代军队的编制单位。旧说一万二千人为军，五百人为旅，百人为卒，五人为伍。

⑧上：上策，最好。

⑨屈人之兵：使敌人的士兵屈服。

⑩善之善者：好中最好的。

译文

孙子说：凡是用兵打仗，能迫使敌人举国屈服的是上策，出兵攻破敌国的在其次；能使敌人整个军队降服的是上策，用武力击垮敌军的在其次；能使敌军全旅投降的是上策，打败敌旅的在其次；能使敌军全卒投降的是上策，打垮敌卒的在其次；能使敌军全伍投降的是上策，消灭敌伍的在其次。因此，百战百胜，还不是完美中最完美的；不战而能迫使敌人投降屈服，才算是好中最好的。

解析

战争的目的是国泰民安，或者以战争夺取财物以满足本国需要，又或者是利益的较量，由此得知战争的最终目的并非打仗。战争固然是国家力量的较量，必定会消耗大量的物资与生命，正因为战争对人力物力的依赖性太强，所以除了"速战速决""因粮于敌，以战养战"这些方法以最小的物资消耗而取得胜利外，还不费一兵一卒和丝毫的军需储备，因而战争的最好结果是"不战而胜"。这便是孙武认为的战胜敌人的最高境界，也是孙武"功利"之心避害趋利的体现。在此引出作战的重要思想——"伐谋"。

政治斗争中，虽没有刀光剑影，但是同样影响着国家的生死存亡。政治活动中，通常是口舌之战，亦即伐谋中的政治外交政策，而后若是无法通过协议解决才会导致战争的发生。因此为了避免战争的发生，政治斗争中更要注重伐谋。有时候，仅仅是简单的几句触到敌人痛处的话，或者巧妙地绕开话题，使得自己避免陷进政治的漩涡，使得敌人退缩或者防御于无坚不摧的状态。

商业竞争中，"不战而胜"表现为"攻心计"。在企业自身实力强大的基础上，利用竞争对手的弱点，在未出击之前展现自己强大的优势，从心理优势上让对手屈服，使得竞争对手自动退出竞争行列。此为商业"不战而胜"的"攻心计"。

经典战例

秦穆公两次灭郑不成

公元前630年，秦国和晋国联盟攻打他们的邻国——郑国，两国兵力强大，郑国显然不是他们的对手。兵临城下，郑国君主文公连夜召集文武百官进宫商量对策。出军应战肯定是不可行了，只能派使者去说服他们退兵。最后决定派富有外交经验的大臣烛之武出使。

烛之武了解到，秦晋两国虽然都已经打到城下，但是一个在东一个在西，互不相干。经过一番思考后，烛之武决定在秦国下功夫。于是，烛之武连夜赶到秦军驻扎营地的城墙边，对着秦军营地嚎啕大哭。秦穆公和将领们都被哭声震动了，出门看看怎么回事。秦穆公问："你连夜跑来秦营哭什么？"烛之武说："我是伤感郑国即将灭亡，也为秦国担忧啊。"听到这话，秦穆公连问："为何这样说呢？"烛之武回答说："秦国和我国的国土并不相连，我们在东，你们在西。而我们之间还隔着晋国，这样遥远是很难将国土管理好的。而晋国就不一样，他们的国土和我们紧紧相连，郑国灭亡后就能扩大疆土，好好管理。秦晋本来实力相当，但是若是郑国灭亡后晋国就得以强大，相反秦国势力就要被削弱了。这样难以保证晋国不会去攻打秦国。如果秦国能和我们结盟就不一样了，我们待秦一定如贵宾一样，如此对于秦国而言也是有好处的。"听到烛之武一席话分析得入情入理，利害分明，秦穆公如醍醐灌顶，心想："既然灭郑对自己没什么好处，还是退兵吧。"

晋国看到秦国退兵后，顿觉孤掌难鸣，难以获胜。于是，也跟着退兵了。烛之武一席话让郑国不战而胜。

秦穆公回国后，思前想后觉得咽不下这口气，还是灭掉郑国为好。于是，于公元前627年不顾百里奚等大臣的劝阻，千里迢迢带兵出征郑国。秦军大将孟明视率领大部队悄悄潜入郑国地界。突然前面有人拦住了秦军的去路。原来是一位名叫弦高的商人，他十分爱国，看到国家大难临头，就不顾一切上前阻止。他略施计谋，谎称自己是郑国的使者，带着牛皮和肥牛犒劳秦军。实际上，弦高在拖延秦军的时间，从而帮助郑国争取备战的时机。弦高说："我是郑国的使者，国君特地派我带上牛皮和肥牛来犒劳你们，你们远途到我国肯定十分劳累。我愿意为你们提供日常所需，晚上还能帮你们守夜，你们觉得怎么样。"弦高与孟明视一直周旋，而此时郑国已经做好准备了。

等孟明视发现郑国已经做好作战准备才顿觉醒悟，再三思考后觉得："郑国已经做好准备，我们又是孤军作战，恐怕难以取胜。"于是，秦军打算取消灭郑计划。

秦国两次灭郑都没有成功，郑国也正是两次使用谋略使自己不战而胜。"伐谋"是两军对抗中代价最小、效益最佳的一种斗争手段，被《孙子兵法》奉为上策。

上兵伐谋，其次伐交

原文

　　故上兵伐谋^①，其次伐交^②，其次伐兵^③，其下攻城。攻城之法为不得已。修橹轒辒^④，具^⑤器械，三月而^⑥后成^⑦，距堙^⑧，又三月而后已。将^⑨不胜其忿而蚁附之^⑩，杀^⑪士三分之一而城不拔^⑫者，此攻之灾也。

　　故善用兵者^⑬，屈人之兵^⑭而非战^⑮也，拔^⑯人之城而非攻^⑰也，毁^⑱人之国而非久^⑲也，必以全争于天下^⑳，故兵不顿^㉑而利^㉒可全^㉓，此谋攻之法^㉔也。

注释

①上兵伐谋：最好的用兵方法是以谋伐敌，即以计谋使敌屈服。伐，讨伐、攻打。

②交：这里指外交。

③伐兵：以武力战胜敌人。

④轒辒（fén wēn）：古代攻城用的四轮车，用排木制作，外蒙牛皮，可容纳十人，用以运土填塞城壕。

⑤具：准备。

⑥而：以。

⑦成：完工。

⑧距堙（yīn）：用以攻城而堆积的土山。

⑨将：将帅。

⑩蚁附之：指像蚂蚁一样爬梯攻城。

⑪杀：死伤。

⑫拔：攻下，拿下。

⑬善用兵者：精于用兵打仗的人。

⑭屈人之兵：使敌军屈服。

⑮非战：指以计谋和外交等办法迫使敌人屈服，而不用交战的办法。

⑯拔：夺取，拿下。

⑰攻：攻打。

⑱毁：灭亡。

⑲非久：指不要旷日持久。

⑳必以全争于下天：务求以全胜的谋略争胜于天下。

㉑顿：通"钝"，这里指疲惫、受挫。

㉒利：胜利。

㉓全：完满地。

㉔法：法则。

译文

所以用兵的上策是以谋略取胜，其次是外交取胜，再其次是使用武力打败敌人的军队，最下策就是攻打敌人的城池。攻城是迫不得已而采取的办法。制造攻城用的大盾和四轮车，准备攻城用的器械，要三个月才能完成；构筑攻城用的土山，又要三个月才能完工。将帅非常焦躁愤怒，驱使士兵像蚂蚁一样爬梯攻城，以致士兵死伤了三分之一而城池还是没有攻下来，这就是攻城带来的灾难。

所以，善于用兵打仗的人，使敌军屈服不是靠硬打，夺取敌人的城池不是靠强攻，摧毁敌人的国家不是靠久战。务求用全胜的谋略取胜天下，这样，军队就不至于疲惫受挫，就能圆满地获得胜利，这就是谋攻的办法。

解析

孙武提出，战争是军事力量的较量，更是用兵谋略的较量，而谋略也是两军将领智谋的较量。聪明的一方常常是出奇制胜，击敌于瞬间，破敌势如破竹。伐兵是最不可取的，这样会造成最大程度的物资消耗。因而用兵作战应该首选伐谋，它花的力气和财力最少，兵法认为它是战争的最佳选择。其次的选择即是伐交，通过外交手段巧妙地避免打仗的情况发生，通过智慧的较量使得敌人屈服。反之若是"伐谋"和"伐交"都没有能阻止"伐兵"的出现，则从侧面证明了国力不足，正所谓"弱国无外交"。谋、交用之都是用兵上策，也是孙武所提倡的"不战而屈人之兵，善之善者也"的辩证体现。

伐谋在政治上的阐释，是国家发展和强大不是靠武力得来，而是靠富国强兵的政策和开明的外交政策促成。国家富强、有了威望，自然就能不战而退人之兵，也不会再被人家欺负了。

商业社会竞争中，同样是用谋略和外交的政策赢得主导优势。没有制胜竞争对手的策略，没有精明的外交手段，就等于给了对方战胜自己的机会。因此而言，企业更重要的是使得企业每部分充满竞争活力，尽量避免与强硬的竞争对手正面作战，谋蹊径或搞多种经营，或与其他企业结成友邦，或开发适销对路的产品，或在流通渠道上创新路，或在服务领域想新点子，使得自身具有强大的力量，能以最小的牺牲换得最高的回报。

经典战例

以计屈国

《孙子兵法》将"伐谋"奉为上策。战国时期张仪计屈四国，及后来的韩信计屈燕、赵，堪称"伐谋"的典范。

战国时期七国争雄，秦国想称霸，于是听从谋士张仪的计策，破坏六国合纵，以削弱他们的势力。当时秦国答应给魏国好处，合纵失败后秦国根本没有履行诺言。魏国为此感到十分恼怒，于是派使者出秦，以知道秦国为什么失信。秦惠王正好借此机会出师伐魏，围攻重镇蒲阳城。此时张仪又劝秦惠王暂时停下进攻，归还蒲阳城给魏，但是条件是魏国必需派公子繇在秦当人质。魏国顿感秦国要与自己和好的"诚意"。趁此好时机，张仪又出使魏国，威逼利诱魏王报答秦国不灭国的"恩情"，迫使魏国割地议和。一招使得魏国归附。

其后，张仪又到楚国实施计谋。张仪在楚国收买了奸臣靳尚，并通过他得以直接面朝楚王。张仪谎称秦国要与楚国和好，并且原因将原先攻打楚国获得的600里地归还楚国，还供上两个美女。面对如此大的诱惑，楚王不顾群臣反对，接受了张仪的"建议"，与齐国结盟，使得当时对秦国威胁最大的楚齐联盟解散。第二招，清除障碍成功。

楚齐联盟解散之后，齐国非常生气。于是派使者到秦国表示，自己愿意与秦国结盟，共同讨伐楚国。楚国和齐国两国的矛盾，日俱激烈。此时张仪开始否认当初对楚国许下的诺言，只说仅仅答应将六里地归还给楚国。楚国看此状况，盛怒之下，出兵伐秦。楚国根本就没有做好作战准备就贸然出兵，战败而回，还丢失了关中600里地。韩、魏两国为讨好秦国，也落井下石攻打楚国，无奈之下楚国被逼无奈归附秦国。三招成功，齐、楚、魏都归附了秦国。秦国日渐强大，这种态势下燕、赵在威逼利诱下也割地归附。

如此这般，张仪不费一兵一卒，未动一刀一枪，先后降服了楚、齐、赵、燕四国，连同早先制伏的魏国，奠定了秦国在诸侯国中的领导地位，成为当时的第一强国。此为"伐谋"典范之一。

用兵之法，十则围之

　　故用兵之法，十则围之①，五则攻之②，倍则分之③，敌④则能战之，少则能逃⑤之，不若则能避之⑥。故小敌之坚⑦，大敌之擒也⑧。

注 释

①十则围之：有十倍于敌人的绝对优势兵力，就要四面包围，迫使敌人屈服。

②五则攻之：有五倍于敌人的兵力就要进攻它。

③倍则分之：有两倍于敌人的兵力，就设法分散敌人，在局部上造成更大的兵力优势。

④敌：这里指势均力敌。

⑤逃：脱离、摆脱。

⑥不若则能避之：不如敌人时就设法避免与敌交战。

⑦小敌之坚：力量弱小的军队只知坚守硬拼。

⑧大敌之擒：强大敌人的俘虏。

译 文

　　所以，用兵作战的法则是：有十倍于敌人的绝对优势兵力，就要四面包围，迫使敌人屈服；有五倍于敌人的优势兵力，就要进攻敌人；有两倍于敌人的优势兵力，就要设法分散敌人；有相等的兵力，就要想办法战胜敌人；比敌人兵力少，就要设法摆脱敌人；兵力不如敌人，就要避而不战。所以，弱小的军队不管如何强硬，总会成为强大敌人的俘虏。

解析

用兵时，当伐谋、伐兵二者都没有取得战争胜利，必须得通过打仗来解决问题时，孙武认为必须有一个重要的思想置于脑中——用兵之法，十则围之。战争要根据敌我双方力量的强弱而采取不同的战术谋略，慎重、认真地分析敌人的强弱，量力用兵是十分必要的。我们应该在争取最大胜利的同时，避免自己遭受损失。特别是古代作战，很大程度上是兵力的较量，集中优势兵力，以众击寡，灵活部署兵力，直歼敌人是最好的。当敌众我弱时则要保存主要力量，避强而应之，这样才能审时度势，取得战斗胜利。孙武同时也提出了一个观点：战势是随时会发生变化的，一定要讲究灵活的战略，随机应变。

当国家力量足够强大的时候，面对敌人一定要有功利之心。若是政治立场相对立的双方，必须在自己强大的时候打击对手，甚至使得对方无还击之力。这在政治上是有百利而无一害的。世界的政治局势也每分每秒都在发生变化，因此一定要随机应变，在不断强化自己的同时，打击对手，防御敌人，时刻把握动态，以实事求是的思想为基础。

商场上信息瞬时万变，更需要把握实时动态，商业竞争中，企业领导人必须保持清醒的头脑，实事求是，对于现时状态做准确的判断，以不同的姿态出击，赢得优势。

经典战例

土伦包围战

《孙子兵法》道："十则围之，五则攻之，倍则分之，敌则能战之，少则能逃之，不若则能避之。"拿破仑慎行分析，认为只要使得城内土伦王党失去外援，势力削弱就能取得胜利。

1793年夏秋之季，法国南部港口土伦被王党分子和英国舰队占领。9月，革命军开始对土伦围攻。土伦城防守坚固，还有英国军舰支援，由于革命军把攻城火炮配置在距城较远的地方，以致革命军前面几次都以失败告终。

拿破仑临危受命，被指派暂时担任这支征讨叛乱部队的指挥。他认为，当时土伦城的军队兵力在自己之下，他们之所以能继续战斗而没有被摧毁，完全是因为有外敌支援。因此在土伦城坚且靠海，又有外敌支援的情况下，必须讲究战术，采取策略，应该围城打援。他建议把火炮移向海边，直接轰击停泊在港口内的英国军舰，将其封锁，先使土伦城失去外敌的支援，迫使英军弃城保舰，然后另行解决土伦城的问题。上司对拿破仑的设想十分赞同，命令他制订具体的作战计划，并委派他担任攻城炮兵的副指挥官。

革命军必须把兵力从港湾东岸的远郊集中到西岸的小直布罗陀高地，夺取它的制高点，而后从那里的小直布罗陀炮台和埃吉利耶特炮台直接轰击港内的英国军舰，控制港口出入门户，截断英舰后路。为此，拿破仑曾亲率士兵在小直布罗陀高地北面秘密地构筑一个炮兵阵地，为首先夺取小直布罗陀炮台做好准备。11月初，炮兵阵地已经构筑成功。拿破仑本想借橄榄树的掩护来轰击高地，然后夺取小直布罗陀炮台和埃吉利耶特炮台。可是，法军战场指挥官顿涅却未能听取拿破仑的劝告，在没有部署就绪的情况下竟下令实施炮击，结果暴露了自己的阵地，打乱了作战部署。在敌人全力猛攻的形势下，顿涅败退，使革命军的炮台阵地落入敌手。拿破仑获悉炮台失守的消息，立即率领部队前去援救。由于士兵们英勇作战，又夺回了阵地。

1793年12月15日，革命军发动了围攻土伦之战。拿破仑命令炮兵猛烈轰击敌军炮台，经过两天的连续猛轰，完全摧毁了敌人的工事。17 日傍晚，法军 7000 余人开始向高地实行总攻。敌人仍然负隅顽抗，使进攻的法军受到挫折。就在这个时候，拿破仑率领预备队冲入敌阵，最后击溃了敌军，抢占了埃吉利耶特炮台和小直布罗陀炮台。而后，法军立即配置火炮，向港内的英国军舰开火。英军大惊，害怕葬身土伦港内，慌忙地逃出港口，进入地中海，向公海遁去。土伦王党失去外敌支援，势力又不如拿破仑军队，一时陷入惊慌失措境地。最后，拿破仑军队一鼓作气，带领全军重夺土伦城。

将者，国之辅

原文

夫将①者，国②之辅③也，辅周④则国⑤必强，辅隙⑥则国必弱⑦。

故君之所以⑧患⑨于军⑩者三：不知⑪军之不可以进而谓⑫之进，不知军之不可以退而谓之退，是谓縻军⑬。不知三军之事而同三军之政者，则军士惑⑭矣。不知三军之权⑮而同三军之任⑯，则军士疑⑰矣。三军既惑且疑，则诸侯之难⑱至⑲矣，是谓乱军引胜⑳。

注释

①将：将帅。

②国：国君。

③辅：辅助，这里引申为助手。

④辅周：辅助得周密。

⑤国：国家。

⑥隙：漏洞、缺陷。

⑦弱：衰弱，弱小。

⑧所以：表示因果关系。

⑨患：危害，贻害。

⑩军：军队。

⑪知：了解。

⑫谓：告诉。这里指命令。

⑬縻军：束缚军队，使军队不能根据情况相机而动。縻（mí），羁縻、束缚。

⑭惑：迷惑不解。

⑮权：权变，权谋。

⑯任：指挥。

⑰疑：疑虑。

⑱难：发难。

⑲至：来到。

⑳乱军引胜：扰乱自己的军队，而导致敌人的胜利。引，引导，导致。

译文

将帅是国君的助手，辅助得密切周全，国家就强盛；辅助得疏漏不周，国家就弱小。

国君危害军队的情况有三种：不了解军队不可以前进而命令军队前进，不了解军队不可以后退而强令军队后退，这叫做束缚军队；不了解军队内部的事务，而干涉军队的政务，将士就会产生迷惑；不了解用兵的权谋，将士就会产生疑虑。军队既迷惑又疑虑，各国诸侯就要乘机发难来进犯了。这就是所谓扰乱自己的军队而导致敌人的胜利。

解析

兵者伐谋，这里所说的谋略很大程度上是将领智慧的较量。将领作为战争的领导者，是军队的主心骨，他是战术谋略的策划者和执行者，因此他关系到战争的胜利与否，甚至关系到国家的生死存亡。只有战无不胜，国家才能安定繁荣。国家出征，很大程度上也是皇帝出兵用将之法。好的将领会带领军队所向披靡，而愚弱的将领瞎指挥，便会使国破人亡，因此用将需慎重思考。既然将领对国家有如此的重要性，那么将领就必须具备五德——智、信、仁、勇、严。

就治理国家而言，作为将帅的各级领导直接影响着国家方针政策的制定和实施，整个过程都涉及到领导者的决策能力和执行能力。因此，领导者的智慧和勇气以及是否拥有号召力，直接关系到国家的治乱。这就对领导者提出了一个要求：他们必须来自于基层。只有这样，他们的决策才能代表大众的利益，才算得上真正地做到为国为民。

在企业发展和管理过程中，必拥有优秀的管理人才，以为全体员工创造一个良好的工作环境，让所有人都充分发挥自己的才能，这样才会使得企业的创新能力、生产效率、生产质量得到高品质的保证。这样企业必然就能够兴旺发达。反之若是管理者愚昧无知，企业缺少管理，就会转向衰败。

经典战例

郭子仪智勇斗回纥

历朝历代有勇有谋，又对国家忠心耿耿的将军鲜少，郭子仪就是智将的代表。安史之乱后，唐代宗宝应二年（公元763年），西北边疆少数民族吐蕃纠集回纥等其他民族共20多万人攻陷大震关，一度要杀入唐朝京都长安。为了平定关外，保卫长安，唐代宗命长子李适为元帅驻守关内，命老将郭子仪为副元帅，率兵赴咸阳抵御。

元帅郭子仪很是纳闷，安史之乱时回纥曾出手相助，也从此结交为盟友，关系一向很好。回纥人也对郭子仪勇敢善战，有情有义深感敬佩，还亲切地称呼他"郭公"。为什么这回会突然起兵攻打大唐呢？为了了解清楚事情的内幕，郭子仪决定前往回纥兵营了解情况，并利用这种特殊的关系拆散回纥和吐蕃的联盟，将回纥拉回自己的身边，共同对付吐蕃。为此，郭子仪派部将李光瓒去"拜访"回纥头领药葛罗。药葛罗得知郭子仪来了，大为惊异，因为他在出兵前就听说郭子仪和唐代宗已经死了，于是提出要见见郭子仪，但又恐有诈，于是布好天罗地网，万一发现来者不是郭子仪便射以万箭，置之死地。

　　李光瓒回到军营，将药葛罗的话转告给郭子仪，郭子仪听后大喜，认为很有机会能使回纥回心转意。于是不顾儿子和众将领的反对，决定单枪匹马去回纥军营。虽然大家都说必须带上500精兵护卫，但是郭子仪拒绝了，说："以我们现在的兵力，绝不是吐蕃和回纥的对手；如果能说服回纥退兵，或者说服回纥与我们结盟，那就能打败吐蕃。冒这个险，我看值得！"说罢，只带领几名骑兵向回纥军营进发，同时派人先去回纥军营报信。药葛罗及回纥将领听说郭子仪来了，都大惊失色。药葛罗立即命令摆开阵势，他本人弯弓搭箭立于阵前，时刻准备开战。郭子仪远远望见，索性脱下盔甲，将枪、剑放在地上，独自打马走上前。药葛罗见来者果然是郭子仪，立即召唤众将跪迎郭子仪入营。郭子仪赶忙下马，将药葛罗及众将挽起，携手进入军营。

　　郭子仪问药葛罗为什么要攻打自己的盟友。药葛罗说："郭公在上，我们回纥人不说假话，这一次出兵实是被大唐叛将仆固怀恩骗来的。仆固怀恩说郭公和代宗都已不在人世，如今郭公就在眼前，我们马上退兵！"郭子仪又说："我们大唐兵多将广，像安禄山、史思明这样的叛乱都能被平定下去，吐蕃与安、史相比尚且不如，哪里会是大唐的对手！如果回纥能与大唐联手，共同打败吐蕃，代宗皇帝一定会感谢你们的。"

　　药葛罗其实也没有存心要破坏自己和大唐来之不易的友谊，于是激动地说："一切郭公说了算，我们将和大唐一起联兵击退吐蕃。"说罢，命令士兵取酒来，要与郭子仪盟誓，郭子仪连连拱手致谢。

　　郭子仪军队和回纥一起联手，没战几个回合，吐蕃就仓皇而逃了。

知己知彼，百战不殆

原文

故知胜①有五：知可以战与不可以战者胜；识众寡之用②者胜；上下同欲③者胜；以虞④待不虞者胜；将能⑤而君不御⑥者胜。此五者，知胜之道⑦也。

故曰：知⑧彼⑨知己者，百战不殆⑩；不知彼而⑪知己，一胜一负⑫；不知彼，不知己，每战必殆。

注释

①知胜：预知胜利。

②识众寡之用：善于根据敌对双方兵力对比的众寡情况，正确采用不同战法。

③上下同欲：上下齐心协力。

④虞（yú）：备，这里指有准备。

⑤将能：将帅指挥能力强。

⑥御：驾御，这里指牵制，干预。

⑦道：途径。

⑧知：了解。

⑨彼：对方，这里代指敌人。

⑩殆（dài）：危险，失败。

⑪一胜一负：胜败的可能各半。

译文

所以，能够预先知道胜利的情况有五种：了解可以打或不可以打的，能够取胜；了解敌对双方兵力对比的众寡情况、正确调用的，能够取胜；将士上下同心协力的，能够取胜；用有准备对付没有准备的，能够取胜；将帅指挥能力强并且国君不加干预的，能够取胜。这五条，是预先知道胜利的途径。

所以说：既了解敌人，又了解自己，百战都不会失败；不了解敌人，只了解自己，则有胜有败，胜败参半；既不了解敌人，又不了解自己，那就会每次作战都失败。

解析

"知己知彼，百战不殆"是孙子兵法最光辉的军事思想，同时他提倡的谋略也是建立在了解敌我双方力量的基础上的，因此我们认为它始终贯穿于《孙子兵法》之中。何谓"知己"，知胜有五，对自身条件的严格审查和分析，这样才能做好客观的分析，才能知道我方的军事优势何在，以此进行谋略和战术安排。何谓"知彼"，知彼即对敌方的力量能进行深入的了解，分析敌人的优势和劣势，以做到避强击弱，因敌谋略，采取不同的应战方案。所谓"知己知彼"即为了"运筹于帷幄之中"，以"决胜于千里外"。

政治斗争中，双方必定都各有优缺点。要赢得竞争，特别是集中争取选票的过程，必定要先了解自己的优势在哪里，也在任何一个时候适可表现。对于对手，要充分了解他的缺点，以进行有目的性的攻击，或者制造机会让对手出错，以此战胜。

商业竞争激烈，企业之间竞争讲究对实际情况进行详细、准确、全面、深入的了解，以进行周密严谨的分析，做出切合企业实际情况的战略和应对措施，以获得竞争的胜利。企业活动中，需要进行商业调查报告，对消费者进行竞争双方产品使用情况的调查，对企业自身环境先知，对竞争对手产品的详细信息先知，那么就可以进行严密的"庙算"，战略也便会取得成功。

经典战例

李世民匹马退突厥

"知己知彼，百战不殆"是《孙子兵法》的精髓。它概括性地描述了作者对战争中敌我双方实力的认识。古往今来，优秀的军事将领无不对这一战争规则视为圭臬。唐朝初年，唐太宗李世民匹马退突厥，就是对这一战争原则的经典应用。

隋朝末年，天下大乱。游牧在我国北部沙漠、草原地带的突厥族势力趁机崛起。当时，盘踞在黄河流域的一些起兵反隋的地方武装集团，包括后来建立唐朝的李渊在内，都曾向突厥可汗称臣送礼，请敕派兵援助。李渊夺取关中建立唐朝以后，突厥人表面上虽仍然与唐朝保持着和好关系，暗地里却与薛举、梁师都、刘武周、王世充等武装割据势力勾结，连年南侵，掳掠中原的人畜和财物。

公元626年六月，秦王李世民发动兵变，在玄武门杀死太子李建成和齐王李元吉。八月初九，李世民即皇帝位，是为唐太宗。这时候，割据陕北和内蒙南部一带的梁师都认为有机可乘，于是勾结突厥人大举南下，进攻唐朝。突厥首领颉利可汗与其侄突利可汗统兵20万，号称百万，沿六盘山南下，进攻原州、渭州、泾州、秦州和陇州。随后，突厥军主力经邠州南下，突入关中，攻陷武功和高陵，屯军渭水北岸，离唐朝首都长安仅40余里。

唐太宗李世民立即宣布京城戒严，随即派大将尉迟敬德为泾州道行军总管，率军北上抵抗；另派大臣长孙无忌和大将李靖领兵绕道西趋邠州，据险设伏，以阻突厥后路。八月中旬，尉迟敬德于泾阳迎战突厥兵，大败之，活捉突厥大将阿史德乌啜，杀死突厥兵千余人。突厥兵泾阳失利，锐气大挫。颉利可汗于是派大将执失思力到长安城探测虚实。执失思力见到李世民后，虚张声势，大言恫吓，企图迫使唐朝就范。在这种严峻的形势下，李世民反复权衡后认为，若唐朝稍有示弱的表现，必然助长颉利可汗的气焰，促使其纵兵大掠，于是果断地扣压执失思力。颉利可汗见李世民态度强硬，虽然愤怒，但不敢轻进，又不甘心撤退。正当颉利可汗犹豫不决、举棋不定之时，李世民亲率高士廉、房玄龄等六骑出玄武门，直驰至渭水河边来见颉利可汗，斥责他先前与唐朝订有互不侵犯的盟誓，已从唐朝获得无数金银财帛，如今不思感恩，反而背信弃义，屡次负约，发兵威胁唐朝。

说话间，唐朝的大军陆续而至，旌旗蔽野，兵甲耀目。李世民命大军迅速布阵，自己仍单骑与颉利可汗对话。颉利可汗见唐军军容整肃，士气旺盛，大为恐惧，遂请求讲和。当时，唐军诸将争相请求出战，李世民认为自己刚刚即位，国家尚未安定，百姓并不富足，应当休养生息，对突厥人应以抚慰为上；而一旦开战，必令唐朝元气大伤，因此决定采取"将欲取之，必固与之"的策略，乃下诏同意议和。

八月三十日，李世民与颉利可汗在便桥宰马歃血议和，李世民赠给颉利可汗大量金帛，颉利可汗遂率军北返。

形篇第四

题解

　　《形篇》中,孙武主要讲述的是"胜兵先胜而后求战"的战略思想, 并指出:敌我双方力量强弱决定攻守的形式, 因而重视客观物质力量的积聚, 创建不可战胜的条件——政治、经济、军事处于优势地位。因而首先"修道保法", 其次"先为不可胜", 再次"以镒称铢", 最后"守则不足, 攻则有余"以"自保而全胜"。

先为不可胜，待敌胜之

原文

孙子曰：昔之①善战者，先为不可胜，以待敌之可胜②。不可胜在己③，可胜在敌④。故善战者，能为不可胜⑤，不能使敌之必可胜。故曰：胜可知而不可为⑥。

注释

①之：助动词，无具体意义。

②先为不可胜，以待敌之可胜：首先要创造条件，使自己不致被敌人战胜，然后等待和寻求敌人可能被我战胜的时机。

③不可胜在己：不被敌人战胜取决于自己。

④可胜在敌：能不能战胜敌人还要看对方是否有隙可乘。

⑤能为不可胜：只可做到自己不被战胜。

⑥胜可知而不可为：胜利是可以预知的，但敌人有无可乘之隙，被我战胜，则不能由我而定。

译文

孙子说：从前善于用兵打仗的人，先要做到不会被敌人战胜，然后再伺机去战胜敌人。不被敌人战胜取决于自己，能不能战胜敌人要看对方是否有隙可乘。所以高明的用兵者，能做到自己不可战胜，做不到敌人可以被战胜。所以说，胜利是可以预知的，但敌人有无可乘之隙，被我战胜，则不能由我而定。

解析

从备战的角度出发，强调"先胜后战"的思想，指出善于用兵的人，总是先创造条件，使自己不被敌人战胜，然后等待和寻找有利的机会同敌作战。功夫要下在内部的自强上。内部的自强即国家的富强和兴旺发达，加强国家建设、经济发展、军器研究和准备等，都是战前要做的准备。各方面准备好之后，通过双方力量对比，若是优势明显那么就可以出兵作战了。

从政治斗争上讲，"先胜后战"是要在自身实力得以强大后再进行后续的政治活动。政者之间的较量包括健康的形象、富有为民服务的思想、积极而不断地学习、提出一套行而有效的策略，以及到群众中锻炼。如果这几个方面都做好了，自然就会得到人们的支持而立于不败之地。

从企业的角度讲，"先胜"是企业如何安身立命、也是企业如何给自己定位的问题。从经营上说，也要谋企业取得全局胜，整体胜，长远胜。不以一时一事胜为追求，制订好长远发展规划。因为，企业是国家的细胞，谋企业之利，不能忘却国家之利，要使企业利益与国家利益统筹兼顾，损国家之利图企业一私之利是不可取的。从企业干部的角度说，企业干部的成长和企业息息相关，要善于学习，不断接受新思想，要不断地充实自己，在群众实践中锻炼成材。

经典战例

田单伺机复国

公元前284年，燕昭王命大将乐毅出兵攻打齐国。乐毅一鼓作气，接连攻下齐国七十余城，只剩莒城和即墨城没有攻下来。

当初，乐毅攻破临淄城时，田单率领族人逃到了安平。乐毅的军队接着又攻打安平。田单事先让族人把车轴出尖的部分截掉，并用铁皮把车轴头包起来，经过改良的车子既轻便而坚固，因此他们轻松地穿越逃难的队伍，顺利地到达即墨城。不久，即墨守城的大夫战死，大家认为田单思虑周密，很有谋略，于是推举他为将军，担任守城的指挥工作。

田单深知，要击败乐毅绝不是一件容易的事：第一，燕国为了伐齐报仇，已经筹备了二十多年；第二，乐毅深谙兵法，广有谋略，而且极受燕昭王的信任；第三，目前燕军不仅夺回了之前被齐国占领的城池，而且反过来攻占了齐国的七十多座城，有强大的后勤保障能力；第四，眼下齐国只剩下莒城和即墨两座孤城，双方的实力太过悬殊。因此，田单认为：眼下唯有坚城固守，耐心地等待反击的时机。如果轻举妄动，必定死无葬身之地。

策略既定，田单首先将族人、妻妾编入军营参加守城；随后又安抚残兵，慰问孤寡，整顿扩充军队；又亲自带头构筑城防工事，疏浚壕池。由于田单与将士同甘共苦，即墨军民群情振奋，决心誓死保卫即墨城。

双方对峙了两年多后，机会终于来了。公元前279年，燕昭王病死，太子继位，是为燕惠王。燕惠王早年做太子时便与乐毅有隔阂，如今见乐毅三年攻不下两座孤城，心中极为不满。田单趁机派人到燕国散布谣言说：乐毅故意延缓攻打即墨，是想收买人心，以便日后在齐国称王！如果燕王另派主将，即墨指日可下。燕惠王果然中计，派亲信骑劫代替乐毅为统帅。乐毅知道回国后一定没有什么好果子吃，便逃亡到赵国去了。这样一来，田单就少了一个难以对付的敌手。燕军将士更是愤慨不平，军心日益涣散。

复兴齐国的阻力已少了一半，接着田单要做的工作便是鼓舞士气。首先，他向即墨城军民宣布："夜里，梦见神明告诉我，说齐国即将复兴，燕国就要败亡，很快就会有神人降临，做我们的军师，协助我们击退燕军。"与此同时，田单暗中让一名小兵假称是神人降临，每天都殷勤地跪拜他。此后，田单每次发号施令，都说是神人的指示。城中的军民也信以为真，更加坚定了固守的信心。

接着，田单又下了一道命令：即墨城军民每次吃饭前，必须先将食物摆在庭院中祭祀祖先。结果，引得成群的鸟儿飞入城里觅食。燕军看到这种情形，大感奇异，探听之下，才知道即墨城中有"神人"相助。

为了激发即墨城军民的同仇敌忾之心，田单又派出人潜入燕军营中散布消息，说齐国人最怕被人割鼻子，还怕自己祖先的坟墓被挖。如果用这两种方法来对付齐国人，齐国人一定会斗志全无，献城投降。燕军听了这个消息，立即把先前投降过来的齐人的鼻子全部割掉，推到即墨城下示众；又把城外齐人的祖坟一一刨开，将尸骸暴露在野外。燕军的暴行顿时激起即墨军民的愤怒，个个恨得咬牙切齿，都想出城和燕军拼个鱼死网破。

与此同时，田单积极地进行反攻的准备工作。他先将精壮甲士全部隐藏起来，让老弱、妇女登城守望；又收集城中的金银珠宝，派人送给燕军将士，假意说，再过几天，即墨人就要献城投降了，到时候请不要伤害他们。燕军信以为真，大喜过望，于是举行庆功宴，一连数日狂欢痛饮，警惕性逐渐松懈下来。

田单认为反攻的时机已经成熟，便悄悄地收集了千余头牛，在牛角扎上锋利的尖刀，披上五彩龙纹的外衣，牛尾绑上渗透油脂的芦苇，并将城墙凿开几十个窟窿，直通城外；又挑选了5000名精壮勇士扮成神怪模样，令全城军民备好锣鼓以便出击时呐喊助威。一切准备就绪后，夜间，田单令人点燃牛尾上的芦苇，驱赶1000多头火牛从城墙洞中拥出，向燕营狂奔而去。5000名勇士随后杀出，全城军民擂鼓击器以壮声势。一时间火光冲天，杀声动地。燕军将士从梦中惊醒，一时间仓惶失措，自相践踏，死伤无数。主将骑劫也在混乱中被杀死。

那些被燕国占领的地方，听到这个消息后纷纷起兵，杀了燕国的守将，迎接田单。田单遂一鼓作气，收复了七十余座沦陷的城池。

攻守结合，自保全胜

原文

不可胜①者，守②也，可胜者，攻③也。守则不足④，攻则有余⑤。善守者，藏于九地⑥之下，善攻者，动⑦于九天⑧之上，故能自保而全胜⑨也。

注释

①胜：战胜。

②守：防守。

③攻：攻击，进攻。

④守则不足：防守是由于取胜条件不足。

⑤攻则有余：进攻是由于取胜条件有余。

⑥九地：极言深不可知。

⑦动：施展兵力。

⑧九天：古人常用来表示数的极点，极言高不可测。

⑨能自保而全胜：既能保全自己，又可取得完全的胜利。

译文

当我不可能战胜敌人时，应进行防守，可能战胜敌人时，应进攻。防守是由于取胜条件不足，进攻是由于取胜条件有余。善于防守的人，隐蔽自己的兵力如在极深的地下；善于进攻的人，施展自己的兵力如在高不可测的天上。这样既能保全自己，又可取得完全的胜利。

解析

战争中，军事力量的强弱是有一个对比的，强者一般采取"进攻"的作战形态，而弱者则一般是"防御"。进攻和防御是作战的两种基本形态，对自身条件掌握和分析后，将领便会根据情况在二者之间做一个作战形态选择。这样的作战形态对于战斗的双方都是一个目的——保护自己，战胜敌人。把握这个战术的关键是将领能够对战略战术灵活应用，能做到扬长避短，趋利避害。客观条件是胜利的根本，一切战略战术都是基于战争的客观条件而制定的。因此，战争是稳中求胜，而不是侥幸取胜。

政治行为和军事行为一样，目的是全胜，在这个过程中只有两种状态：攻和守。两国外交，两国各自综合实力就有相应的差距，但也有各自不同领域的优胜点。开展外交时，在不同的谈判桌上讨论的是不同的议题，议题和各自相关领域的实力，以及该领域两国之间的依赖性有着关联。那么根据优势决定谈判状态，就可以稳中求胜。切忌盲目进攻而造成不必要的损失。

商战中，高明的竞争者懂得把握"进退"的尺度，掌握"进退"的时间，他们不会一味地只追求"攻城掠地"式的商战模式，而是先巩固自己，在实力足够强大的时候伺机发起进攻，这种时候事业往往比一味地进攻能收获更多，发展的速度会更快。

经典战例

英迪拉的竞争策略

英迪拉是印度成立以来的第一位女总理，为人沉着冷静，善于与政敌周旋，在谋略方面更是胜人一筹。这些优点，在她竞选总理时得到了充分的体现。

1966 年 1 月，印度总理夏斯特里突然逝世。印度政坛各路人马纷纷骚动不安，都想在这个大好时机出手，竞争成为印度新一任总理。重量级的劲敌有两位，一位是当时的代总理南达，另一位是国内大党最有资历的德塞。其余的都被他们视之为弱敌，不堪一击，英迪拉就是其中一位。

但是英迪拉并没有因此而退缩，而是沉着冷静地分析形势，并召集自己的智囊团召开会议研究。智囊团认为，英迪拉虽然有独特的优势，一是她是尼赫鲁的女儿，闻名全国；二是她公众形象较好，但这是远远不够的，政治实力的差距才是最重要的。英迪拉不是一个愿意服输的女人，她表示她有信心和决心竞选；只要计策运用得当，战胜对手还是完全有可能的。经过再次的深入分析后，英迪拉决定暂时先不宣布参加竞选，等各方人马打得头破血流再趁虚而入，予以出击。主意一定，英迪拉开始镇定从容地观察竞争形势的变化，寻求自己的支持者，而表面上却表现得自己对总理的职位毫无兴趣。

果然不出英迪拉所料，竞争的双方精彩非常，各不相让，战得可谓头破血流。竞争者中的德塞骄傲非凡，自以为是党内元老就以唯一候选人的身份宣布参加竞选，虽然他确实是党内元老，资历很深，在议会中也有相当一部分人忠诚于他，但是这样的做法实际上是深深地伤害了另外的竞争对手。更可怕的是，这样的伤害会使得对手联起手来对他进行攻击，这样的结果是非常可怕的。加之他骄横固执，不愿意跟别人分享权力；他对于在 1964 年选举中剥夺他的应得权利的那些人怀恨在心，丝毫没有宽恕之意，又使得更多的人对他恨之入骨。他的行为伤害了特别是伤害了党内的辛迪加派。因此，他们下决心要阻止德塞上台。辛迪加派擅长于幕后操纵，并且在党内也有相当大的势力。他们开始使用各种手段阻止德塞上台，又想在自己的派内选出劲敌与德塞较量。然而遗憾的是，辛迪加派内暂时还没有合适的竞争人选，这样只好作罢。对于德塞的憎恨和阻止是没有停止的，这使得德塞的竞争能力指数越来越低。至于南达，他在尼赫鲁和夏斯特里的内阁中都是第二号人物，他的思想无懈可击，他想由代总理直接升为正式总理。辛迪加派对他做了衡量，觉得他还不能击败德塞。

总理的竞争越发白热化，裂痕愈来愈深，甚至难以弥合，这对英迪拉非常有利，这时英迪拉觉得，宣布竞争的机会来了。由于她在一开始就采取了静观的策略，各派对她比较放心，她几乎没有受到攻击，在公众心中仍保留着完美的形象。看准时机，英迪拉决定马上出击。她像救世主一样来到辛迪加派面前，辛迪加派在她的争取之下，决定支持她参加竞选，因为她现在几乎成了唯一的完美的候选人，她是尼赫鲁的女儿，而且任何地区或党内任何派系都对她没有特殊恶感。凡是那些由于德塞专横刻毒或思想保守而担心他来当政的人，也都认为联合起来拥戴英迪拉最好。英迪拉得到的支持日益增多，势力日益强大。她凭借自己的政治手腕，把大多数党员都团结在自己周围。那些既不愿支持南达，又不甘心支持恰范（另一位候选人），也不甘心支持辛迪加派的人更愿意投英迪拉的票。英迪拉觉得拥有这样的支持率还是不够，必须要有绝对胜出的机会。于是又开始疏通国大党执政的十个邦的首席部长以求公开支持提名英迪拉。本来他们就有这样的倾向，经英迪拉一说，他们马上联合声明指出他们那几个联邦选举出来的议员们都投英迪拉的票。南达看到这种状况，感觉形势已经失去了，只好退出竞选。最后只剩下德塞和英迪拉两人在做最后的较量。

德塞终于耐不住性子，开始在竞争中对英迪拉进行谩骂和攻击，试图激起英迪拉应战，抓住她的破绽予以进攻。然而，英迪拉始终保持沉默，并以一贯沉着冷静的处事方式应对德塞的谩骂，这样的结果让他大失所望。而英迪拉那样谦逊有礼的态度，使得更多的民众对她表示支持。不出所料，大选结束后，英迪拉以高于德塞一半多的票数遥遥领先，获得了竞选的胜利。这个优雅、镇定、有谋略的女人获得了印度人的赞扬。成千上万的印度人聚集在议会大厦外面，庆贺她全面大胜。

善用兵者，修道保法

原文

见①胜②不过众人之所知，非善之善者③也；战胜而④天下曰善⑤，非善之善者也。故举秋毫⑥不为⑦多力，见日月不为明目，闻雷霆不为聪耳。古之所谓善战者，胜于易胜者也。故善战者之胜也⑧，无智名⑨，无勇功⑩。故其战胜不忒⑪，不忒者，其所措必胜，胜已败者⑫也。故善战者，立于不败之地，而不失⑬敌之败也。是故胜兵先胜而后求战⑭，败兵先战而后求胜⑮。善用兵者，修道⑯而保法，故能为胜败之政⑰。

注释

①见：预见。

②胜：胜利。

③非善之善者：算不得是高明中最高明的。

④而：然后。

⑤善：好。

⑥秋毫：指兽类在秋天新长的细毛，用来比喻事物非常轻微。

⑦不为：算不上，谈不上。

⑧故善战者之胜也：因此他们的胜利不出奇。

⑨无智名：没有智谋。

⑩无勇功：没有战功。

⑪不忒：无疑误，确有把握的意思。忒（tè），差错，贻误。

⑫胜已败者：战胜处于失败地位的敌人。

⑬不失：不放过。

⑭胜兵先胜而后求战：指能取胜的军队，总是先创造取胜的条件，而后才同敌人作战。

⑮败兵先战而后求胜：失败的军队是先贸然与敌人交战而企图侥幸得胜。

⑯修道：指从各方面修治"先为不可胜"之道，如政治、军事、自然环境各方面条件的准备等。

⑰故能为胜败之政：因此能把握胜负的决定权。

译文

预见胜利只不过是一般人的见识，算不得是高明中最高明的。战胜后天下人都说好，算不得是完满中最完满的。这就像举起一根毫毛称不上力大，能看到日月算不得眼明，能听到雷声谈不上耳聪一样。古时候所说的善于作战的人，是由于敌人容易被战胜而取胜的。因此他们的胜利不出奇，没有智谋，也没有战功。他们之所以取胜，是因为没出差错。所谓没有差错，是指他们有必胜的措施，战胜处于失败地位的敌人而已。所以善于作战的人，要使自己处于不败之地，而不放过处于失败地位的敌人。因此能打胜仗的军队是先掌握胜利条件而后同敌人交战，失败的军队是先贸然与敌人交战而企图侥幸得胜的。善于用兵打仗的人，必然要修明政治，确保法制，所以能握有胜负的决定权。

解析

该部分论述军事实力的运用原则。"故善战者，立于不败之地，而不失敌之败也"是贯穿整个《形篇》的中心思想。立于不败之地也就是要学会自保，然后把握时机（"不失敌之败"），而求得全胜。在该部分论述中，孙武先从反面入手，指出"见胜不过众人之所知""战胜而天下曰善"不应该是真正出色的将帅所追求的境界，并且用一组类比（"举秋毫不为多力，见日月不为明目，闻雷霆不为聪耳"）表达了对这种将帅的轻蔑，然后指出了善战者应该"胜易胜者""战胜不忒"。总之，掌握敌人必败的情况，战胜敌人如探囊取物般十拿九稳，每战必胜，不会有任何差池和闪失。最后得出结论："善战者，立于不败之地，而不失敌之败也"。意即不打无准备之仗，没有绝对的取胜实力和机会时绝不贸然出手。据此，孙武提出了战争的决策者应遵循的基本原则——"修道而保法"。

经典战例

汉武帝反击匈奴之战

和历代朝廷一样，中原王朝一直都被北方的匈奴骚扰，并且对其造成了重大的威胁。汉王朝建立后，有着同样的遭遇，但是为了稳固政局，使得百姓得以在战后休养生息，在军事上，只好采取消极防御的方针，尽量避免与匈奴进行战争；政治上，采用和亲政策。一系列的政策为汉王朝整顿内政、恢复经济、发展生产、增强实力提供了必要的条件。

但这些都是缓兵的策略，并不代表汉王朝对于匈奴会就此罢休。一方面加快国家建设，一方面文、景两帝在位时，就很注意军队建设，尤其是骑兵的建设，西汉的军事力量也有所增强。

汉武帝继位后，西汉国力大大加强，反击匈奴的时机也到来了。凭借先帝创造的物质基础，汉武帝在积极地进行反击匈奴的战争准备。首先为彻底改变汉军骑射不如匈奴的状况，汉武帝以内地的农业生产作基础，大量地养殖良马，扩建骑兵，选拔了许多精通骑射的官僚地主子弟，担任宫廷侍卫，作为重点培养，还雇佣了大批擅长骑射的匈奴人做教官。汉武帝花了大力气建设骑兵。其次，西联大月氏，争取同盟者。当时的大月氏也是一个少数民族的游牧部落，地处敦煌与祁连山之间。这个部落曾被匈奴击败，大多月氏人被迫逃往西域。汉武帝为了"断匈奴右臂"，派张骞出使西域，联络大月氏，取得成效。再次，构建北部防御体系，作为进攻的出发基地，牵制匈奴左翼。派卫尉李广为骁骑将军，屯云中；派中尉程不识为车骑将军，屯雁门（今山西代县西北）。最后，集结一万多兵力加强设防，并修筑道路。

做好了充分的准备之后汉武帝开始反击匈奴之战，战争分为三次，始于汉元光六年（前129年）。首次是河南之战。因为河南是战争要地，争取到河南便首先取得战争的优势。汉元朔二年（前127

年），武帝下令卫青和李息二人出云中，沿河南向西迂回。汉军斩杀匈奴部众数千人，缴获牛羊一百多万头。接着，汉军沿河南下直达陇西，驱走匈奴军，占领了河南地区。

第二次战役是河西之战。汉元狩元年（前122年），由骠骑将军霍去病率骑兵万人出陇西（今甘肃临洮县），途经五个部落，挥师西进，歼灭匈奴军近万人。同年夏，汉武帝又派霍去病、公孙敖率数万骑兵，从现今的甘肃环县东南出发，分道向河西进攻；同时由张骞、李广率骑兵一万四千人从右北平出击，以策应霍去病的进攻。此战歼匈奴军三万余人，迫使匈奴单桓王、酋涂王等二千五百余人投降。

第三次战役是漠北之战。为了彻底歼灭匈奴军主力，在汉元狩四年（前119年）夏，汉武帝召集诸将议定：集中十万骑兵，深入漠北，歼灭匈奴主力。卫青、霍去病各率兵五万，其中精锐部队皆由霍去病直接指挥。当时兵分两路，卫青去定襄，霍去病到代郡。卫青这一路深入匈奴领地二百余里，杀俘匈奴军近二万人，并缴获大批囤粮。霍去病这一路则北进二千余里，俘获匈奴屯头王、韩王以下七万余人。通过这次决战，匈奴势力日趋衰落。汉朝由于策略运用得当，指挥人员勇猛善战，最终取得了与匈奴战争的胜利。

汉武帝反击匈奴之战共历时三四十年之久，从根本上解决了匈奴的南下侵扰问题。《孙子兵法》认为"善用兵者，修道而保法"，汉朝三次对匈奴作战，每战前必做充分准备，修明政治，与民休养生息，增加人口、马匹和其他战备物资；另外还加强训练，挑选优秀将领和士兵，并选择有利时机发起进攻。这些都是造成"胜兵"的客观条件。当这些条件都具备后，汉朝实际上已取得能够保证胜利的必要条件了。于是，取得了战争的胜利。

称胜而战，战无不胜

原文

> 兵法：一曰度①，二曰量②，三曰数③，四曰称④，五曰胜⑤。地⑥生⑦度，度生量，量生数，数生称，称生胜。故胜兵若以镒⑧称铢⑨，败兵若以铢称镒。胜者之战民⑩也，若决积水于千仞之溪者⑪，形也⑫。

注释

①度：忖度、判断。

②量：容纳的限度，这里指战场容量。

③数：这里指敌我双方可能投入的兵力数量。

④称：权衡，这里指双方力量的对比。

⑤胜：胜利。

⑥地：地形，地势。

⑦生：得出。

⑧镒（yì）：中国古代的重量单位，一镒等于二十四两。

⑨铢（zhū）：中国古代的重量单位。一两为二十四铢。镒比铢重五百多倍。这里用来比喻两军实力的悬殊。

⑩战民：人民作战。

⑪若决积水于千仞之溪者：就像从千仞的高处决开溪中积水一样，其势猛不可挡。

⑫形也：强大的军事实力的体现。

译文

用兵之法：一是"度"，二是"量"，三是"数"，四是"称"，五是"胜"。根据战地地形的情况，做出利用地形的判断；根据对地形的判断，得出战场容量的大小；根据战场容量的大小，估计双方可能投入兵力的数量；根据可能投入兵力的数量，进行权衡对比；根据双方兵力对比，判断作战的胜负。所以胜利的军队对失败的军队，就好比处于镒称铢的绝对优势；失败的军队对胜利的军队，就好比处于铢称镒的绝对劣势。胜利者在打仗时，就像从千仞的高处决开溪中积水一样，其势猛不可当，这是强大的军事实力的体现。

解析

本篇最后部分提出了一个十分重要的问题：战斗力测算的问题。这是继《始计篇》后，作者再次把定量分析的思维引入到军事领域之中的例子。孙子认为：军队的战斗力可从度、量、数、称、胜五个方面进行估算。根据战场地形的险易情况做出如何利用地形的判断，这就是"度"；根据对战场地形广狭的判断，得出战场容量的大小，这就是"量"；根据战场容量的大小，估计双方可能投入兵力的数量，这就是"数"；根据敌对双方可能投入兵力的数量进行衡量对比，这就是"称"；根据双方兵力的对比，判断作战的胜负，这就是"胜"。

因此，孙子主张：预见胜利必须有科学的依据，这样才能做到"筹不虚运，策不徒发"。有了度、量、数、称、胜五个方面的科学依据，然后去制定作战计划，指导战斗行动，这样运筹的优势兵力就如同蓄积于高处的水，因此一旦向敌发起进攻，就可以以雷霆万钧的气势轻易击败敌人，从而达到作者所主张的用最小的代价换取最大胜利的目的。

在商业竞争中，领导者同样应将"称胜"的原则作为企业发展的指导方针，根据企业自身的实力制定企业发展的计划和目标。反之，如果对自己的情况不甚了解，盲目做出决定，结果必定导致失败。

秦灭楚之战

战国末年，秦将王翦大胜楚军的成功战例，是"以镒称铢，战无不胜"的最好证明。

公元前225年，秦王嬴政谋划进攻楚国，以成就自己一统中原的大业。出兵前，秦王召集所有将领一起商量到底该带多少兵力出征。首先问连年征战的猛将李信："攻楚需要多少人马?"李信因为屡获战功，流露出轻敌之心，便信口开河说："二十万人马就足够了。"秦王转身又问老将王翦，王翦说："楚国兵力强大，没有六十万大军是不能攻下楚国的。"这个回答让秦王很不舒服，他以为王翦年老胆怯，勇气减退，于是听从了李信的建议，出兵二十万攻打楚国。

李信为将、蒙武为副将，两人一起率二十万兵马进攻楚国。攻楚之战最初进行得比较顺利，李信率兵一举攻下平舆，又西进攻下田城，便约率兵攻打寝邱的蒙武迅速西进城父，合兵向纵深挺进。但殊不知楚国实际上是假装兵败，引李信军队深入楚国腹地。进入楚国腹地之后，楚王发现反击的机会到来了，于是派项燕将军领兵二十万，迎击秦军。在楚国境内作战，秦军不熟悉楚国地形，但是一心想乘胜追击。在鲁台山一带楚军早已设下埋伏。

这时，楚国见秦兵已深入楚国腹地，便派项燕为大将，领兵二十万，水陆并进，迎击秦军于西陵，并派副将屈定，设七处伏兵。秦楚两军遭遇西陵，战斗异常激烈，秦军前进受阻，难分难解之时，屈定的七处伏兵突然杀出，秦军两面受敌，猝不及防，大败而逃。项燕乘胜追击，杀秦军都尉七人、士卒无数，直至平舆，收复全部失地。李信兵败，尚未攻至城父的蒙武见势急速撤兵，伐楚之役全面告败。

秦王在国内一直满怀信心地等待李信告捷的消息，但是听到的却是李信兵败。于是非常生气，一怒之下连李信的官也给革了。兵败后，秦王仍然没有死心，谋划二次攻楚。同时也十分后悔没有听从老将王翦的建议，于是这一回想让他带兵出战。此时王翦已经以病告退，回乡隐居了。秦王可谓"三顾茅庐"亲自登门请王翦出山。王翦推托不过，答应出兵，但坚持原议，非六十万人马不足以战胜楚军。秦王仍不解，问将军何故非六十万不可？王翦说："古时打仗，先约定日期，事先摆好阵式，交战中都遵循一定的规矩礼节，所以那时打仗用兵数量不需要很多。现在情况已经发生了根本变化。列国争斗，都是以强凌弱，以多侵少。每次交战，杀人动辄数万，围城动辄数年，一些国家更是人人都得服兵役，军队人数大大增多，打仗动用的兵力远远超过了春秋五霸争雄。更何况今日的楚国，拥有东南广大的地域，人口众多，资源丰富，一声号令，便可动员百万之众参战，想要征服它，恐怕六十万兵马还嫌少了呢。"王翦的分析入情入理，说得秦王心服口服，秦王终于答应要求，命王翦率六十万大军征讨楚国。

王翦率军来到楚国边境。楚军立即发兵抗敌。两军对垒，战争一触即发。但王翦大军扎于天中山下，连营十里，坚壁固守，任凭项燕每日阵前挑战，他都置之不理，概不应战。日复一日，免战牌高挂，项燕便以为王翦年迈无用，惧怕楚军，渐渐骄傲轻敌了。秦营中，王翦命人每天杀猪宰羊，改善士兵饮食；将军与士兵同吃同住，对士兵问寒问暖，关怀备至，官兵融洽，上下同心。王翦一面劝阻士兵出战的请求，一面教导士卒进行投石和跳跃的游戏。通过游戏，增加了士兵的体质，提高了技能。同时，他命令秦军不许越过楚国边界去砍柴，抓获楚国边境百姓要给以酒肉款待，释放回家。秦军的怯战和"友好"，在楚边境一传十，十传百，百姓对秦军的恐惧和对抗逐渐变得安定和亲近起来。如此相持一年多都没有开始战争，项燕也因此认定王翦力弱怯战，更加放松了戒备。楚营中，士兵缺乏操练，个个都毫无战斗力。而休整操练了一年有余的秦军，个个精力旺盛，士气正高。

王翦纵观整个局势之后，有了必胜的把握，认为时机已到。于是，他突然下令向楚军发起全面进攻。王翦选两万精兵打先锋，又分兵数路向楚军同时发起猛烈攻击，并命令部队：各路人马只要打败敌人，便可各自为战，向楚国纵深进攻。早已摩拳擦掌的秦军将士，突然发起攻击，势如万钧雷霆，迅猛异常，所向无敌。而长期松懈麻痹的楚军求战不得，突遭秦军猛烈袭击，仓皇应战，斗志全无，几乎没有什么抗击能力。几阵下来，便大败溃散，主将项燕只好率兵东撤。

王翦乘胜追击，又获永安城大胜。未及数月，秦军先后攻占了淮北、淮南、江南等地，一举攻破楚都寿县（今安徽曹县西南），最后俘虏了楚王负刍，大将项燕被迫自杀。到第三年，即公元前223年，秦王终于并吞了楚国。

势篇第五

题 解

　　《势篇》讲叙的主要是战争指挥者决定了战争的形势，需发挥主观能动性善于造势、用势的内容。孙武认为："奇正相生，不可胜穷。"用兵作战要坚持辩证的思想，强调两面性。战争指挥者要明白"兵法之常，运用之妙，存乎一心"的道理，以能"以形动敌"而后以奇制胜。

奇正相生，不可胜穷

原文

孙子曰：凡治①众②如治寡③，分数④是也；斗众⑤如斗寡，形名⑥是也；三军之众，可使必受敌⑦而无败者，奇正⑧是也；兵之所加⑨，如以碫⑩投卵者，虚实⑪是也。

凡战者，以正合⑫，以奇胜。故善出奇者⑬，无穷如天地⑭，不竭如江河⑮。终而复始，日月是也。死而复生，四时是也⑯。声不过五⑰，五声之变，不可胜⑱听也。色不过五，五色之变，不可胜观⑲也。味不过五，五味之变，不可胜尝⑳也。战势不过奇正，奇正之变，不可胜穷也。奇正相生，如循环之无端⑳，孰能穷之？

注释

①治：统领，统帅。

②众：大部队。

③寡：小部队。

④分数：指军队的组织编制。

⑤斗众：指挥人数众多的军队作战。

⑥形名：指古代军队使用的旌旗、金鼓等指挥工具，这里引申为指挥。

⑦必受敌：四面被围困。

⑧奇正：指古代军队作战的变法和常法，其含义甚广。

⑨加：到，至。

⑩碫（duàn）：磨刀石，这里泛指石块。

⑪虚实：指强弱、劳逸、众寡、真伪等，这里是以实击虚。

⑫合：会合、交战。

⑬故善出奇者：所以善于出奇制胜的将帅。

⑭无穷如天地：其奇正的变化就像天地一样无穷无尽。

⑮不竭如江河：像江河一样永不枯竭。

⑯四时是也：像四季更替一样。

⑰声不过五：声音不过五种。

⑱胜（shēng）：这里指尽。

⑲观：看。

⑳尝：品尝。

㉑循环之无端：顺着圆环旋转，没有尽头，比喻事物的变化无穷。循，顺着。

译文

孙子说：凡是统帅好大部队都如同带领小部队一样，是因为有良好的组织编制；指挥人数众多的军队作战如同指挥人数很少的军队一样，是因为有严明的号令；全国军队之多在四面受敌时不至于失败，这全靠奇正变化得法，以实击虚，其兵锋所到之处，像以石击卵那样，所向无敌，是因为以实击虚的缘故。

凡是作战，双方总是正面对敌，以奇取胜。所以善于出奇制胜的将帅，其奇正的变化就像天地一样无穷无尽，像江河一样永不枯竭。终而复始，就像日月运行一样；死而复生，就像四季更替一样。声音不过五种，然而五种声音的变化，却能产生出听不胜听的声调来；颜色不过五种，然而五种颜色的变化，却能变化出看不胜看的色彩来；味道不过五种，然而五种味道的变化，却能变化出尝不胜尝的味道来。战势不过奇正两种，然而奇正的变化，却无穷无尽。奇正的变化，就像顺着圆环旋转一样，没有尽头，谁能穷尽它呢？

解析

"奇正"是孙武战术思想的光辉亮点。战争过程中，除了要遵循

"有备而战"的思想之外，还有关于战术战略思想的重要一点——辩证地分析战争形势，以出其不意的战略方式打破敌人的各项战术，以达到攻其不备的目的。"正"指常规战术，"奇"指不同于常态，根据具体情况制定的，令敌人意想不到的战术。两者辩证地相互有机结合，目的在于让敌人摸不着头脑，从而趁虚而入，可以从阻力最小、效益最大的途径达到目的。

国家的发展迂回曲折、错综复杂，而得以进步在很大程度上取决于几个关键时刻，往往这种进步是打破常规，不拘泥于常法，"奇"是这种手段的主要特点。这样就要求领导者要根据实际情况出发，在有根有据下开拓思维，打破框框条条，以追求以最便捷、最有效的方式跨越绝境，走向胜利。因此，"奇正"的思想在于领导者要有创造性和开拓性的思维方式。

经济活动中，企业有一句特别经典的，关于经营之道的口诀："人无我有，人有我优，人优我转。"实际上，这体现一个思想——"奇"。企业竞争制胜，靠的是产品，产品能制胜靠的就是优势，而优势的产生来源于创新和对比。通过观察市场的微妙变化，及时采用不同的经营策略。"奇"——即创新。企业最重要的就是力求新奇，它也是企业常青的秘诀。

经典战例

诺贝尔"引爆"炸药市场

新产品的诞生到被市场认可需要较长的时间，而为了迅速地占领市场，需要进行一系列的宣传活动。要使宣传深入人心，就必须以出奇而制胜。诺贝尔是 19 世纪的一位发明家、实业家，他遗传了父亲在炸药研究方面的天赋，结合实际生产需求发明了硝化甘油炸药，并将其投入生产，它爆炸能力极强。当时人们一直在沿用一种普通的黑色炸药，这种炸药安全性高，但缺点是爆炸力小。对于这种危险性如此之大的新工业产品，人们反应平淡，甚至可以说无动于衷。一方面因为传统炸药的爆炸力已经不能满足工业发展的需要，一方面在诺贝尔的努力之下，他的产品终于在市场上有了一定的份额，也有越来越多的人接受这个新品。但是后来发生的一系列问题使他的产品形象一落千丈。

由于硝化甘油是以液态形式储存的，并且在一定条件下会自动产生爆炸，时常在运输途中就出现爆炸的情况。这样的安全系数是不能被人们所接受的，硝化甘油也因此被政府勒令停止生产。原先，硝化甘油还占领了一部分市场，可是现在市场急剧萎缩，诺贝尔的工业王国开始瓦解。而事实上，这些爆炸事件完全是可以避免发生的，只要工作人员掌握硝化甘油的生产和运输技能，在此过程中严格遵守操作规程。

诺贝尔为了使硝化甘油重新被市场接受和了解，也为了拯救他的工业王国，他重新给硝化甘油命名。并且要亲身实践一系列富有创意的宣传计划。

为了达到更好的宣传效果，诺贝尔用自己的名声获得关注率，在活动进行前他通知地方的各大有名的报纸对活动进行报道。他的目标是欧洲工业发达的国家。诺贝尔要亲自进行操作和试验，以证明硝化甘油的安全性。诺贝尔的这些行为让许多人为他捏了一把汗，大伙都认为他的试验肯定要出问题了。一切准备就绪。在表演的那天，围观的人们众多，大家对这场试验仍充满恐惧，对诺贝尔可能遭受的悲惨事故猜测纷纷。诺贝尔带着试验用的一箱箱材料出现了，他把人们安排到一个安全的地点，而这个地点又能看清他的所有动作。在人们提心吊胆的心情下和议论纷纷的声音中，诺贝尔开始了他的表演。首先，他取出一些硝化甘油和火药的混合物，在人们的惊叫声中把这混合物点燃，有些人转过脸不敢看，以为会出现爆炸场面，但是，爆炸没有发生。然后，他又将满满一箱的硝化甘油和火药的混合物，放在燃烧的柴堆上。爆炸依然没有发生。接着，他的助手提着同样的一箱材料，走到一处60英尺高的岩石上，他们将箱子投下去。诺贝尔站在岩石下，箱子落到他的身边，在人们的惊呼声中，他纹丝不动地站着并微笑着。爆炸依然未如人们料想得那样发生。

然而，诺贝尔的表演并未结束，现在是他向人们展示新型炸药威力的时候了。他把那些试验过的材料分别放在一根橡木上、一块大石块上和一个大铁桶上，然后分别引爆。围观者刚刚松弛的心情又再次紧张了，在人们目瞪口呆的神情里，诺贝尔轻松镇静地完成所有程序，退到一边。在震天动地的爆炸声后，人们再去找寻那三样东西，除了零碎破烂的一些残骸外，什么都没有了。这样强大的爆炸力，让人们惊呆了。

同时进行针对性的宣传，特别是铁路建设集团，矿业开采集团等这些对炸药有强烈需求的企业，让他们相信只要操作规范，产品是安全的，威力也是巨大的。

面对这些观众时，诺贝尔的炸药试验更有针对性。安全操作演示结束后，诺贝尔和助手们又在一个石坑里钻进十几英尺深，然后填上十几磅炸药并用雷管引爆。在惊天动地的一声爆炸后，一个巨大的坑呈现在人们面前，所有的原貌都没有了，那些坚硬的岩石碎如粉末。这样巨大的爆炸力使得铁路财团和矿业集团的老总们惊呆了，这不正是他们所需要的吗？从此之后，甘油炸药广泛运用，使筑路和开矿进入了一个新的时代。

诺贝尔出奇制胜的宣传策略取得了巨大的成功，硝化甘油不仅仅重新被市场接受，更重要的是销售额比之前翻了无数倍。诺贝尔工业王国从此进入一个崭新的时代。

势如彍弩，节如发机

原文

激水之疾①，至于漂②石者，势也③；鸷鸟④之疾⑤，至于毁折⑥者，节⑦也。是故善战⑧者，其势险⑨，其节短⑩。势如彍弩⑪，节如发机⑫。

注释

①疾：急速。

②漂：漂动。

③势也：这是由于急速的水势。

④鸷（zhì）鸟：凶猛的鸟，如鹰、雕之类。

⑤疾：飞快地搏击。

⑥毁折：折毁，意为捕杀。

⑦节：原指竹子段落间的束腰处，此处义为快捷。

⑧善战：善于指挥作战。

⑨势险：态势险峻。

⑩节短：节奏短促而猛烈。

⑪彍弩：指拉满的弓弩。

⑫发机：机弩上的机牙，就如现代火枪上的扳机。

译文

湍急的流水奔泻下来，以致能漂动石块，是由于水势急速。凶猛的飞鸟飞快地搏击，以致能搏杀鸟兽，这是由于节奏快捷恰当。所以，善于作战的将帅，他所造成的态势是险峻的，他所掌握的行动节奏是短促而猛烈的。这种态势，就像拉满的弓弩；这种节奏，就像触发弩机。

解 析

用兵作战讲究"形势"，"形"指力量尚未爆发之前的状态，属于静态；而"势"指力量迅速爆发的威力。作战前讲究"形"的布置，以追求"势"爆发的力量，即为造势。"势"对应力量，"节"对应出手的机会。战争中不管是势力形态如何，可以伺机通过战术安排壮大力量，以达到一击即破的目的。和兵贵神速相对应，目的都在于达到势如破竹的力量状态，以打倒敌人，可以用最小的付出获得最高的利益。特别是自身处于弱势的时候，一旦发现敌方破绽，必须要以最强有力的进攻取得胜利，否则机会一旦失去，或者没有一下击溃敌人，当敌人再次站起来的时候，失败便是注定的。

企业进行竞争，创新及管理无时不刻都在进行。能否战胜对手，在于能否把握住市场的变化，抓住拓展业务的机会，趁势出击，将一直储备的创新力量和产品优势发挥出来战胜对手，占领市场。

经 典 战 例

埃军雷霆万钧破以色列

《孙子兵法》认为，战争在做好充分准备的情况下，必须在有利时机下，如扳动弩机那样突然发起进攻，使得敌人手足无措，然后趁势追击取得胜利。

1967 年第三次中东战争结束，埃及大败，而且失去了大片的领土。所有的阿拉伯国家由于战败都背上了沉重的精神包袱，民族的自尊心也大受伤害。为了洗清阿拉伯民族身上的耻辱，也为了打破中东地区不战不和的状态，1970 年 10 月，萨达特继纳赛尔后担任埃及总统后，着手开始准备新一轮战争，以击败以色列，打破僵局，重获民族信心。这些准备包括富国强兵、利用外交获得国际支持、准备有利武器、选定作战日子突发进攻，以将以色列打得落花流水。

第三次中东战争以色列获胜后，产生了骄傲的感觉，甚至有轻敌的思想。他们认为埃及的文化和技术都不如以色列；战争也没有攻破苏伊士运河、突破巴列夫防线的能力；阿拉伯国家都处于战后重建的状态，根本无心作战，不可能联合起来发起大规模战争。于是全国上下悠然自得。而埃及却认为这是以色列的一个弱点，抓住这个弱点先发制人，突然袭击还是有可能取得胜利的，但必须做好充分的准备。

首先埃及参谋部开始详细分析以色列边境的情况，最终认为巴列夫防线是最佳突破口，于是准备在这个层面上下工夫。第一，对于以色列在运河东岸筑起的庞大沙垒，他们经细致研究后，决定用高压水泵完成打开通道的艰巨任务。第二，对于以色列人在防线上埋下的易燃油罐，他们研制出了事先动手，不让以色列人有使用这一装置的机会。第三，组织和训练了一批突击队员。他们在装备、技术、模拟作战等方面进行了严格的训练，从而为突破防线准备了一支强硬的队伍。战术布置上，埃及军队首先发起空袭，以摧毁以色列在西奈半岛的军事设施；炮兵主要从运河东岸发起猛烈的炮火攻击，为埃及突击队攻破巴列夫防线作掩护。

其次，因为当时埃及在国际上并没有得到广泛的支持，相反以色列却有很多的支持。总统萨达特做了大量的外交工作，以提高国际社会对埃及的支持。第一，埃及发起非洲统一首脑会议，并在会议上通过谴责以色列的决议。第二，在联合国安理会上适时提出以色列杀害巴勒斯坦3名领导的事件，使得安理会给以色列发重要文件进行谴责。第三，在1973年的不结盟国家首脑会议的与会国家支持他关于加强战备的讲话。一系列的外交政策进行之后，埃及的国际支持力量大大增强。

再次，埃及的军事力量还不是很强，特别是炮火和军备方面。本来埃及想寻找美国进行援助，然而美国早已放话出来不会对埃及进行军备援助。埃及只能转身请求苏联援助，苏联答应给予"飞毛腿导弹"。

最后，在所有的准备都已就绪之后，埃及参谋部再决定出战时间。时间选定于 1973 年 10 月 6 日，原因有三：第一，10 月 28 日以色列将进行国会议员大选，加之很多的节日都集中在 10 月，因此以色列 10 月的很多时候都是在休息或者狂欢。第二，10 月夜间天黑的时长有 12 小时，利于埃军穿越防线。第三，最重要的是 10 月 6 日这一天以色列的士兵大多回家进行伊斯兰教的斋月。

1973 年 10 月 6 日下午 2 时，埃、叙军队同时向以色列军队发动进攻。埃军以雷霆万钧之势，苏伊士运河西岸的 4000 门火炮同时轰击巴列夫防线上的以色列阵地。与此同时，埃及空军对以色列的指挥所、炮兵阵地和机场进行了猛烈轰炸。15 分钟后，埃及的 8000 名突击队员操橡皮舟渡河，接着铺设浮桥，用高压水泵喷射运河东岸的沙堤，开辟道路。第二天，埃及军队突破了巴列夫防线。9 日，埃及军队越过运河的人数已达 10 万，控制了运河东岸约 10—15 公里的地带。这种不利情况下，迫于国际压力，埃及和以色列于 10 月 22 日达成了停火协议。

以利动之，以卒待之

纷纷①纭纭②，斗乱③而不可乱也；浑浑沌沌④，形圆⑤而不可败也。乱⑥生于治⑦，怯⑧生于勇⑨，弱生于强。治乱，数⑩也；勇怯，势⑪也；强弱，形⑫也。故善动敌者，形之，敌必从之⑬；予之⑭，敌必取之⑮。以利动之，以卒待之⑯。

注释

①纷纷：紊乱。

②纭纭：多而且乱。

③斗乱：敌我双方相互搏杀在一起。

④浑浑沌沌：混乱不清。

⑤形圆：指阵势部署得四面八方都应付自如。

⑥乱：溃乱。

⑦治：严整。

⑧怯：怯懦。

⑨勇：勇猛。

⑩数：组织编制。

⑪势：作战态势。

⑫形：示形，即以假象欺骗敌人。

⑬敌必从之：敌人一定上当。

⑭予之：故意引诱敌人。

⑮敌必取之：敌人一定上钩。

⑯以卒待之：以伏兵伺机掩击敌人。

译文

在人马紊乱的战场上，敌我相互厮杀，必须使自己的部队不发生混乱；在混乱不清的情况下作战，必须把队伍的阵势部署得四面八方都能应付自如，使敌人无隙可乘，没有办法打败我。战场上，一方队伍的溃乱产生于对方队伍的严整，一方的怯懦产生于对方的勇猛，一方的弱小产生于对方的强大。军队的治与乱，是组织编制的问题；勇与怯，是作战态势的问题；强与弱，是兵力实力大小和配备布署的问题。所以，善于调动敌人的将帅，制造假象蒙骗敌人，敌人一定上当；故意引诱敌人，敌人一定上钩；以小利引诱调动敌人，以伏兵等待机会掩击敌人。

解析

这是从战争心理上去讨论战术，"形"可以通过观察而得知，使得敌人通过"形"指导我方战术安排，然后做相应的应战准备。然而军情不可外泄，因此孙武提出一个观点"斗乱不乱"，即向敌人展示慌乱的阵势，一方面使敌人不得知我方战术安排，一方面可以将自己的实力隐藏起来，以造成轻敌的心理，然后伺机出兵。以灵活的作战方式应对敌人各种军情侦查，突破常规执行战术，以求敌方大意之时，重拳出击，一举击溃对方。因此将领要善于利用心理因素干扰敌人的行动。

商业竞争中，孙武的心理战术可以应用于市场营销方面。市场营销中，常常会应用各种手段制造产品关注点，示以顾客"形"，从而造成心理禁不住要去关注的"势"。这样的形式是为了吸引顾客的注意，以达到自己的营销目的。

经典战例

淝水之战

《孙子兵法》主张战争时阵形有序才能有效地指挥作战，阵形乱就无法统一发号施令，必败。淝水之战就是这一军事思想的体现。

南北朝时期，中国历史进入了分裂割据的局面。当时政治腐败，民不聊生，社会大动乱四处发起。分裂割据的局面使得南北两朝战争不断，首先是前秦发动战争，先后占据了东晋的梁、益两州，将自己的势力扩大到长江和汉水上游。前秦皇帝苻坚因此踌躇满志，欲一举荡平偏安江南的东晋，统一南北。于是于公元383年八月，继续出兵应战，直奔东晋京都建康，誓灭东晋。浩浩荡荡，苻坚亲率步兵六十万、骑兵二十七万、羽林郎（禁卫军）三万，共九十万大军经陆路从长安南下。同时命梓潼太守裴元略率水师七万从巴蜀顺流东下，向建康进军。很快大军将临东晋京都城下，秦晋之战一触即发。

强敌将至，东晋王朝商议后决定奋起抵御。兵分三路，晋帝命令谢安的弟弟谢石带领八万经过七年训练的"北府兵"征讨秦军的主力军；另一方面，又命胡彬率领水师增援寿阳；最后派名将恒冲率军十万控制长江中下游，以阻止秦军水路军队沿江东下。秦军的先锋部队到达寿阳后，一举就攻破了寿阳，还抓拿了晋军将领徐元喜，秦军乘胜追击，此时秦军得知晋军已经是粮草缺乏，于是建议秦王迅速起兵攻晋。苻坚认为自己已经必胜无疑，没有必要再用兵作战，只要晋军投降就好。于是派原东晋襄阳守将朱序到晋军大营去劝降。

朱序是一个依然热爱东晋的将领，受命迅速赶到晋军营地后，他并没有劝诫晋军投降，而是将秦军的军情全部告知晋军。并且根据情况提出进攻的策略："秦军虽有百万之众，但还在进军中，趁秦军没能全部抵达的时机，迅速发动进攻，只要能击败其前锋部队，挫其锐气，就能击破秦百万大军。"听了朱序的话后，晋军首领认为很有道理，晋军改变了作战方针，决定转守为攻，主动出击。

依照朱序的建议，揭开了淝水大战的序幕。谢玄派遣勇将刘牢之率精兵五千奔袭洛涧，秦军虽然强大，但是晋军合理地利用战术安排，硬是把秦军的归路给切断了，后面的军队都没有跟上，前方的秦军又已经顶不住抗击，秦军上下惊慌失措。一下子秦军的军队就土崩瓦解。洛涧大捷，极大地鼓舞了晋军的士气。谢石挥军水陆并进，直抵淝水（今淝河，在安徽寿县南）东岸，在八公山边扎下大营，与寿阳的秦军隔岸对峙。由于秦军紧逼淝水西岸布阵，晋军无法渡河，只能隔岸对峙。谢玄就派使者去见苻融，用激将法对他说："将军率军深入晋地，却紧逼河岸布阵，这难道是想决战吗？如果你把阵地稍向后退，空出一块地方，让我军渡过淝水，双方一决胜负如何！"秦军诸将都表示反对，但苻坚认为可以将计就计，让军队稍向后退，待晋军半渡过河时，再以骑兵冲杀，这样就可以取得胜利。苻融对苻坚的计划也表示赞同，于是就答应了谢玄的要求，指挥秦军后撤。但秦兵士气低落，结果一后撤就失去控制，阵势大乱。谢玄率领八千多骑兵，趁势抢渡淝水，向秦军猛攻。朱序则在秦军阵后大叫："秦兵败了！秦兵败了！"后面的秦兵信以为真，于是转身竞相奔逃。苻融眼见大势不妙，急忙骑马前去阻止，以图稳住阵脚，战马不断被乱兵冲倒，结果被晋军追兵杀死。失去主将的秦兵越发混乱，彻底崩溃。前锋的溃败，引起后续部队的惊恐，也随之溃逃，形成连锁反应，结果全军溃逃，向北败退。

求之于势，择人任势

原文

　　故善战者，求之于势①，不责②于人，故能择③人而任④势。任势者，其战人⑤也，如转⑥木石。木石之性⑦，安⑧则静，危⑨则动，方则止⑩，圆则行⑪。故善战人之势⑫，如转圆石于千仞⑬之山者，势也。

注释

①求之于势：设法创造有利的战势。

②责：责备，这里指苛求。

③择：选择。

④任：任用、利用。

⑤战人：指挥士卒作战。

⑥转：滚动。

⑦性：特性。

⑧安：平坦的地方。

⑨危：陡斜的地方。

⑩止：稳定。

⑪行：滚动。

⑫势：是在"形"（军事实力）的基础上，发挥将帅的指挥作用所造成有利态势和强大的冲击力量。

⑬仞：义近于丈。

译文

所以，善于指挥打仗的将帅，注意力全放在"任势"上，而不苛求部属，因而就能选择适当的人才，利用有利形势。善于利用战势的将帅，其指挥对敌作战，就像木头石头一样，木头和石头的特性是放在平坦的地方就静止不动，放在陡斜的地方滚动；方形的木石比较容易稳定，圆形的木石比较容易滚动，所以善于指挥对敌作战的人的战势，其威力就像石头从高山上滚下来一样。这就是所谓战争中的"势"。

解析

战争讲究"势"的应用，在作战过程中应该不断地制造对我方有利的形势，以确保战争的胜利。"势"为人造，人是"势"的关键。因此孙武提出"择人任势"的观点。通过任命有谋略的将领，是创造和利用"势"的关键。依照不同的形式任用不同的人才。反之，若是任用不当，造成的结果可能是优势的失去，而严重的话将是兵败如山。从这个角度提出将领对战争的重要性，也提出战争到底需要什么样的将领，为军事作战用兵思想提出了最宝贵的一点——唯才是用。

相对于军事家，政治家同样是因势而谋，借势成事，也需要唯才是用。优秀的政治家善于创造良好的政治环境，以利于各级管理部门能各司其职，做好各项管理和执行工作，采取措施，全力推进，形成发展的加速度和必胜的态势。而对于国家来说，需要兴旺发展，离不开各项聪明的决策，而这些抉择掌握在优秀政治家的手中。善于任才，即善于管理，国家必定富强，人民才能安居乐业。

对于企业来讲，企业家应该时刻关注市场形势的变化，抓住各种有效的机遇，把握商场上的"势"，及时组织合适的人力，抓住商机，而不是被动地对下属求全责备，人员的组织架构只是手段，而非目的。它必须能因"势"的变化而变化，让合适的人才在合适的位置上，掌握好机会，发挥出作用。

经典战例

曹操择人而任

三国时期的曹操就是一个知人善用的军事家、谋略家。也正是他能量才用人，所以公元215年曹军与吴军在合肥之战才能取得胜利。

公元215年，曹操亲自带兵出战，以征讨张鲁。一番思考之后，下令张辽、李典、乐进率七千余人守合肥。为何曹操要派他们三人在合肥留守呢？曹操认为三位将军的作战能力、性格和用兵特色各不相同，三人合璧就能将合肥守住。但是，这三位将军之间有隔阂，用兵作战的看法和方法也各不一样，按道理不应该将他们安排在一起。曹操早料到他们会有这样的情况，但是三位将军的军事才能和性格是相互弥补的，只要做好妥当的安排，团结作战不成问题。于是临行前，函封一信交与护军薛悌，并且一面交信一面叮嘱："若是敌人来临就将信交给三位将军。"

不久，孙权率兵十万进围合肥。这时，护军薛悌才拿出曹操留下的密函。函中写道："若孙权至，张、李将军出战，乐将军守城，勿得与战。"开密函后，张辽坚决执行曹操以攻为守的指令，提出自己亲自出击，"决一死战"，表现出宽广的胸怀，豪迈的气概。李典起初沉默，后被张辽的行为所感动，表示"愿听指挥"，放弃私怨。而乐进本来是模棱两可的角色，他对张辽、李典都不敢得罪，并有点怯战的思想，自然乐于守护军营。由于张辽的积极主动，使三人之间由"素皆不睦"，变成了团结对敌。三将军按照既定分工去做：张辽、李典乘东吴军立足未稳，挑选了八百多名勇猛将士，突然冲入孙权所在的军营，杀得吴军措手不及。张辽等杀出重围后，乐进率部分军士坚守合肥，士气高昂。孙权出师不利，锐气大损，围城十余日不能得逞，只好撤退。

曹操远在征途上都能料之将领的决策，并且对战争做好妥当的安排，实为"择人而任"的典范。

虚实篇第六

题解

　　兵者，诡诈之术。用诈则以虚为实，以实为虚，以迷惑、引诱敌人，达到以实击虚，出其不意，攻其不备的目的。《虚实篇》着重阐述的是军事实力应与将帅的主观努力和聪明才智相结合，将"以逸待劳""因敌致胜"使用虚实转弊为利，则"形兵之极，至于无形"而"胜可为"。

以待佚劳，不致于人

原文

　　孙子曰：凡先处①战地而待敌者佚②，后处战地而趋战③者劳④。故善战者，致人而不致于人⑤。能使敌人自至者⑥，利⑦之也；能使敌人不得至者，害⑧之也。故敌佚能劳之⑨，饱能饥之⑩，安能动之⑪。

注释

　　①处：居止，这里是到达、占据的意思。

　　②佚：安闲从容。

　　③趋战：仓促应战。趋，疾行、奔赴。

　　④劳：疲惫。

　　⑤致人而不致于人：调动敌人而不为敌人所调动。致，引来，这里是调动的意思。

　　⑥能使敌人自至者：能使敌人自行到达我们的地域。

　　⑦利：以利引诱。

　　⑧害：阻挠。

　　⑨故敌佚能劳之：所以如果敌人休整得好我们要使其疲劳。

　　⑩饱能饥之：如果敌人粮食充足我们要使其匮乏。

　　⑪安能动之：如果敌人驻扎安稳我们要使其动移。

译文

　　孙子说，凡是先占据有利的地理位置而等待敌人的就安闲从容，后进入战地而仓忙应战的就非常疲惫。所以善于用兵的人，总是要设法调动敌人而不为敌人所调动。能使敌人自行到达我们的地域内，是我们以利引诱的结果；使敌人不能到达他们的地域，是我们阻挠的结果。所以如果敌人休整得好我们要使其疲劳，敌人粮食充足我们要使其匮乏，敌人驻扎安稳我们要使其移动。

解析

主动权是战争胜利的关键，它贯穿于整个作战过程中。主动与被动都是基于地形、军力等这些客观条件，善于利用优势条件的同时，对自身不利的条件要试图去改变，目的在于扰乱敌人的计划，调动敌人，使得敌人的优势转化为劣势，也使得自身转被动为主动。这样就能使得敌人为我方所动，按照我方的意图行事，取得战争胜利。

商场上的主动权主要表现在产品优势和经营优势上，产品能否吸引消费者的关注，一方面要求产品新颖，具有创新意义，对消费者的生活产生愉快又不一样的影响；另一方面，营销需要企业用各种手段引导消费者去关注和认可产品，有时候消费者是无法从产品的外观上去了解性能的，因而要通过广告或产品介绍，对产品的理念和性能进行强烈的宣传，以达到转被动为主动的目的。同时也表现为，不随波逐流，自我创新以使得竞争对手的优势转化为劣势，从而失去市场主动权。

经典战例

彭德怀巧调敌人

《孙子兵法》认为，战争中应该合理地利用场地，充分地调动敌人，使敌人疲惫，从而创造有利机会击败敌人。1945 年日军投降之后，中国抗日战争取得胜利。继而，毛泽东指示，争取时间进行解放战争，争取解放全中国。1947 年夏天，毛泽东指挥解放大军跃进大别山，意图一举夺取中原。为了配合夺取中原的战争，毛泽东指示陕北的解放军也要打个大胜仗。西北野战军司令员彭德怀得到命令之后，殚精竭虑，设计了一个巧妙调动敌人的计划。

当时，国民党西北军队实力强大，而我军势力却正好相反。为了"以弱胜强"必须使得敌人的军队分散。彭德怀司令首先命令我军部分兵力攻打战略要地榆林。榆林本身兵力甚少，眼看就要失守了。国民党西北军事长立马调动六万兵力北上增援，想一把将陕北野战军消灭。这正好中了彭司令的计，西北军力调动之后，陈谢军团就能挺进豫西，另外还可以在国民党军队去榆林的途中将其歼灭。接着，陕北野战军占领了去往榆林的必经之地横山，使得国民党军队不得不绕道而行，经过无定大河，穿过大沙漠到达榆林。沙漠行兵十分艰苦，敌人一万多的军队即将到达榆林时只剩几千人了。

敌军即将到达榆林之际，野战军突然停止对榆林的攻击，转身南下。在榆林以南的沙家店，这个有利位置将国民党军队歼灭。彭司令的计划实现，陕北野战军士气高昂。为了切断增援军和总部的联系，陕北野战军拦腰将增援军队截成两端，趁此机会将增援部队全部歼灭。

原来陕北野战军的兵力少，国民党军队的兵力强大，这样的情况下作战是根本不可能胜利的。彭司令利用妙计调动敌人，巧妙地将敌人实力分散，使得我军能利用地理优势和战术歼灭敌人大部兵力。毛泽东对于彭司令智慧的这一战斗十分赞赏。接着利用现在的大好形势，在毛泽东和彭德怀的智慧指挥下，一举歼灭了国民党西北军的大部兵力，使我军在西北的战势转守为攻。为解放全中国打下了坚实的基础。

出其不意，攻其不备

原 文

出其所不趋①，趋②其所不意③。行千里而不劳④者，行于无人之地也。攻而必取⑤者，攻其所不守⑥也；守而必固⑦者，守其所不攻也。故善攻者，敌不知其所守；善守者，敌不知其所攻。微⑧乎微乎，至于无形⑨，神乎神乎，至于无声⑩，故能为⑪敌之司命⑫。进而不可御⑬者，冲其虚⑭也；退而不可追者，速而不可及⑮也。故我欲战，敌虽高垒深沟，不得不与我战⑯者，攻其所必救⑰也；我不欲战，虽画地而守之，敌不得与我战者，乖其所之也⑱。

注 释

①出其所不趋：出兵要指向敌人布置空虚无法援救的地方，也就是出其空虚的意思。

②趋：行动，进攻。

③意：意料。

④劳：疲劳。

⑤取：得手，获得。

⑥守：防守。

⑦固：坚固，牢固。

⑧微：神奇、深奥。

⑨至于无形：……到没有形迹。

⑩至于无声：……到没有声音。

⑪为：掌握。

⑫司命：命运、主宰。

⑬御：防御。

⑭虚：空虚的地方。

⑮及：赶上。

⑯战：交战。

⑰救：援救。

⑱乘其所之也：即改变敌人的去向，把它引向别的地方去。乘，违背、背离，这里是改变的意思；之，这里作"往"字讲。

译文

出兵要指向敌人布置空虚而无法援救的地方，行动于敌人意料不到的方向。行军千里而不疲劳的，是因为走的是没有敌人的路线。进攻必然会得手的，是因为攻的是敌人没设防的地区；防守牢固的，是因为守的是敌人必来进攻的地方。所以善于进攻的，是使敌人不知道如何防守；善于防守的，是使敌人不知道怎么进攻。微妙到没有形迹，神奇到没有声息，就能够成为敌人命运的主宰。敌人不能抵御我军进攻，是因为我军冲击的是敌人的空虚部位；我军撤退使敌人无法追击，是因为我军的速度快而使敌人赶不上。所以我军如果要打，敌人即使凭借深沟高垒，也要使他不得不同我军交战，因为我军打的是敌人必须援救的地方；如果我军不想打，那么就要画地而守，使敌人不能向我来犯，因为我军转移了敌人的进攻方向。

解析

"兵者，诡道也"，诡道指以虚为实，以实为虚，借以调遣敌人。用兵作战讲究"以出奇制胜"，奇即为避实击虚，以实击虚，出其不意，攻其不守，而制胜于敌。因此，"出其不趋，攻其不备"是建立在对虚实认识和理解，以及运用的基础上。要求以石击卵，稳操胜券，避害趋利从而获得胜利。虚实互用与奇正相依，两者结合充满了辩证思想的理性智慧。

从虚实的角度探讨政治，同样遵循这个光辉的思想。对手的弱点和要害，即为虚，是首要的打击对象，一旦击中要害，势强者一击即"毙"，轻者受到重挫。若是政治策略的抉择，要着重分析政策的缺陷性，一方面这些被对手忽略的地方最为脆弱，另一方面对手会因为一味追求胜利而放大优势，忽略缺点，对缺陷进行"轰击"能攻对手之不备，以达到不能通过的目的。

商场上，讲究创新，创新的目的在于以新奇独特的产品吸引消费者。因此无论在产品研发，还是市场拓展方面，应该要求企业将重心放于创新的奇特性上。以求得在各个企业之中能够独树一帜，领导市场潮流，以达到出其不意的进攻策略，让竞争对手无法应对，使得自身立于不败之地。

经典战例

出其不意，攻其不备

《孙子兵法》说："出其所不趋，趋其所不意。"自古用兵作战勇者胜，险棋一着，出其不意常常是制胜的关键。古往今来，以奇制胜的战例不少，邓艾奇兵渡阴平和郑成功收复台湾皆属此类。

三国后期，蜀军凭借自己所处险关一直占据作战的有利位置，而魏国镇西将军钟会对于这种困境也无法解决，只好两军苦苦对峙。而魏国另一名叫邓艾的将军对钟会说："蜀军虽然处于险关，但是也不是不可战胜的。正是由于魏军一直处于有利地位，而不会料到奇兵来袭。我们可以派一支部队偷渡阴平小路袭击成都，出其不意，攻其不备。当姜维回兵救援的时候，将军可以趁机夺取剑阁。"

钟会听了邓艾的建议后很不屑一顾，但是还是笑着对邓艾说："真是妙计啊！邓将军有此妙计，必定也是带兵出战的最好人选。"于是邓艾带兵出战了。阴平小路是高山险崖，只要有100人埋伏于此，进程就会被阻断，并且兵力也会被饿死或者冻死在山里。但是，蜀军正因为阴平小路如此凶险，并不觉得有人会偷渡于此，于是没有兵力驻守。

邓艾带着大军一边修路一边行军，很快就要到达西蜀江岫城了。谁知最后却被摩天岭挡住了去路，这座山无法凿开，只有翻过险岭才能到达。邓艾身先士卒，披上毛毡滚下摩天岭。副将和士兵看到将军如此，纷纷效仿。有2000名将士翻过了摩天岭。

邓艾率领的魏军仿佛从天而降，蜀军守城将领吓得魂不附体，不战而降。邓艾的军队取得了胜利，可是钟会还在遥远的地方苦苦对峙，可谓悲哀至极。出其不意的方法是往往使人意料不到的。

应形于无穷，而胜可为

原文

故形人而我无形①，则我专②而敌分③；我专为一，敌分为十，是以十攻其一也，则我众而敌寡；能以众击④寡者，则吾之所与战者约⑤矣。吾所与战之地不可知⑥，不可知，则敌所备⑦者多；敌所备者多，则吾所与战者寡矣。故备前则后寡，备后则前寡，备左则右寡，备右则左寡，无所不备⑧，则无所不寡⑨。寡者，备人者也；众者，使人备己者也⑩。

故知⑪战之地⑫，知战之日⑬，则可千里而会战⑭。不知战地，不知战日，则左不能救右，右不能救左，前不能救后，后不能救前，而况⑮远者数十里，近者数里乎？以吾度⑯之，越人⑰之兵虽多，亦奚⑱益于胜败哉？故曰：胜可为⑲也。敌虽众，可使无斗⑳。

注释

①形人而我无形：用示形的办法欺骗敌人，诱使其暴露企图，而自己不露形迹，使敌人不知虚实，捉摸不定。

②专：专一，这里是集中的意思。

③分：分散。

④击：对付，攻击。

⑤约：少而弱的意思。

⑥吾所与战之地不可知：我军攻击敌人的场所敌人不能知道。

⑦备：防备。

⑧无所不备：处处防备。

⑨无所不寡：处处薄弱。

⑩使人备己者也：迫使敌人分兵处处防备自己。

⑪知：预知。

⑫地：地理位置。

⑬日：时刻、日期。

⑭会战：作战。

⑮而况：何况。

⑯度(duó)：忖度、推断。

⑰越人：即越国人。越是吴的敌国。

⑱奚(xī)：疑问词，何的意思。

⑲胜可为：胜利可以争取。

⑳可使无斗：可使他无法与我交战。

译文

所以设法让敌人暴露而自己深藏不露，这样我军兵力就可以集中而使敌人主力分散。我军集中一处，敌人分散十处，就能用十倍的兵力攻击敌人。这样我们就能够以众击寡，因为正面作战的敌人为少数。我军攻击敌人的场合敌人不能知道，不知道，那么敌人防备的地方就多。敌人防备的地方多，那么与我军作战的敌军就处于弱势。所以敌人防备前面，则后面兵力就薄弱，防备后面，则前面兵力薄弱，防备左翼，右翼就薄弱；防备右翼，左翼就薄弱；如果处处防备，那么就处处薄弱。兵力薄弱，因为分兵防御；兵力强大，在于迫使敌人分兵处处设防。

所以能预知作战地点，预知交战时间，即使远行千里，也能同敌人作战。事先不知道打仗地点，打仗时间，长途行军后与敌交战，那就左翼救不了右翼，右翼救不了左翼，前面救不了后面，后面救不了前面；何况敌人远有几十里，近只有数里地呢。依我看来，越国作战的兵力虽多，但对于决定战争胜负又有什么益处呢？所以说，胜利是可以争取的。敌人兵力虽多，也可使他无法与我交战。

解析

"形"是孙武提出的重要的战术理论。战争过程中，一方面要善于利用各种手段获知敌之"形"——军情之实，使得敌人的情况暴露，从而被我方掌握；另一方面，也要充分利用各种手段向敌人示假"形"——虚，以迷惑敌人，将自己的实力隐藏得不露痕迹。这样敌人的意图就会明了，据此能够做出充分的战术准备，另外我方意图不被敌人所了解的话，就能够争取到战争的主动权，让敌人根据自身的战术安排作战，取得绝对作战优势。将"形"的方方面面充分利用，有效各方调动敌人，使得敌人势力分散，以一敌十。

政治上，"形"的虚实理解为对所面临的局势的把握状况，以及竞争对手的深入了解。察"形"，示"形"，对局势的真实了解，并以弱势迷惑对手。局势的把握意义在于能否占取有利形势，而对手的优势和劣势则是出击的方向所取。局势得以把握，自身实力隐藏后使得敌人处于防备的状态下，力量分散，就能够避实击虚，取得主动权，从而取得胜利。

商品市场巨大，要兼顾的面很多，竞争对手之间最重要的竞争就是产品市场占有量的竞争。如果能迷惑对手，将对手的市场竞争力分散，那么在单一市场上的竞争优势不明显，在这时针对单一市场进行强大的冲击，必定能使得对手无还击之力，从而占领市场。

经典战例

红军巧破蒋家军第二次"围剿"

《孙子兵法》有云，出兵征战，贵在出奇制胜。大敌当前千万不能自乱阵脚，要沉住气，机灵应战，并且要分析敌人的薄弱点，避开敌人的优势点，以逼强击弱取胜，巧藏兵力，逐个击破。而一旦得手就要乘胜追击，打得敌人连喘息的机会都没有。毛泽东就是利用《孙子兵法》这一谋略，破解蒋介石的第二次围剿的。

第一次围剿失败后，蒋介石并没有死心，而是等待时机，以"稳扎稳打，步步为营，紧缩包围"为第二次"围剿"的战略，企图剿灭红军。

虽然共产党第一次反"围剿"胜利了，但还是尝到了蒋介石紧缩包围策略的厉害，于是党内许多人士都认为应该离开江西，另外到四川去重新建立革命根据地。但是毛泽东、朱德、彭德怀等同志坚决反对，坚持在江西打垮国民党的再一次"围剿"。然而面对蒋介石如此缜密的"局"，红军应该怎么应付呢？红军主要领导毛泽东、彭德怀等一起研究敌情，以得出破二次"围剿"的方法。

红军大胆设想，以"牛角"策略破蒋家军二次"围剿"。首先将红军集中在东固，南边距离敌第19路军50余里，西边距离敌第5路军40余里，北边与敌第43师相隔20余里。在这个四周环山之地，也是蒋介石意料不到之地藏身，苦等25天，寻找战机。这一天代总司令何应钦的一再督战，公秉藩的第28师终于忍不住了，出军去围剿红军。殊不知红军已经在他们的眼皮底下对他们进行了包围。红军奋力作战，勇战半天后消灭了公秉藩的第28师，还抓获了他们的师长，但后来他又狡猾地逃跑了。

公秉藩的第28师被歼灭，惊动了国民党军队里所有的人，第43师的郭华宗害怕得溜走了。红军一听说敌第43师开溜，主动追击，在白沙将全师歼灭。连续两战胜利，鼓舞了红军的士气。于是乘胜追击，之后的几天内接二连三地消灭了第27师高树勋的大部、敌第5师胡祖钰的部分和敌第56师刘和鼎的全部。可谓，胜利无人可挡。就这样，红军避强击弱，巧妙地利用了"牛角"战术抢得先机，接着敢打敢拼，连续作战，终于粉碎了蒋家军的二次"围剿"。

兵无常势，因敌取胜

　　故策①之而知得失之计②，作③之而知动静之理④，形⑤之而知死生之地，角⑥之而知有余⑦不足⑧之处。故形兵之极，至于无形⑨；无形，则深间不能窥⑩，智者⑪不能谋⑫。因形⑬而措⑭胜于众，众不能知；人皆知我所以胜之形⑮，而莫知吾所以制胜之形⑯。故其战胜不复⑰，而应形于无穷⑱。

　　夫兵形⑲象水，水之形⑳，避高而趋下；兵之形，避实而击虚㉑。水因地而制㉒流，兵㉓因敌㉔而制胜。故兵无常势㉕，水无常形；能因敌变化而取胜者，谓之神㉖。故五行无常胜㉗，四时无常位㉘，日有短长，月有死生㉙。

①策：策度、筹算，这里是根据情况分析判断的意思。

②计：策略。

③作：动作，这里指挑动的意思。

④理：规律。

⑤形：制造假相诱敌。

⑥角：角量、较量，这里指进行试探性的进攻。

⑦有余：强势。

⑧不足：弱势。

⑨形：真相。

⑩深间不能窥：指即使有深藏的间谍，也无法探知我的真实情况。窥，偷看。

⑪智者：高明的敌人。

⑫谋：设机关。

⑬形：形势。

⑭措：确定，断定。

⑮形：形势。

⑯形：战术。

⑰战胜不复：制胜的方法不重复。

⑱形于无穷：因地制宜，变化无穷。

⑲兵形：用兵的规律。形，方式方法，这里有规律的意思。

⑳形：流势。

㉑避实而击虚：指避开敌人坚实之处，攻击其空虚薄弱的地方。

㉒制：制约，约束。

㉓兵：作战。

㉔敌：敌情。

㉕兵无常势：作战没有一成不变的势态。

㉖神：神奇、智谋高超，这里是用兵如神的意思。

㉗五行无常胜：五行中没有一个能保持不变。

㉘四时无常位：四季更替中没有一个能固定不动。

㉙月有死生：月有阴睛圆缺。

译文

所以筹划作战的策略是能知道得失的计策；挑动敌军，就可了解敌人活动的规律；制造假象诱敌，就能知道死地与生地所在；较量一下，就可了解敌军兵力强势与弱势。所以制造假相到了极点，可以没有真相；没有真相，就连潜伏的间谍也无法窃得情报，再高明的敌人也无法巧设机关。根据形势来确定我军制胜的战术，广大士兵是不知道的；他们都知道我军战胜敌人的形势，但却不知道我军制胜敌人所凭借的战术。正是因为根据敌人的具体情况制定胜敌的战术，所以制胜的方法才不会重复，从而达到因地制宜，变化无穷。

用兵之法就像流水一样，水的流势，是绕过高处向低处流；用兵的规律，是避开敌军兵力集中之处而攻击其兵少的部位。水因地势而定其流动，作战则是根据敌情而确定取胜战术。所以作战没有一成不变的势态，水没有不变的形状。能根据敌情而变化取胜，就叫做用兵如神。这就像五行中没有一个能保持不变，四季更替中没有一个能固定不动，白天短长不同，月亮有阴晴圆缺一样。

解 析

作战没有千篇一律的战术和模式，任何机械刻板的、一成不变的僵硬化作战模式都是错误的，必定会导致失败。因为战场上的状态不是静止不变的，是动态的。因此分析和解决问题要以动态方案应对，根据即时情况随机应变，灵活运用适当的战术取得战争胜利。

国家管理和用兵作战一样，政治策略需要根据国家的实时情况作相应调整，这些调整根据各部门阶段性的数据统计和相应的调查报告制定各项措施。这样的行为同样是遵守"因敌取胜"的原则。对于国家来说，意义在于能够真正把握住国家发展的动向和发展的健康程度，通过不断的策略调整引导各项策略进行战术变化，使得国家健康快速地发展。

商品市场和战场一样，是动态的，变化万千。过去的竞争优势会因为竞争对手的动向和消费者新的取向而变成劣势，因此应该根据市场的客观反映情况对战略和产品性能进行有效调整，重新制定新的营销策略，时刻保证市场竞争优势和竞争力，让消费者对于产品的需求热情从不减少。制定一系列的市场追踪方案，对竞争对手和消费者需求进行动态调查，保证企业了解到的信息是即时的，才能根据各种不同情况制定不同的竞争策略。

经 典 战 例

向子云兵败桑植城

《孙子兵法》中说，兵的形态像水一样，没有固定的形状，用兵取胜的关键是要根据敌人的实际情况而有针对性地提出作战方针，这样才能取得胜利。向子云兵败桑植城就是一个很好的例子。

　　1932 年红军反围剿行动进入新的阶段，6 月，贺龙同志带领红二军团进入湖南桑植地区进行反围剿行动，虽然贺龙同志的红二军团只有 500 人，枪支弹药也不多，但是和当地群众一起进行革命，还是造成了很大的影响。这次革命行动惊动了当时在桑植"防匪"的国民党司令向子云。向子云看到贺龙军团兵少枪少，对其很不屑，只派了500 兵力去讨伐。不料当头吃了一棒，500 兵力出去，回来的只有 200人而已。如此的结果让向子云气得暴跳如雷，发誓一定要将贺龙活抓，消灭红二军团。于是，这回又派兵 3000 重新出发了。

　　红二军团看到向子云兵力如此之大，加上之前就已经消耗掉一半的弹药，感觉有点慌了。但是贺龙异常镇定，有条不紊地拿出地图研究应对办法。指挥员们看到司令临危不惧，仿佛吃了定心丸。贺龙看着地图研究半刻后，想出一个"请君入瓮"的妙计。当时，贺龙军队在北边，军营不远处有一个三面朝山的地势，恰巧天色昏暗，似乎要下暴雨了。只要将向子云 3000 大军引到这个地方，暴雨来临时，水淹就能击退大军。

　　于是，红二军团立马将贺司令的战术执行。向子云军队很快到达了赤溪河，遇上红军，打了一阵，没费多大劲，便把红军打"跑"了。向子云下令追击，红军且战且退，人数越打越"少"，连桑植城也"不敢进"，向子云大摇大摆地进了桑植城。向子云连忙向上报捷，夸海口说："不日即可旋归"。

　　然而，他没有想到贺龙唱的是"空城计"，向子云的队伍正是中了贺龙的妙计。当向子云队伍全部进入贺龙设想的地域后，红二军团像从天而降，猛虎下冈般冲杀下来。如此阵势把向子云队伍吓坏了，士兵们到处乱逃。此时天空下起了暴雨，大雨滂沱，山洪暴发，向子云军队被山洪淹没，全军覆没。

　　贺龙这一仗，靠得是智取，用纵敌骄气，丧失警惕，步步陷入预设的埋伏圈，从而取得以弱胜强的战斗胜利。

军争篇第七

在本篇中，孙武曰："军争为利，军争为危。"战争往往不只是军事势力的较量，而是谋略和战术的较量。军争之巧妙在于"以迂为直，以患为利"，以此为原则论用兵之法——"以迂为直""以诈立，以利动""三军可夺气，将军可夺心"，据兵法而相敌用兵。

迂直之计，以患为利

孙子曰：凡用兵之法①，将②受命于君③，合军聚众④，交和而舍⑤，莫难于军争⑥。军争之难者，以迂⑦为直，以患⑧为利。故迂其途，而诱之以利⑨，后人发，先人至，此知迂直之计⑩者也。

注释

①法：原则。

②将：将帅，主帅。

③受命于君：接受君主的委任。

④合军聚众：组织民众，编成军队。

⑤交和而舍：指两军营垒对峙。和，"和门"，即军门；舍，驻扎。

⑥军争：两军争夺制胜条件。

⑦迂：迂远、曲折。

⑧患：困难，阻挠。

⑨故迂其途，而诱之以利：可以在战术上采用迂回方法以利诱敌人。

⑩此知迂直之计：这算是懂得运用迂直的计谋。

译文

孙子说：凡是用兵的原则，将帅接到国君的命令，就组织民众，编成军队，开赴前线与敌人对阵，在这个过程中最困难的莫过于与敌人争夺有利的制胜条件了。军争中最难的地方，在于把迂远曲折的路变为直的，把不利变为有利。可以在战术上采取迂回的办法，以利诱敌人争取比敌人先到达交战要地，这就算是懂得运用迂直的计谋了。

（解）（析）

迂直是孙子提出的一个独特的以迂为直的军事战术思想。两点之间的最短距离是直线，如果是曲线的话，肯定要绕弯，从表面上看起来肯定是加大了距离，走了远路，但实际上问题并没有这么简单。在许多情况下，迂回曲折比直截了当更加有效，更能达到自己的目的。迂回，即拐弯抹角，绕圈子，故意不走捷径，以转移敌人注意力，使得敌人产生错误的感觉而做出错误的判断。这样的策略能够转劣为优，创造对自身有利的条件，把握住战胜敌人的时机，从而趁机发挥作战的力量，迅速取胜，即使在落后的条件下也能抢先一步到达战略要地抢占胜机。

迂回战术应用于政治斗争中，体现为在特殊的情况下，表面上看来绕圈子的做法往往更为有效。不停地绕圈子可以使得对手摸不着头脑，分不清自己的政治目标在哪里，从而无法采取有效的进攻或者组织行动。另一方面，这更体现为一种政治艺术，迂回形式能将自我目标埋藏起来，进行类似于"地下"的行动，化被动为主动，这也是政治斗争的最高境界。

企业之间的竞争类似于战争，要取得胜利，道路也是曲折的，不可能一帆风顺。因此战略目标确立时，往往不能过于暴露和过分着急，采取迂回的线路去努力，一方面麻醉竞争对手，一方面将目标藏于"地下"，使行动更为隐秘，更容易获得成功。看似迂回曲折，其实仍然是为了更有效、更准确地达到经营目的。

（经）（典）（战）（例）

刘备迂直夺汉中

战争中，当敌人的势力比自己强大，而自己又处于不利位置时，应该避其锋芒，使用迂直之计另辟新的优势点，化不利为有利。这样才能战胜敌人，刘备就是使用了迂直之计夺取汉中的。

赤壁之战后，刘备、孙权、曹操分别占据了荆州和益州，黄河流域，以及江南，从而形成了三足鼎立的形势。公元 215 年，曹操消灭了西北的马超、韩遂势力后，亲率大军进军汉中的张鲁，又一举夺下军事要地汉中。汉中被收入囊中之后，曹操便起身回中原稳固后方，派良将夏侯渊驻守汉中。

曹操占领汉中之后，刘备十分担忧。因为汉中地处益州，对刘备四川统治权及其稳定性有很大影响，于是打算出兵与曹操一夺汉中。刘备亲自率兵出战，留下诸葛亮留守成都，一方面可以在后方提供军需，另一方面还能以备敌人来袭时做军师。由于汉中易守难攻，刘备万余精兵在阳平关整整与其对峙了一年也没能攻下汉中。刘备三思后决定避开地势险要、防守严密的阳平关，南渡汉水，沿南岸山地东进，一举抢占了军事要地定军山。定军山是汉中西面的门户，地势险要，刘备占领了定军山，就打开了通向汉中的道路。这样无疑对汉中造成了重大的威胁，阳平关曹军侧翼的安全已岌岌可危。夏侯渊被迫将防守阳平关的兵力东移，与刘备争夺定军山。夏侯渊一方面为防止刘备进军和北上，曹军在汉水南岸和定军山东侧建营垒，修围寨，设鹿角（一种栅栏式的防御工事）；另一方面自己率军前往定军山灭刘备。

夏侯渊如此计划正中了刘备下怀，于是刘备一方面派兵火烧南围鹿角，一面派良将黄忠在定军山围攻夏侯渊，曹兵惨败。中原离汉中甚远，汉中失守后，曹操虽带兵应战，但是由于曹军远战军粮愈少，久之也放弃了汉中。

刘备用"迂直之计"，善于将不利因素化为有利因素，成功地抢占了军队要地——定军山，从而争得了这场战争的制胜权，最终占据了汉中，迫使曹军退出四川，取得了这场战争的胜利，也巩固了自己在四川的统治权。

军争为利，军争为危

故军争为①利，军争为危②。举军③而争利，则不及④；委⑤军而争利，则辎重⑥捐⑦。是故卷甲而趋，日夜不处⑧，倍道兼行⑨，百里而争利，则擒三将军⑩，劲⑪者先，疲⑫者后，其法⑬十一而至⑭；五十里而争利，则蹶上将军⑮，其法半至；三十里而争利，则三分之二至。是故军无辎重则亡，无粮食则亡，无委积⑯则亡。

注 释

①为：这里作"是""有"。

②危：危险。

③举军：全军带着所有装备辎重行动。举，全。

④及：到达。

⑤委：丢弃。

⑥辎重：指随军运载的军用器械、粮秣等。

⑦捐：损失。

⑧处：停止、停留。

⑨倍道兼行：以加倍的行程连续行军。

⑩擒三将军：全部将领都可能被擒。

⑪劲：身体强壮。

⑫疲：体弱疲倦。

⑬其法：结果。

⑭十一而至：指部队因疲劳而大部分掉队，仅有十分之一的人到达。

⑮蹶上将军：指前军将领可能遭受挫败。蹶（juē），挫败。

⑯委积：物资供应。

译文

所以军争是有利的，也是危险的。如果全军带着所有装备辎重去争利，就不能如期到达交战要地；如果放下所有辎重去争利，辎重就会遭到损失。因此，卷甲急进，日夜不休，以加倍的行程连续行军，走上百里的路程去与敌人争利，全部将领都可能被擒，身体强壮的士兵先到了，体弱疲倦的士兵就掉了队，结果只能到达十分之一；走上五十里的路程去争利，先头部队的将领就可能遭受挫败，结果士兵也只有半数到达；走上三十里的路程去争利，士兵也只有三分之二到达。所以，军队没有辎重就不能生存，没有粮食就不能生存，没有物资供应就不能生存。

解析

唯物主义认为，任何事情都具有两面性，即有危害性的一面，也有利的一面，"危"和"利"贯穿于整个事物发展的过程，是辩证统一的。战争同样也是有有利的一面，也有危害性的一面，因此将帅必须有效分析两军对峙，相互制约时，不管敌我双方的任何一方，"利"和"危"两面都要分析，也就是"知己知彼"。当"利"和"危"都作相应分析之后，要想方设法让两者相互转化，目的在于各种战术都对我方有利，减少和避开危害。这样辩证统一地分析解决问题是客观而科学的。

"利"和"危"的两面性同样适合于市场竞争中，企业能否准确把握竞争的利害关系，并根据厉害关系采取相应的措施，扬利避危是能否在竞争中占领主动权的关键。为了解决这个问题，仅仅靠领导者是不够的，企业通常会聘用智囊团，针对利害关系进行全方面分析，通过调整经营结构等方式化利为经济利益，转危为利。

经典战例

马陵之战

周显王二十七年（前342年），魏惠王任命庞涓为将，率兵讨伐韩国。韩国派遣使者向齐国求救。齐威王大会群臣，商议对策。孙膑主张待韩魏交兵双方疲惫之时，再发兵救援。这样既做了人情，又不会遭受太大的损失。齐威王采纳了孙膑意见，暗地里答应出兵救援韩国。韩国得到齐国的允诺，遂竭尽全力抵抗魏军进攻，结果五战皆败，只好再次向齐国告急。齐威王便任命田忌为主将、田婴为副将、孙膑为军师，率军救援韩国。

齐军这次的行动同桂陵之战（"围魏救赵"的典出）一样，仍然是直捣魏国都城大梁。魏惠王眼见胜利在望，齐国又从中作梗，不禁勃然大怒，当下命令从韩国撤回全部军队，为雪桂陵之耻，大兴十万之师，以太子申为上将军，庞涓为将军，率军迎击齐军。

这时候，齐军已经进入魏国境内。得到魏国发兵迎击的消息后，孙膑向田忌分析说："魏国的军队素来骄横，看不起齐国的军队，认为齐军胆怯。我听说，善于作战的人，总是顺着事情的发展趋势把不利局面向有利的方面加以引导。兵法云，'百里而趣利者，蹶上将军；五十里而趣利者，军半至。'不如利用魏军轻敌冒进的弱点，引诱他们落入我们的圈套。"于是献上减灶诱敌之计。田忌大喜，命全军第一天挖供十万人吃饭的灶，第二天挖供五万人吃饭的灶，第三天挖供三万人吃饭的灶，以造成齐军胆怯，大批逃亡的假象。庞涓见齐军军灶锐减，大喜过望，说："我早知道齐军胆小如鼠。眼下进入我国国境，刚刚三日，士卒就逃亡了大半。"于是抛开步兵和辎重，只率领轻车锐骑昼夜兼程追击齐军。孙膑预计魏军的行程，日落时当到达马陵道（在今山东郯城马陵山）。马陵道系低山丘陵地带，沟壑纵横，状似葫芦，齐军主力便在这里设下埋伏，专候魏军。待庞涓率军追至马陵道时，果然天色已晚。齐军伏兵齐出，万箭齐发。魏军大乱，自相践踏，死伤无数。庞涓也羞愤自杀。齐军乘胜追击，消灭魏军主力，俘虏了主将太子申。经此一战魏国元气大伤，失去了霸主地位。

齐魏马陵之战是《孙子兵法》的具体运用，闪烁着孙子军事思想的光辉。作为中国古代军事史上的一个著名战例，马陵之战知名度高，传播范围广，影响大，有极高的军事研究价值。

兵以诈立，以利而动

故不知诸侯之谋①者，不能豫交②，不知山林、险阻、沮泽③之形④者，不能行军，不用乡导⑤者，不能得地利；故兵以诈立⑥，以利动⑦，以分合为变者也⑧；故其疾如风，其徐如林⑨，侵掠⑩如火，不动⑪如山，难知如阴⑫，动如雷震⑬；掠乡⑭分众⑮，廓⑯地分利，悬权⑰而动。先知迂直之计者胜。此军争之法也。

①谋：战略目的。

②豫交：指与诸侯结交。豫，通"与"，指参与。

③沮（jǔ）泽：指沼泽地带。

④形：地形，地势。

⑤乡导：向导。

⑥以诈立：以诡诈办法诱骗敌人而取得成功。

⑦以利动：根据有利条件采取行动。

⑧以分合为变者也：分散或集中使用兵力，随情况而变。

⑨其徐如林：行动慢时，像森林一样严整。

⑩侵掠：袭击、进攻。

⑪不动：驻守。

⑫难知如阴：荫蔽时，像阴天看不见日月星辰一样。

⑬动如雷震：发动攻击时，就像万钧雷霆。

⑭乡：古代地方行政组织。

⑮众：兵。

⑯廓：开拓。

⑰悬权：权衡得失。

译文

所以不了解各国诸侯的战略目的，不能预先与他们结交；不先熟悉山林、险阻、沼泽等各种地形，就不能行军；不雇用向导，就不能得地利。用兵打仗要以诡诈多变诱骗敌人才能取得成功，根据有利条件采取行动，分散或集中使用兵力，随情况而变。军队行动快速时，像狂风一样迅疾，行动慢时，像森林一样严整；进攻敌人时，像迅猛的烈火；驻守时，像山岳一样屹立不动；荫蔽时，像阴天看不见日月星辰一样；发动攻击时，就像万钧雷霆。掳掠敌乡的粮食、资财，要分兵活动；开拓疆土，要扼守有利地形；权衡利害得失，然后相机行动。事先懂得迂直之理的就能夺得胜利，这就是军争的原则。

解析

"利"是一切斗争的核心，并且以此作为行动的导向，一切行动依照核心目标行进。孙武关于用兵作战一直都是以功利的心态去理解和谋略的，突出了功利大小对从事军事的制约作用，认为战争发动与中止都以"功利"为出发点。而兵诈也是为了"利"，具体操作方法是做到审时度势，权衡利弊，乘机而动，经过全面的思考后实施战略和计谋，做到避害就利，把握战场上的先机。

在商业竞争中，经济利益是一切商业活动进行的宗旨。利益是企业的追求，是竞争的核心，在利益的带动之下，应该着重分析哪些对企业发展有利，哪些对企业发展有害，适时采取灵活多变的计谋。俗语有道："无商不奸，无商不诈。"商人以利益为中心，以计谋为实现目标的途径，以获得胜利。

经典战例

虎牢之战

“虎牢之战”是唐朝统一全国最关键的一战，虎牢之战李世民以少胜多，一举灭掉窦建德主力部队十万人，接着又迫降了洛阳王世充的残余守军，夺取了中原的主要地区，取得一举两得的重大胜利，稳固了唐朝在中原的政权。

李渊于公元618年5月建唐后，便对外开战，力争统一全国。当时李世民刚西灭薛秦、北平刘武周，使得唐朝在关中的政权得以稳固，但是阻止唐朝统一的还有两股较强的势力，一个是独霸江南、定都洛阳、自立郑国的王世充，另一个是自称夏王的窦建德。李渊认为，应该集中兵力首先攻下郑国王世充的军队，然后和窦建德联合对付郑军。窦建德表面答应李渊，心底却想在唐军攻下郑军之后，趁其筋疲力尽之时将其拿下，于是阴奉阳违不和郑军断绝来往。

战争开始，窦建德军队并没有卖力作战，而是坐观虎斗，以待有利的机会坐收渔翁之利。李世民也深知窦建德的心思，仔细观察地形后发现，虎牢是成皋西侧的要塞，为郑、夏联手的枢纽，是王世充固守洛阳的东大门，为唐、夏必争的战略要地。李世民权衡利弊，做出决策——对东都洛阳围而不攻，坐待其粮尽自溃，对窦建德则要主力出击，力求全歼。随后发兵两路，一路由屈突通等协助齐王李元吉领兵继续围困洛阳，深沟壁垒，严防王世充突围；一路由李世民亲自率领精骑三千五百余人直奔虎牢。既然作战方针已经确定，李世民镇定自若，排除众议，一方面坚决作战，奇兵突袭；一方面避锐击强，终于取得了虎牢战役的胜利。

这一战中，李世民卓越的战争指挥才能被发挥得淋漓尽致。他充分利用了《孙子兵法》中“奇正相生，不可胜穷”“兵势无常，因敌制胜”军事要诀，继而取得了唐朝统一全国关键之战的胜利。相比之下，窦建德在作战指挥上，的确远远逊色于对手李世民。他劳师远征，又未能尽全力先攻占虎牢，这在"处军"上已先输了一着；他未能正确判明唐军的作战意图，这就使自己无法制定正确的作战部署，而处处陷于被动。

三军夺气，将军夺心

原文

《军政①》曰："言不相闻②，故为③金鼓；视不相见④，故为旌旗。"夫金鼓旌旗⑤者，所以一人之耳目也⑥；人既专一，则勇者不得独进⑦，怯者不得独退，此用众⑧之法也。故夜战多全鼓，昼战多旌旗，所以变⑨人之耳目也。

故三军⑩可夺气⑪，将军可夺心⑫。是故朝气锐⑬，昼气惰，暮气归⑮。故善用兵者，避其锐气，击其惰归⑯，此治⑰气者也。以治待乱⑱，以静待哗⑲，此治心⑳者也。以近待远㉑，以佚待劳，以饱待饥，此治力㉒者也。无邀㉓正正之旗㉔，勿击堂堂之陈㉕，此治变者也。

故用兵之法，高陵勿向㉖，背丘勿逆㉗，佯北勿从㉘，锐卒勿攻㉙，饵兵勿食㉚，归师勿遏㉛，围师必阙㉜，穷寇勿迫㉝。此用兵之法也。

注释

①军政：古代兵书。

②言不相闻：用语言指挥听不见。

③为：使用。

④视不相见：用动作指挥看不清楚。

⑤金鼓旌旗：古代军队作战的指挥工具。

⑥所以一人之耳目也：都是用来统一军队作战行动的。

⑦独进：任意单独前进。

⑧用众：指挥人数众多的军队。

⑨变：适应。

⑩三军：这里代指敌人的军队。

⑪夺气：挫伤士气。夺，剥夺，这里指打击、挫伤。

⑫夺心：使敌人的军心动摇。

⑬朝气锐：军队初战时，士气比较旺盛。

⑭昼气惰：军队过一段时间作战时就逐渐懈怠。

⑮暮气归：军队在作战后期时士兵就会气竭思归。

⑯避其锐气，击其惰归：即避开敌军锐气，等到敌军怠惰疲惫、士气沮丧时予以攻击。

⑰治：掌握。

⑱以治待乱：用我军的严整对付敌军的混乱。

⑲以静待哗：用我军的镇静对待敌军的哗恐。

⑳治心：掌握军心。

㉑以近待远：让自己的部队接近战场，准备好，以对付长途跋涉的敌人。

㉒治力：掌握军力。

㉓邀：迎击、截击。

㉔正正之旗：旗帜整齐，部署周密。

㉕陈（zhèn）：古"阵"字。

㉖高陵勿向：对占领高地的敌人，不要去仰攻它。向，指仰攻。

㉗逆：这里指迎击。

㉘佯北勿从：敌人假装败走，不要追击，以防遭敌人伏击。

㉙锐卒勿攻：敌军士气正盛时不要去攻击。

㉚饵兵勿食：敌人以饵兵引诱不要去理睬。

㉛遏：阻止、拦阻。

㉜围师必阙：指包围敌军时要留缺口。阙（quē），通缺。

㉝穷寇勿迫：敌人陷入绝境时不要逼得太紧。

译文

《军政》中说："用语言指挥听不见，所以使用金鼓；用动作指挥看不清楚，所以使用旌旗。"金鼓旌旗都是用来统一军队作战行动的；全军的行动统一了，那么勇敢的士兵就不能任意单独前进，怯懦的士兵也不能任意单独后退，这就是指挥人数众多的军队的方法。所以夜间作战要多使用火光和鼓声，白天作战多使用旌旗，变换这些信号，都是用来适应士兵的耳目，使他们目有所见，耳有所闻，达到统一行动。

对于敌人的军队，可以挫伤其锐气；对于敌人的将领，可以动摇其决心。军队初战时，士气比较旺盛，过一段时间就逐渐懈怠，最后士兵就会气竭思归。所以善于用兵的人，要避开敌人的锐气，等到敌人松懈疲惫了才去打他，这就是掌握士气的方法。让我军的严整对付敌军的混乱，用我军的镇静对付敌军的哗恐，这就是掌握军心的方法。让自己部队接近战场，准备好对付长途跋涉的敌人，用养足精神的部队对付劳顿疲惫的敌人，用自己的粮足食饱来对待敌人的奔走、粮尽人饥，这就是掌握军力的方法。不去迎击旗帜整齐、部署周密的敌人，不去攻击阵容严整、实力雄厚的敌人，这就是随机应变的方法。

所以，用兵的法则是：敌人占领高地，不要去仰攻他；敌人背靠高地，不要正面攻击；敌人假装败走，不要跟踪追击，以防遭敌人伏击；敌军士气正旺不要去攻击；敌人以饵兵引诱，不要去理睬；敌人正在退回本国时不要去拦阻；包围敌人，要留有缺口；敌人陷入绝境时不要逼得太紧。这些，都是用兵的法则。

解析

这是《孙子兵法》攻心战的又一招——夺取将士之气，动摇将军之心。用兵作战，讲究军队力量的发挥，而军队实力有一半是来自于士气，特别是对于科学技术还不发达的古代战争来说。如果一个军队的军心涣散,即使军备再精良也无法统一战术,别说发挥出超水平的战斗力,连正常的战斗力也发挥不出来。因而要通过各种办法鼓舞自己的军队的士气,整理军容,在进攻防御的时候都一样临阵不乱,才能以自己严整的队形打击敌人。另一方面,打压地方军队,给其施加压力瓦解军心,动摇将士的心,以从心理上取得胜利,使其丧失战斗力。

政治斗争是复杂多变的,因此在处理一些特殊的政治问题时,要谨慎行事。直接地采取强硬措施有时候往往适得其反,而攻心战是通常行之有效的,是更能有效达到目的的。

商场斗争中,胜负除了由产品竞争实力,经营方法和发展战略决定之外,更重要的是企业的产品是面向市场、针对消费者提出的。消费者是人,那么消费就存在心理因素的影响,因此在商品竞争中,"攻心术"的应用同样必要和有效。特别是新产品,由于消费者的接受要有一个突破性,甚至长期习惯性的问题,要打破原先的消费理念,就要通过各种手段让展品得到消费者的认可,夺得信任,赢得市场。

经典战例

昆阳之战

所谓"三军夺气,将军夺心",孙武认为,军心团结、士气高昂、将军作战意志坚决是战斗胜利的必要条件。因此可以通过挫其锐气、使之怠惰,然后发起进攻取得胜利。

更始元年(公元23年)昆阳之战爆发,这是绿林起义军推翻王莽政权的一次战略性决战。为了更始政权的建立和发展,更始军派遣几名大将,其中包括偏将刘秀及兵力两万阻止王莽军南下。王莽急忙调动大司空王邑赶到洛阳,会同大司徒王寻征发各郡兵四十万,号称百万大军围攻昆阳,企图一举歼灭更始军。

王莽军兵力强大,于是刘秀独自率兵13骑出城请求增援,留下王凤、王常两将及兵力 8 千留守昆阳城，并叮嘱一定不要分散作战取胜，只要拖住王莽军等到增兵到来便可取胜。

王莽军将领王邑、王寻进抵昆阳后，恃众逞强，拒不接受严尤弃围昆阳，直趋宛城，击灭更始军主力的建议，决意强攻昆阳。守城义军在民众支援下，奋力抵抗，多次击退莽军进攻。

刘秀快马加鞭和增援的更始军到达昆阳后，立即率千余人为前锋，距王邑军仅数里列阵。王邑、王寻恃众轻敌，只派少数兵力迎战，被击斩千余人，锐气大减。此时，更始军主力已攻克宛城三日，但消息尚未传到昆阳。刘秀为鼓舞更始军士气，一方面动摇王邑军，假传主力克宛战报，致使王邑军军心动摇。刘秀乘机精选勇士三千人，迂回到昆阳城西，渡过昆水，出其不意地从王邑军侧后猛击其指挥部。昆阳城内义军乘势出击，内外夹攻，王邑仅率数千人逃回洛阳。

昆阳之战，刘秀三管齐下，第一灵活作战；第二杀莽兵千余人，削其锐气；第三假传捷报，动其军心。虽然王莽军声称有百万，誓将更始军歼灭，但是由于骄傲轻敌而使得战争失败。

九变篇第八

题 解

　　《九变篇》中讲叙的主要是战争形势变化的问题。孙武认为："故将通于九变之利者，知用兵矣。""九变"则地形"九种"而论之，将帅之命应据"九变"而相应采取不同的作战方式。将之本领应"杂于利而务可信也，杂于害而患可解也""五危，不可不察也"。

将在外，君命有所不受

孙子曰：凡用兵之法，将受命于君，合军聚众，圮地①无舍②，衢地③交合④，绝地⑤无留⑥，围地则谋，死地则战⑦；途⑧有所不由⑨，军⑩有所不击，城有所不攻，地有所不争，君命⑪有所不受⑫。故将⑬通于九变⑭之利者，知用兵矣；将不通于九变之利者，虽知地形，不能得地之利矣。治兵不知九变之术，虽知五利，不能得人之用矣⑮。

注 释

①圮地：难于通行的地区。圮(pǐ)，毁坏。

②无舍：不要宿营。

③衢地：四通八达的地区。衢(qú)，四通八达。

④交合：结交友邻为外援。

⑤绝地：指交通困难又无水草粮食、难于生存的地区。

⑥无留：不要停留。

⑦战：力战求生。

⑧途：通"途"，道路。

⑨由：通过，经过。

⑩军：敌人。

⑪君命：国君的命令。

⑫不受：不接受，不听从。

⑬将：将帅。

⑭九变：机变行事，灵活多变地运用原则。

⑮不能得人之用矣：不能发挥人力作用。

译文

孙子说，凡用兵原则，主帅接到国君的指令，就集合士众，组成军队，立即出征。征途中遇到难于通行的地区不要宿营，到四通八达的地区要结交友邻为外援，在绝地上不要停留，进围地就巧用计谋，到死地就要力战求生。有的道路不要通过，有的敌人不要攻击，有的城池不要攻占，有的地方不要争夺，有的国君命令可以不执行。所以将帅能精通九变好处的，就懂得用兵，将帅不通晓这九变好处的，即使知道地形情况，也不能得地利。治兵不知道这九变的方法，即使知道"五利"也不能发挥人力作用。

解析

将帅是君主使命的执行者，用兵打仗在外，战场上的情况复杂多变，因此君主根本不可能对战场形势得到及时有效的信息，因此孙武主张，将帅在外领兵作战，根据战况具体分析，对于君主的一些不合乎战术要求的命令可以不听从。这正是从变化的角度出发，提倡军事将领用兵不能因循守旧，一成不变，要灵活机智地处理各种问题，凡事以大局为重，对无关紧要的或者对全局没有实际意义的抉择，坚决不予以执行。慎重地实施方案是取得胜利的基本要求。

国家政事管理，同样需要这样的思想。地方的具体情况中央无法具体了解到，对于这样的情况，地方领导应该研究具体情况做出相应的决策。政者行政，要把握住"变"字，从实际情况出发以新的理论、新的实践实施工作，坚决不能仅仅凭经验、紧随教条主义行事，做事要有过人的胆识和敢于承担的勇气。

企业进行经营，特别是对于市场的管理，更要求有应变的能力。产品投放市场，不同地方面临的消费人群就不一样，消费者的观念也是因为地方习俗或者生活习惯不同而有所改变的。对于不同的市场，企业领导者要相信自己的管理眼光，对于不同的营销策略不要过分加以干涉，避免造成营销理念错误而导致消费者无法接受产品的情况发生。

经典战例

冯唐论将

冯唐是中郎署长，侍奉汉文帝。他是一个直言敢谏，十分有才能的大臣。

汉文帝和冯唐两次谈论任将之道，第一次讨论时冯唐便认为汉文帝不能重用李牧和廉颇，汉文帝又问："您凭什么知道我不能重用廉颇、李牧呢？"冯唐说："古代的君主送军远征都会说，'国门以内的事，归我来管；国门以外的事，由将军您去管。'所以军功、封爵、奖赏，都在外面决定，回来再向帝王报告。我的祖父亦说，李牧做赵国的将军，驻守边关，军中集市的租税，都用来犒劳士兵。赏赐在外面决定，不受中央的干扰，所以李牧才得以发挥他的才能。在这个时候，赵国几乎称霸。但是，赵王不信任自己的将军，听信小人的诽谤，终于杀了李牧。因此赵国的局势与日俱下，最终亡了国。现在我私下听说，魏尚做云中太守，他的军中集市的租税，全部拿来犒劳士兵。他还拿出他的个人生活津贴，犒劳幕府里的宾客、属下的军官和门下的舍人们。如此得人心，因此匈奴都不敢接近云中的关塞。士兵不懂得公文，报告战功时难免有出入，却因此被惩罚。这样的奖罚制度，臣认为太严厉了，奖赏太少，惩罚太重。且说云中太守魏尚，因报告战功多报了六颗首级，陛下就将他下到监狱里，革去了他的封爵，判处他一年的徒刑。由此说来，陛下即使得到了廉颇、李牧，也不能重用他们。"

文帝听他分析得有条有理，十分正确，因此很为有一个直言敢说又极具智慧的大臣而高兴。于是当天就命令冯唐拿着符节，去赦免魏尚，重让他做云中太守，又拜冯唐做车骑都尉，主管中央和地方的战车部队。

利害两顾，有备无患

是故智者①之虑，必杂于利害②。杂于利而务可信也③；杂于害而患可解也④。

是故屈诸侯者以害⑤；役⑥诸侯者以业⑦；趋⑧诸侯者以利。

故用兵之法，无恃其不来⑨，恃吾有以待也⑩；无恃其不攻，恃吾有所不可攻也⑪。

注释

①智者：聪明的将军。

②杂于利害：考虑到有利有害两个方面。杂，掺杂，这里引申为兼顾。

③杂于利而务可信也：不利的情况下看到有利方面，作战任务可以顺利完成。

④杂于害而患可解也：有利情况下看到不利方面，祸患可以解除。

⑤屈诸侯者以害：要使各诸侯国屈服，就对其加以危害。

⑥役：役使，这里指役使诸侯为我效力。

⑦业：指危险的事情。

⑧趋：归附、依附。

⑨无恃其不来：不要寄希望于敌人不来。

⑩恃吾有以待也：要依赖自己的充分准备。

⑪恃吾有所不可攻也：要依赖自己不可攻打的实力。

译文

因此，聪明的将帅考虑问题，必然兼顾到利害两个方面。不利情况下看到有利方面，作战任务可以顺利完成；有利情况下看到不利方面，祸患可以解除。要使各国诸侯屈服，就对他们加以危害；要使诸侯无力对抗我，就驱使他们去做别的事情；要使诸侯受我制约，就动之以利。所以，用兵之法是：不要希望敌人不来，要依赖自己的充分准备；不要希望敌人不会进攻，要依赖自己不可攻的实力。

解析

将帅领兵作战，掌握着战略的制定和战术的应用，因而需要能够利害兼顾，随机应变。这也是用兵作战应该遵循的基本指导原则。利害和虚实一样是对立统一的，能够相互制约，相互转化。兴师作战，利害是将帅进行抉择必须考虑的问题，实施战斗时只考虑利而不考虑弊端，就会导致全军麻痹大意，相反要是只考虑弊而不考虑利，就会过于谨慎，丧失信心，从而错失战胜敌人的有利时机。因而利害双方都是要兼顾的，这样既能发挥优势，又能防患于未然。

国家管理同样存在着利害关系，两者是同时出现相互依存，又是对立统一的。当国家处于高速发展时，一定要注意分析利害关系，出台相关的制约政策，防患于未然，以防在真正出现问题的时候措手不及。相反，当发展缓慢时，一定是弊端很多，因而造成这样的局势，这时要敢于创新，开拓思路，将利害双方相互转变，扩大优势带动发展。

商业活动中，企业的发展抉择之妙，参杂利害于其中。商业竞争中突发情况多，信息变化快，一定要有防备之心，在对利害关系进行了综合的评估之后，既要趋利避害，又要对弊端进行有效的应对，将伤害减到最小。

经典战例

雪佛莱和奥兹莫比尔的起死回生

20 世纪 90 年代，美国康涅狄格州的雪佛莱和奥兹莫比尔汽车公司，汽车的销售量持续下跌，使得工厂要面临倒闭的局面。公司董事会艰难召开会议，以决定采取新的销售方式促进轿车的销售，渡过濒临倒闭的难关。当时他们对竞争对手的销售方法都进行了比较，结合自己已经积压了大批 1986 年生产的、销量一直不好的轿车，决定以"新＋旧"——即买新款车型送一辆老款车型的模式，真正买一送一地销售。

决定一出，销售部马上联系各大媒体，以推广这一销售方法，并且决定在全国主要报纸刊登一则特别广告：谁买一辆托罗纳多牌轿车，就可以免费获得一辆南方牌轿车。

这个广告果然起了一鸣惊人的效果，甚至有人不相信公司的这一销售是真的，但刊登的报纸都是美国康涅狄格州的各大报纸啊。因此许多人决定前往销售点了解了解，并且奔走相告，几乎全美国人都知道了这一消息。原来汽车的经销部门前冷清，一下子则门庭若市了。过去无人问津的积压轿车果真以 21500 美元一辆被人买走了，该厂亦一一兑现广告所承诺的，凡是买一辆托罗纳多牌轿车者，则免费赠送一辆崭新的南方牌轿车。如买主不要赠送的轿车，可给 4000 美元的回扣。

仔细算数你会发现，奥兹莫比尔汽车厂实施这一招，虽然致使每辆轿车少收入约 5000 美元，但却使积压的车一售而空。更重要的是，这一举动给工厂带来了源源不断的生意。它不但使托罗纳多牌轿车名声四扬，提高了知名度，增加了市场占有率，同时也弄出了一个新牌子——南方牌。这样，雪佛莱和奥兹莫比尔汽车厂起死回生了，生意从此兴隆发达起来。

处变不惊，从容应敌

原文

故将有五危①：必死②，可杀③也；必生④，可虏也；忿速⑤，可侮也；廉洁⑥，可辱也；爱民⑦，可烦也。凡此五者，将之过⑧也，用兵之灾也。覆军杀将，必以⑨五危，不可不察也。

注释

①危：弱点。

②必死：这里指勇而无谋，只知死拼。

③可杀：可能被杀。

④必生：临阵畏怯，贪生怕死。

⑤忿速：指急躁易怒，一触即发。忿（fèn），忿怒。

⑥廉洁：廉洁好名。

⑦爱民：爱民备至。

⑧过：过错。

⑨以：因为。

译文

将帅有五种弱点是很危险的：只知死拼，有可能被灭杀；贪生怕死，有可能被俘虏；暴躁易怒，有可能被欺侮；廉洁好名，有可能被污辱；爱民备至，有可能被烦扰。以上这五点，是将帅的过错，也是用兵的灾难。军队覆灭，将帅被杀，必然出自这五种危险，不可不加以明察。

解析

战场形势具有多样性和复杂性的特点，各种进攻的形态也具有偶然性和短促性。将帅是军队的领袖，对全军起着决定性的作用，也是军心所在。正因为这样，用兵作战给将帅提出了更高的要求，在思想水平和性格特征两方面都有特殊的要求。最重要的是多变的战场环境中，面临敌人强大的进攻，或自身处于不利形势时，要有效组织军队迎战还击，绝对不能自乱阵脚。总结为——处变不惊，从容应敌。

国之大事，关系着人民生命财产，政局稳定，因而对于从政者来说，面临的境地绝不逊色于战场，对于他们来说这样的要求同样也是必要的。政局的稳定相当于战争的胜利，对国家的经济发展有着重要的作用。一旦政局动摇，产生的严重后果即将会导致国家的灭亡，面临多变而复杂的政治局势，从政人员要有平静而睿智的心态，一一解决问题，从容不迫，绝对不能手忙脚乱，无所适从。

市场竞争的变化之于九变，同样也是无常的，全球经济一体化的情况下，任何经济措施的出台都直接会引起市场的动荡，而市场的调整几乎每一刻都在进行，较之于战场它的变化速度更快，甚至直接影响到产品在市场的存亡。面对这样的情况，经营者必须要从容面对，根据各项调整做出相关策略，使得产品适应市场的变化。

经典战例

关羽大意失荆州

将领主宰着军事决策，因此用兵作战必须要求将领要从容镇定、足智多谋，并且不为敌人所激怒。具备这些才能才可以百战百胜，所向披靡。

公元219年秋天，关羽水淹了魏将于禁、庞德的七千人马，夺取了荆州。取得了荆州水淹魏军的胜利之后，关羽的第一要任就是守住荆州这一军事重地。

然而此时关羽的策略是趁机乘胜进攻，一举将曹仁把守的樊城也夺下。曹操听说关羽要进攻樊城后大为惊讶，一时不知如何是好。谋臣司马懿认为孙权与刘备是明和暗不和。孙权早就想夺取荆州，只是没有机会。如果许诺把江南的土地让给他，以此作为条件让孙权从后方发兵攻打关羽，樊城之危便自解。曹操听从了司马懿的计策，马上照办致函孙权许诺把江南封给孙权。收到书信之后，谋臣一致商定委任大将陆逊、吕蒙偷袭关羽后方，以解关羽对东吴的威胁。

此时，关羽准备远征樊城，关羽却麻痹大意，对后方的东吴毫无防备。孙权的将领吕蒙继续出招，委任年轻的将领陆逊继任吕蒙位置，使关羽"安心"出征，将全部兵力调走，荆州一时成为空城。

关羽走后，孙权马上秘密命令吕蒙，率军化装成商人直向江陵进袭。如此隐秘，驻守江防的蜀军士兵被伪装的吴军所骗，猝不及防，全部被俘虏。江陵城内空虚，陷入混乱。吕蒙趁机写信诱降驻守公安（今湖北公安北）的蜀将傅士仁，又使傅士仁引吴军迫降守江陵的蜀南郡太守糜芳。糜芳献城出迎，吕蒙遂率大军进据江陵，从而一举夺回被蜀长期占据的荆州。

行军篇第九

《行军篇》所讲叙的为战争中行军等问题。

行军作战，驻军扎营需谨慎而行之，"利地"而能察之于敌，相敌之情。所谓"兵利地助"，凡行军者必要认清"四地"之优劣，以避害就利，以患为利。孙武由此提出"兵非贵益"的军事思想，将帅行军必须行以教民，察微知著，占其利地，观敌之态，据情应之。

相敌十二，四军之利

原文

孙子曰：凡处军①相敌②：绝③山依谷，视生④处高，战隆⑤无登，此处山之军也。绝水必远水；客⑥绝水而来，勿迎之于水内，令半济而击之，利；欲战者，无附⑦于水而迎客；视生处高，无迎⑧水流，此处水上之军也。绝斥泽⑨，惟亟去⑩无留；若交军于斥泽之中，必依水草而背⑪众树，此处斥泽之军也。平陆处易⑫而右背高⑬，前死后生⑭，此处平陆之军也。凡此四军⑮之利，黄帝⑯之所以胜四帝⑰也。

注释

①处军：指行军作战中军队在各种地形上的处置要领。处，处置，部署。

②相敌：指观察判断敌情。相，观察。

③绝：横渡、穿越，这里指通过。

④视生：向阳。

⑤隆：高地。

⑥客：这里指敌军。

⑦附：靠近。

⑧迎：逆。

⑨斥泽：指盐碱沼泽地带。斥，盐碱地。

⑩惟亟去：指应该迅速离开。惟，宜；亟，急。

⑪背：背靠，依靠。

⑫易：平坦。

⑬右背高：以背靠高地为上。右，上。

⑭前死后生：前低后高，死，这里指低；生，这里指高。

⑮四军：指上述山、水、斥泽、平陆四种地形条件下的处军原则。

⑯黄帝：即轩辕，相传为部落联盟首领。

⑰胜四帝：指战胜四方部族首领。四帝，指赤帝、青帝、黑帝、白帝。

译文

孙子说：凡是行军作战途中扎营，都要考虑地形和敌情。途中经过山地时，必须靠近有水草的山谷，驻扎在居高向阳的地方；敌人占据的高地，不要去仰攻。这些是在山地行军打仗应采取的处置原则。横渡江河，要在离江河稍远的地方驻扎；如果敌军渡河前来进攻，不要在他渡河时迎击，而要等他渡过一半时再攻击，这样比较有利；如果要与敌人交战，就不要靠近江河迎击他；在江河地带驻扎，也要居高向阳，不要在敌军下游驻扎或布阵。这些是在江河地带行军打仗应采取的处置原则。通过盐碱沼泽地带，应迅速离开，不要停留；如果在盐碱沼泽地带与敌军遭遇并发生战斗，那就要占领有水草而背靠树林的地方。这些是在盐碱沼泽地带行军打仗应采取的处置原则。在平原地带驻军，应选择地势开阔平坦的地方，最好背靠高处，前低后高。这些是平原地带行军打仗的处置原则。以上四种处置军队的优胜之处，就是黄帝分别战胜赤帝、青帝、白帝、黑帝的重要原因。

解析

行军在现代军事中，为转移阵地的意思，而孙武在这里提及的行军是从事军事活动，以及用兵作战的意思。关于行军这里孙武提出了"处军相敌"的思想，即根据不同的地形对将领提出更高的作战要求，并根据地形进行敌情的观察和判断。目的在于能够利用地形的优点安排战术，突破障碍和限制，从而取得有利的竞争条件，促使战争取得胜利。

政治艺术中，"处军"表现为不同的政治角度或者政治立场，通过不同的政治角度或立场观察政敌的表现，可以了解到政敌全方面的政治意图，对敌人的情况了如指掌之后，可以根据相应的具体情况分析，计谋亦根据不同状况采取不同的形式，尽量使自己处于有利位置。

"处军相敌"给予企业管理和企业竞争的启发，首先"处军"即为市场，不同的市场，不同的消费者，相应就会有不同的管理和营销模式，占有有利的市场一方面可以观察到竞争企业之间的营销策略，由相互地对比得出"军情"；另一方面，优势市场对于企业竞争中的自己来说，更容易获得突破性的进展，更容易进行营销。因此根据不同的市场需求，做相应的观察和调整，是竞争立于不败之地的必要条件。

经典战例

红四军团飞夺泸定桥

古往今来用兵作战首先讲究夺取战略位置，以占领有利地势，使作战事半功倍。红军长征作战有名战役数不胜数，红四军飞夺泸定桥就是"兵利地助"的体现。

1935 年红军长征到达大渡河，蒋介石以为红军身处险地，只要派几十万军队堵击，就能一举消灭共军。由于兵力多，用船渡河是行不通的，只能另辟新法。毛泽东深知红军处于险境，于是决定让主力队伍从泸定桥通过。虽泸定桥被国民党占领着，但不管情境如何险恶，只许成功不能失败。为了争取时间，在国民党进行围剿之前渡过大渡河，必须在 1 天之内夺得泸定桥。

红军长征队伍日夜兼程，虽在途中遇上国民党的援军，但是政委杨成武临危不惧，巧施妙计骗过国民党军队，在预计时间到达泸定桥。但红军这才发现，国民党原来还留有一手，他们已经把吊桥上的木板拆除了，而且恰恰这一段大渡河河水湍急，波涛汹涌，桥与河面的距离也有好几十米。除此以外，东岸上早已筑起城墙准备作战，要渡河谈何容易。

政委杨成武紧急召开会议，决定将先锋队分成两个突击队，第一突击队由连长廖大珠带领，做掩护，三连在突击队的掩护下，爬桥过河。做好准备后，冲锋号吹起，先锋团发起进攻，三连的战士们冒着枪林弹雨踏着铁索步步向东岸接近。国民党见势想以火堵住共军。但是战士们想都没想就冲过火墙，一段时间的奋勇战斗后，红四军团夺取了泸定桥。接着毛泽东率领着红军大部主力通过泸定桥，跨越大渡河。

正是红四军团在不利条件下，奋力抢夺了战略要地——泸定桥，若只用船渡河的话，蒋介石部队来"围剿"，红军主力部队被歼灭，后果不堪设想。

察微知著，以相敌情

凡军好高而恶下①，贵阳而贱阴，养生②而处实③，军无百疾，是谓必胜。丘陵堤防，必处其阳而右背之。此兵之利，地之助④也。上雨，水沫至，欲涉者，待其定也。凡地有绝涧、天井、天牢、天罗、天陷、天隙⑤，必亟去之，勿近也。吾远之，敌近之；吾迎之，敌背之。军行有险阻、潢井葭苇⑥、山林、翳荟⑦者，必谨复索之⑧，此伏奸之所处也。

敌近而静者，恃其险也；远而挑战者，欲人之进也；其所居易者，利也⑨。众树动者，来也；众草多障者，疑也⑩；鸟起者，伏也；兽骇者，覆也⑪。尘高而锐者，车来也；卑而广者，徒来也⑫；散而条达⑬者，樵采也；少而往来者，营军⑭也。辞⑮卑而益备者，进也；辞强而进驱者，退也⑯；轻车先出居其侧者，陈也；无约而请和者，谋也；奔走而陈兵车者，期⑰也；半进半退者，诱也。杖而立⑱者，饥也；汲⑲而先饮者，渴也；见利而不进者，劳也。鸟集者，虚也；夜呼者，恐也；军扰者，将不重也；旌旗动者，乱也；吏怒者，倦也；粟马肉食⑳，军无悬瓮㉑，不返其舍者，穷寇也。谆谆翕翕㉒，徐与人言者，失众也；数赏者，窘也㉓；数罚者，困也；先暴而后畏其众㉔者，不精之至㉕也；来委谢㉖者，欲休息㉗也。兵怒而相迎，久而不合，又不相去，必谨察之。

①好高而恶下：喜欢高处而厌恶低下的地方。好（hào），喜爱；

恶（wù），厌恶。

②养生：指物产丰富、便于生活的地方。

③实：坚实，这里指地势高的地方。

④地之助：指得自地形的辅助。

⑤绝涧、天井、天牢、天罗、天陷、天隙：绝涧，指两岸峭壁，水流其间的地形。天井，指四周高峻，中间低洼的地形。天牢，指山险环绕，易进难出的地形。天罗，指荆棘丛生，难于通过的地带。天陷，指地势低洼，泥泞易陷的地带。天隙，指两山之间狭窄的谷地。

⑥潢井葭苇：指长满芦苇的低洼地带。潢（huáng）井，低洼地；葭（jiā），芦苇。

⑦蘙荟（yì huì）：草木长得很茂盛。

⑧必谨复索之：必须仔细、反复搜索。复，反复。索，寻找，搜索。

⑨其所居易者，利也：指敌军之所以不居险要而居平地，定有他的好处和用意。

⑩众草多障者，疑也：在杂草丛生的地方设有许多遮掩物，是敌人企图迷惑我。

⑪兽骇者，覆也：兽类惊骇猛跑，定是敌军大举来袭。覆，履盖。

⑫卑而广者，徒来也：飞尘低而宽广的是敌人步兵开来。

⑬条达：指飞尘分散而细长。

⑭营军：指察看地形、准备设营的敌军。

⑮辞：通"词"，即言词。

⑯辞强而进驱者，退也：指敌人派来的使者言词强硬，并在行动上摆出进逼的样子，但实际却是准备撤退。

⑰期：期求，这里指期求与我交战。

⑱杖而立：指倚仗手中兵器而站立。杖，扶，依仗。

⑲汲（jí）：从井中打水。

⑳粟马肉食：指敌军用粮食喂战马，杀牲口吃。

㉑军无悬瓿：指军队收拾炊具。瓿（fǒu），同缶，汲水的瓦器，这里泛指炊具。

㉒谆谆翕翕：士兵聚集在一起低声议论。翕（xī）翕，聚合。

㉓数赏者，窘也：敌军一再犒赏士兵，说明已没有办法。

㉔先暴而后畏其众：指将帅先对士兵凶暴，而后又惧怕士兵。

㉕不精之至：指将帅太不精明。精，精明。

㉖委谢：敌方托词派使者来谈判。委，托，借。谢，告语。

㉗休息：这里指休兵息战。

译文

凡是驻军，都是喜欢高处而讨厌低洼的地带，要求向阳的地方，鄙弃阴湿的地方，驻扎在便于生活和地势高的地方，将士就不会发生各种疾病，这是军队必胜的一个重要条件。行军到丘陵、堤防的地方，必须驻扎在向阳的一面，并且要背靠着它。对军队的这些好处，是凭借地形的辅助。江河上游下暴雨，看到水沫漂来，要等水势平稳了再渡河，以防山洪暴至。凡是遇到"绝涧""天井""天牢""天罗""天陷""天隙"等地形，必须迅速离开，不要接近。我军要远离这种地方，让敌人去靠近它；我们应面向这种地方，让敌人背靠着它。军队在山川险阻、芦苇丛生的低洼地，草木茂盛的山林地区行动，必须仔细地反复地搜索，因为这些都是敌人有可能隐藏伏兵和奸细的地方。

敌人离我很近而仍然保持镇静，是倚仗他占据着险要地形；敌军离我很远而又来挑战的，是想诱我前进；敌人所以要驻扎在平坦地方，一定有它的好处和用意。树林里很多树木摇动的，是敌人向我袭来；草丛中有许多遮掩物，是敌人企图迷惑我；鸟儿突然飞起，是下面藏有伏兵；野兽受惊猛跑，是敌人大举来袭。飞尘高而尖的，是敌人战车向我开来；飞尘低而广的，是敌人步兵向我开来；飞尘分散而细长的，是敌人在打柴；飞尘少而来回飘浮的，是敌人在察看地形，准备设营。敌人使者言词谦卑而背后加紧战备的，是准备进攻；敌人使者言词强硬而表面向我军进逼的，是准备撤退。敌人战车先出并占据两侧的，是在布阵；敌人没有约定就来请和的，是要玩阴谋；敌人急速奔走并展开兵车的，是期求与我军交战；敌军半进半退的，是想伪装混乱来引诱我军。敌兵倚仗手中的兵器站立的，是由于饥饿缺粮；敌兵从井里打水而急于先饮的，是由于干渴缺水；敌人见利而不前进的，是由于疲劳过度。敌人营寨上有鸟停着的，说明营寨已经空虚无人；敌人营寨夜晚有人惊叫的，说明敌人心里恐惧；敌人营寨混乱无秩序的，是其将帅没有威严；敌人营寨旗帜摇动无规律的，是敌人队伍已经混乱；敌人军官轻易就发怒的，是敌人已经厌倦作战。敌人用粮食喂马，杀马作食物，收起炊具，又不返回营寨的，是"穷寇"；敌兵聚集在一起私下低声议论，是其将领不得众心；再三犒赏士兵的，说明敌人已经没有别的办法；一再惩罚士兵的，是已经陷入困境。先对士兵打骂惩罚而后又害怕士兵的，是最不精明的将领。敌人借故派使者来谈判的，是想休兵息战。敌人盛怒前来，但久不接战，又不离去，应谨慎观察其企图。

解 析

　　"料敌"是行军作战中最重要的工作。只有通过成功料敌才能"庙算而运筹帷幄，决胜千里"。"料敌"主要从两个方面——整体和局部去把握。整体的把握在于大局的观察，主要将兵形和兵势能准确把握就可以了。然而局部或者说细节的观察，存在着微妙之处，在军形篇曾经提出过"示形"的引诱、迷惑敌人的方法，相反敌人也会通过这样的方法迷惑我方。因此需要察微知著，从各种细节进行细致的观察，以了解敌人的真正意图。可以通过观察一些直接或者间接对敌人产生影响的事物，这些事物好像一面镜子，反映出敌人的真实情况。如此而已就能准确判断敌人的意图，进行有效的战术安排。

　　战争需要大量的兵力配合，很难做到战术一点破绽也没有，而政治斗争中常常是以利益有冲突的两个小集团之间的斗争形式出现，所以政治斗争相对于战争而言，会更难料敌。这样就要求政客们更要注重细节的挖掘，在政敌将实际意图隐藏起来的时候，通过集团里各个人的行为分析和观察，以找出最相似、最接近对手的战略进行进攻和还击。

商业竞争中，强调细节的作用，特别是产品，质量往往决定于细节的做工细致程度。因此要求企业不管是从竞争的角度讲，还是从自我完善的角度讲，都要将细节放在第一位，在细节上下工夫，做到质量上的真正跨越。

经典战例

阿桂将军察微知著巧避雨

"行军"，在现代军事用语中，意指军队由一个地方向另一个地方转移的行动。而古代军事说的"行军"不仅包括军队转移的现代意义，还指作战、驻扎安营、观察地形、判断敌情等诸多内容。

乾隆时，大小金川（大渡河上游地区）的首领发动反朝廷叛乱。乾隆皇帝派阿桂为定西将军征讨叛军。在行军途中的一天，阿桂将军命令所有将士转移阵地，将士们行军劳累，都埋怨将军太折腾人。阿桂不得不军法命令将士，转移到地势高一点的地方。晚上突降瓢泼大雨，原来扎营的地方早被雨水淹没了。将士才知道阿桂将军的用意，无一不佩服大将军的远见卓识。

人们应该从微小的现象中预测到未来的变化，从而采取相应的措施，更好地把握事物的发展趋势。阿桂正是这样一位有心的将军。他能够灵活地运用自己的常识，通过蚂蚁搬家的现象，预见到大雨即将来临，果断地采取了移营措施，使全军避免了一场毁灭性的大水灾。

兵非贵益，行以教民

原文

　　兵非益多①也，惟无武进②，足以并力③、料敌④、取人⑤而已；夫惟无虑而易敌⑥者，必擒于人。

　　卒未亲附⑦而罚之则不服，不服则难用也；卒已亲附而罚不行，则不可用也。故令之以文，齐之以武⑧，是谓必取⑨。令素行⑩以教其民⑪，则民服；令不素行以教其民，则民不服。令素行者，与众相得⑫也。

注释

①兵非益多：兵不是越多越好。

②武进：恃勇轻进，即冒进的意思。

③并力：合力，这里指集中兵力。

④料敌：分析判断敌情。

⑤取人：指取胜于敌。

⑥无虑而易敌：无深谋远虑而又轻敌妄动。易，轻视。

⑦亲附：亲近依附。

⑧令之以文，齐之以武：用政治、道义来教育士兵，用军纪、军法来统一步调。文，这里指政治、道义；武，这里指军纪、军法。

⑨取：取胜。

⑩素行：指平素认真施行。素，平素、一贯。

⑪民：民众，这里指士兵。

⑫相得：相投合，即相互信任。

译文

打仗不在于兵力愈多愈好，只要不逞强冒进，并能集中兵力，判明敌情，就足以战胜敌人了。那种无深谋远虑而又轻敌妄动的，必然成为敌人的俘虏。

将帅在士兵还没有亲近依附时，就贸然处罚士兵，那士兵一定不服，这样就难使用他们去打仗；如果士兵对将帅已经亲近依附，仍不执行军纪、军法，这样的军队也是不能打仗的。所以，要用政治、道义教育士兵，用军纪、军法来统一步调，这样的军队打起仗来才必定取胜。平素能认真执行命令、教育士兵，士兵就会养成服从的习惯；平素不认真执行命令、教育士兵，士兵就会养成不服从的习惯。平素所以能认真执行命令，是由于将帅与士兵之间相互取得信任的缘故。

解析

孙武再次提出用兵作战并非兵力强大就能够取得胜利，这里从治军的角度论述"兵非益多"的道理。核心的思想是通过"令之以文，齐之以武"，用军纪军法治理军营，让士兵服从将帅的智慧，统一步调才能打胜仗。在执行军法的过程中要公正严明，奖罚分明，恩威并用。最重要的是在军法之下将帅要一视同仁，以身作则，严格执行。这样一方面能够严明军纪，另外一方面是能树立将领的威信。除此之外，还要对士兵给予切身的关怀，能感受到这个团体是纪律严明而不失温暖的，这样就能够更卖力地作战。

国家进行管理，需要做到上行下效，步调一致。这需要通过法律、行为规范，或者规章制度去对行为进行约束。相对而言，严格的法律是为了剔除危害国家利益的情形而制定的，是为了人们都朝着正确的方向服务国家，贡献国家。

每个企业进行管理，都离不开企业内部制定的制度，这些制度的目的在于规范生产过程，提高生产效率，从而提高企业行内竞争优势。同时，企业要做到人性化的管理，从领导对员工的关怀，到企业的一些人性化管理制度和员工娱乐设施等，包括员工的精神生活，都要面面俱到，以使得员工有归属感，从而更加卖力为企业进步付出。

经典战例

兵法严明，恩威并用

孙武对将帅治军有三项要求：第一赏罚分明；第二以身作则；第三"令之以文，齐之以武"。达到这样的要求之后，全军上下必定对将军心悦诚服，将卒关系融洽，作战时兵卒定能为将帅所用。

唐朝中期有一位著名的将领名叫李晟，文武兼备，公正严明，为诸多将领中的佼佼者。他带领的军队纪律严明，令行禁止，被百姓称为"仁义之师"。因而他的军队出兵作战，深得百姓拥戴，将卒一心，全军上下同心一致，每战一回都能取得胜利。

李晟对自己的将士有这样的要求：打败叛军后，全军将士任何人不得以任何借口侵害百姓，不准抢掠财物，违令者定斩不饶。当年李晟率兵出战打占据京城长安（今陕西西安西北）的反叛军队，进城时听说，大将高明曜收取了城内的一名妓女，另一位将军私取了叛军战马两匹，还有一名士兵也擅取了叛军的马匹。听完报告，李晟当即下令将他们全部斩首示众。城内百姓见李晟的军法如此严明，都佩服万分，全军将士也都被李晟严厉的军法所震慑。

李晟治军固有自己的一套才使得自己的军队成为"仁义之师"，后来的朱元璋治军也堪称一绝。

地形篇第十

　　《地形篇》中阐述了地形对战争成败的作用。孙武提出"地有六形"，并分析了正确利用地形的利弊和对胜利的重要性。"地形者，兵之助也"不可不察，巧地而能"料敌制胜""上将之道"则"计险隘远近"，如此而已方能"知彼知己，胜乃不穷；知天知地，胜乃可全。"

地之六形，不可不察

原文

孙子曰：地形①有通者，有挂者，有支者，有隘者，有险者，有远者。我可以往，彼可以来，曰通；通形②者，先居高阳，利粮道，以战则利。可以往，难以返，曰挂；挂形③者，敌无备，出而胜之；敌若有备，出而不胜，难以返，不利。我出而不利，彼出而不利，曰支；支形④者，敌虽利我，我无出也；引而去之⑤，令敌半出而击之，利。隘形⑥者，我先居之，必盈⑦以待敌；若敌先居之，盈而勿从，不盈而从之。险形⑧者，我先居之，必居高阳以待敌；若敌先居之，引而去之，勿从也。远形⑨者，势均，难以挑战，战而不利。凡此六者，地之道⑩也；将之至任，不可不察也。

注释

①地形：这里指地理形势。

②通形：指地形平坦，四通八达，我可以去、敌人也可以来的地形。

③挂形：指地形复杂，易进难退的地形。

④支形：指敌对双方据险对峙，谁先出战就对谁不利的地形。

⑤引而去之：这里指率领军队佯装退去。引，引导，率领。

⑥隘（ài）形：指两山之间狭窄的通谷。

⑦盈之：指要用足够的兵力堵守隘口。盈，满、堵。

⑧险形：形势险要的地形。

⑨远形：指敌我相距很远。

⑩地之道：关于利用地形的原则。

译文

孙子说：用兵作战的地形有，通形、挂形、支形、隘形、险形、远形，共六种。我军可以去、敌人可以来的作战地域，叫做通形；通形的应先占据阳光充足的高地，保持粮道畅通，这样对敌作战就有利。易进难退的作战地域叫做挂形；挂形的要乘敌不防备，突然出击，战而胜之；如果敌人有备，出击不可能取胜，又难以返回，就不利了。谁先出战就对谁不利的地形叫做支形，在支形地域，即使敌人诱我出动，我也不能出击，要佯装引军而去，诱敌人出动，在半途中迅速回兵击之，这样就有利。对于隘形之地我军要抢先占领，必须以重兵防守等待敌人。如敌人先占领并以重兵把守，就不要去打；如果敌人没有重兵封锁隘口，就可以打进去。对于险峻之地，我军要抢先占领，必须据守高阳之所等待敌人；如果敌人先占领，我军应撤兵不可去打。远形之地，双方地势均同，难以向敌人挑战，打仗是不会有利的。以上六项，是利用地形作战的原则。是将帅的重大责任，不可不认真地考察和研究。

解析

地形有六种——通、挂、支、险、远、隘，六种地形对战争的成败有着重要的影响，因而将帅出师作战必须充分将这六个因素作为战术安排的考虑重点。考虑的重点在于，不同地形不同战术，根据实际情况出发，绝不能一概而论，对于任何一种地形都采用同一种战略，这样必定导致战争的失败。同样的，兴师作战，战略是由将帅决定的，因此将帅对地形和战术的结合运用有着重大的责任。

地理优势的选择对于政治来说，同样有重要的意义。一些新政策出台前都要经过地区性的实验性实施，而地区的选择也是十分讲究的，它必须集合全国范围各地区大部分的特点，准确地将各项政策的适应性加以实验，反之若是随便选择一个地区实验，地区没有代表性，最终的结果是导致政策遭到反对而无法实施。

对于企业来讲，地理因素也是决定成功的必要因素之一，特别是对一些特殊企业来讲。对于组合性产品，它要求地区协助性明显，这样就需要寻找一个周围资源完备，供给方便的位置作为制造工厂。对于市场来说，某些地方会吸引一类人群聚集，同理就会带动相关一类产品的销售，因而对于生产这一类特别的产品的企业，需要找这样有特殊需求的市场作为开拓点。及早占据有利地势，就能走在竞争对手前面，否则就会被对手击败。

经典战例

岳飞因地战襄阳

《孙子兵法》认为地势是制胜的关键，岳飞根据因地制宜六原则中"险"和"挂"的原则，合理安排阵势，利用地理优势结合用兵阵势，攻下襄阳就是很好的事例。

南宋绍兴四年（公元 1134 年）春，伪齐王刘豫傀儡政权和金兵一起发起进攻，一举占领了南宋六郡邓州、唐州、襄阳、随州、郢州、信阳。南宋六郡被占领之后，岳飞马上上书朝廷。他认为："襄阳六郡，地为险要，恢复中原，此为基本。"宋高宗听了岳飞的建议后，马上命令岳飞率兵收复六郡，以解南宋的危难。岳飞军队士气十足，作战勇猛，出兵不久就一举攻下郢州。随后岳飞命令手下将领张宪率部分兵力收复随州，自己率一部分兵力直奔要地襄阳。

岳飞来到襄阳后并没有着急立马作战，而是先登上高山俯观襄阳地势：襄阳左临襄江，利于步兵据守；右为平地，便于驰马冲杀。一番观察之后发现金军骑兵守江岸，以步兵列平地。这正好与地理优势相反，由此证明金兵将领李成并没有认识到地理优势。观察完毕之后，岳飞命令将领王贵率兵出发，到达江岸后躲于山边的乱石旁，趁敌军不注意的时候用长枪刺马腹。被刺中腹部的马匹狂奔乱叫，使得马群的马匹全部惊慌失措，到处乱跑。由于江岸地形狭窄，马匹根本无路可走，于是载着金兵的马匹一直往江里奔去，就这样溺死了不少兵卒。另一方面，岳飞率领的骑兵跃入平川，驰骋砍杀，敌人的步兵根本抗不住牛皋铁骑的巨大杀伤力，于是纷纷逃跑，一时间金兵溃不成军。

岳飞拿下六郡中最具战略意义的襄阳后，再次利用襄阳的地理优势，以点及面。很快就将被金兵占领的六郡收回，为南宋解了国难。

兵之六败，将之至任

原文

故兵①有走者，有驰者，有陷者，有崩者，有乱者，有北者。凡此六者，非天之灾，将之过也。夫势均，以一击十，曰走②。卒强吏弱，曰驰③。吏强卒弱，曰陷④。大吏怒而不服⑤，遇敌怼⑥而自战，将不知其能，曰崩。将弱不严，教道⑦不明，吏卒无常⑧，陈兵纵横⑨，曰乱。将不能料敌，以少合众，以弱击强，兵无选锋⑩，曰北。凡此六者，败之道也；将之至任，不可不察也。

注释

①兵：这里指败兵，即军队作战失败的情况。

②势均，以一击十，曰走：指敌我条件相当，如被以一击十而失败的，叫做"走"。

③卒强吏弱，曰驰：指士卒强悍，但将吏懦弱，不能统帅约束，致使军政废驰，因而失败的，叫做"驰"。

④吏强卒弱，曰陷：指将吏本领高强，但士卒怯弱，缺乏训练，因而失败的，叫做"陷"。

⑤大吏怒而不服：指小将（部将）怨怒，不服从指挥。

⑥怼（duì）：怨恨，这里含有意气用事的意思。

⑦教道：指对部下的训练、教育。

⑧吏卒无常：指下级将领和士卒无所遵循。常，常法、法纪。

⑨陈兵纵横：指列队布阵，杂乱无章。陈，同"阵"。

⑩选锋：挑选勇敢善战的士卒组成的精锐部队。

译文

军事上有走、驰、陷、崩、乱、北六种失败情况。这六种情况，都不是自然发生灾害造成的，而是将帅本身的过失带来的。在敌我条件相当的情况下而被以一击十的，必然兵败，这叫做"走"。士卒强悍，军官懦弱的，队伍必然松懈，这叫做"驰"。军官强悍，士卒懦弱的，必然战斗力差，这叫做"陷"。偏将怨怒而不服从命令，遇到敌人愤然擅自出战，主将又不了解他的能力，临战必然崩溃，这叫做"崩"。将帅软弱没有威严，治军没有章法，官兵无所遵循，布阵横七竖八，必然不战自乱，这叫做"乱"。将帅对敌情心中无数，以少对众，以弱击强，前锋没有精锐分队，必然失败，这叫做"北"。以上六种情况，都有其失败的原因；将帅对此负有重大责任，不可不认真考察研究。

解析

用兵作战，兵败原因有六——走、驰、陷、崩、乱、北。孙武特别强调，失败的原因不在于天时地利，而是由于将帅的指挥失误而造成的。从地形的六个关键，引申到兵败的六个原因，转变性在于强调将帅在战争中举足轻重的作用。而战争关系着国家财产安全，人民是否安居乐业。因此提醒将领，作为一军之帅，一定要慎重地分析敌我双方条件，细致周密地安排战术，不容许有丝毫的放松或失误，类似的六种兵败的错误是不可犯的。从另一个侧面来说，所谓"千军易得，一将难求"，将帅对战争如此的重要，任命将帅对用兵作战一定要有一定水平，因而也考验任人者的智慧。

将帅起指挥战争的作用，政治行为中，政者对国家的方向和发展方式有决定性的作用，因为相对于国家来说，执政者的水平也是关系着国家生命的。执政者同样要打起十二分精神分析问题，解决问题，避免一切有害于国家利益的情况发生。

企业管理者掌握着企业的命脉，他们的一举一动都会使得企业的神经随之而动，他们是企业的命脉，企业的战略、方向、生产方式等等，都掌握在他们手上，因此对他们提出了更高的要求。优秀的管理者能创造良好的生产氛围，带动员工的生产和创造的积极性，使企业形成强大的合力，从而取得竞争胜利。

经典战例

闯王大败山海关

公元1644年，李自成率农民起义军攻克太原、大同等地，随后攻入北京，自此入主紫禁城，大顺王朝建立。而刚刚开始的时候，大顺军进入北京之始，百姓如常过日子，但随后不久大顺军在京城内开始拷掠明官，四处抄家，全城上下人心惶惶，又名曰：追赃。这使得才刚建立的大顺王朝没有夺取人心，根基不稳。

此时还有另外一个隐患藏在山海关——吴三桂。山海关外的八旗子弟早已对明朝天下垂涎三尺，但李自成对此竟毫无所知！本来当吴三桂听到李自成进入北京时打算投降于他的，但是吴三桂的父亲在"追赃风"时亦未幸免于难，在大顺军的严刑拷打下已经奄奄一息，另外自己的爱妾陈圆圆业被李自成的大将刘宗敏夺走。这消息令已走向投降路上的吴三桂怒不可遏，立刻返回山海关，向李自成宣战。另外还联系八旗多尔衮亲王，调集八旗精锐联手进攻，浩浩荡荡地向山海关进发。

才在京城内"享福"不久的李自成听说吴三桂要造反，立马带上吴三桂的父亲吴襄，带兵六万马不停蹄地赶往山海关，力求一举将吴三桂军队歼灭，稳定政局。吴三桂军队不是李自成农民军的对手，但是在多尔衮亲王八旗精锐兵力的支持下，将李自成的农民军杀得片甲不留。如此的阵势把农民军都吓坏了，个个掉头就走。就这样李自成在北京也就待了短短的数日就因为兵败山海关而撤离了，自此以后，李自成的胜利终止了。

巧借地形，料敌制胜

原文

夫地形者，兵之助也。料敌制胜，计险阨①远近，上将②之道也。知此而用战者必胜，不知此而用战者必败。故战道③必胜，主曰无战，必战可也；战道不胜，主曰必战，无战可也。故进不求名，退不避罪，唯人是保④，而利合于主⑤，国之宝也。

注释

①险阨：指地势的险要情况。阨（è），通"厄"，险要之处。

②上将：这里指主将。

③战道：指战场实情。

④唯人是保：为了民众和士卒得以保全。人，指民众和士卒。

⑤利合于主：即符合于君主的利益。主，君主、国君。

译文

一般来说地形是用兵的凭借。料敌制胜，应考察地形险要，计算道路远近，这是主将必须掌握的方法。懂得这些去指挥战争的必然胜利，不懂得这些去指挥战争必然要失败。按照战争胜负之理一定能胜利的，国君命令不打，也要去打；按照战争胜负之理取胜无望的，国君命令打，也不可打。打仗不是为了个人名利，不应回避责任，是为了保全民众，维护君主利益，这样的将帅才是国家的宝贵财富。

解析

正因为地形和环境对战争的胜负起到十分重要的作用，因此强调一定要充分运用地形这个重要的辅助条件，依托地形判断敌情，善于运用各种地形实施战术安排。同时要动态地去思考问题，因地制宜，扬长避短，注意优势和劣势的转化，保证我方在战争中保持优势，立于不败之地。

这里的地利，在政治行为中表现为"道"，政治之于国家，需要得到人们的支持。所谓"得道者多助，失道者寡助""水能载舟，亦能覆舟"都是同样的道理，不管是任何国家的政治行为能够得到人们的支持，就是得到了有利的势力，政行得人心，政局稳定，统治者也稳坐宝椅，国家自然蓬勃发展。

对于战争来说地理形势影响战争的胜负，对于企业来说，地理优势影响着企业的发展。优势的地理环境，意味着生产成本的降低，运输成本的降低，协作能力的提高，生产效率提高，市场认可速度快……因为地理优势能带给企业如此多的好处，企业必须要将地理条件纳入发展战略要考虑的重要因素之一。

经 典 战 例

马援借地平诸羌

东汉建武十一年（35 年）夏天，光武帝任命著名的军事家马援为陇西郡太守。马援一上任，便整顿兵马，派步骑三千人出征，以平定当时老在边疆骚扰百姓的羌人。首先马援在临洮击败先零羌，杀得羌人数百，还获马牛羊一万多头。在不远处守塞的羌人虽然有八千多，但是看到马援如此善战，于是闻风丧胆，只好归降于他。

但是羌人其他部落并没有归降，而是认为自己占领着有利地势，应该奋力抵抗。为完全平息边疆事端，马援率兵出战，但当时羌人占据有利地势。鉴于这样的情况，马援率部暗中抄小路袭击羌人营地，羌人没有预料到汉军会从后边偷袭，见汉军突如其来使得全军惊慌失措，连忙地逃入唐翼谷中。马援乘胜追击，羌人逃到唐翼谷中后，率精兵聚集北山坚守。仔细观察地形之后，马援设了一个"空城计"，一方面让部分兵力在北山假装要正面攻击；另一方面自己率兵抄小路从后面使用骑兵攻击。一边呐喊一边放火，声势浩大，一下就将敌人唬住了。羌人不知有多少汉军袭来，纷纷溃逃。此战，马援不战而胜。接着，马援发现金城破羌以西土地肥沃，灌溉便利，可以充分利用此地种植粮食，若不夺下便是强壮他人实力，削弱自己。于是又释放居民，耕织、建造工事，还派羌族豪强杨封说服塞外羌人，汉羌友好共处，共同开发边疆。从此汉朝破羌以西和谐安稳。

爱兵如子，胜乃可全

原文

视卒如婴儿，故可与之赴深溪①；视卒如爱子，故可与之俱死。厚而不能使②，爱而不能令③，乱而不能治，譬若骄子④，不可用也。

知吾卒之可以击，而不知敌之不可击，胜之半也；知敌之可击，而不知吾卒之不可以击，胜之半也；知敌之可击，知吾卒之可以击，而不知地形之不可以战，胜之半也。故知兵者⑤，动而不迷⑥，举而不穷⑦。故曰：知彼知己，胜乃不殆⑧；知天知地，胜乃不穷⑨。

注释

①深溪：深险的山谷。这里比喻艰难险阻。

②厚而不能使：指对士卒只注重厚养而不能使用。厚，厚养，优待。

③爱而不能令：指对士卒一味溺爱而不能令使。爱，溺爱；令，令使、使用。

④骄子：娇惯的子女。骄，骄宠、宠爱。

⑤知兵者：指真正懂得用兵的将帅。

⑥动而不迷：行动起来不迷惑，含有不盲动的意思。

⑦举而不穷：指采取的措施变化无穷，使敌难以捉摸。举，措施。

⑧胜乃不殆：胜利就不会有危险。殆，危险。

⑨胜乃不穷：胜利就不可穷尽。穷，穷尽。

译文

看待士兵像婴儿一样，就可与士兵共赴艰险，看待士兵像爱子一样，就可与士兵同生共死。对士兵厚待而不加使用，爱护而不加管教，违反法纪而不惩治，士兵就会像娇惯的子女一样，是不能用来作战的。

知道自己部队能打，而不知道敌人不可以打，胜利的可能性只有一半；只知道敌人可以打，而不知道自己部队不能打，胜利的可能性也只有一半；知道敌人可打，也知道自己队伍能打，而不了解地形不利于作战，胜利的可能性也只有一半。所以懂得用兵的人，他的行动绝不会迷惑不定，其举措会变化无穷。因此说：既了解敌方，又了解自己，胜利就不会有危险；知道天时，知道地利，胜利就没有穷尽。

解析

这里再次阐述了将兵之间的关系，如何通过日常生活中的一些细节，提高将领的威信，团结军心，上下一致同心对敌。战场虽然是冷酷无情的，但是应该对士兵的日常生活给予相应的关怀，让士卒从中感觉到温暖，从而更加努力地去战斗。将帅对待士卒应该像对待孩子一样，公正严明，赏罚分明，就能团结一心，上下协同一致对敌，同生共死，使得全军战斗力提高，真正做到无坚不摧。又一次在军事行为中体现出人性的光芒。

政治中的人性光芒体现在，政党实施的各项政策是否符合人民的利益，以此作为判断标准，制定各项方针政策，定能取得人心。从执政者的角度来说，必须对自己的部下关爱之至，爱护并且激励他们，使他们更加卖力为自己效命。

企业提倡人性化的管理，原因在于企业清醒地认识到企业的发展离不开员工，每一个进步都靠员工的努力，目的在于能够团结一致，上下一心，使得员工有归属感，从而能够以百分之两百的热情投入到工作中，与企业同舟共济，更卖力地为企业服务。有了这样的生产氛围，战斗力所向披靡，胜利当然是唾手可得。

经典战例

黄天荡之战

金国自建立以来就一直对南宋虎视眈眈，并且不断地出兵攻占南宋的城地，使得南宋朝廷多次遭遇危机。南宋建炎三年（1129 年）十月，金军第三次南下深入长江地区，攻破建康，逼近临安，直接威胁到南宋京都安全。但是由于金兵长期在外作战，抗金将领韩世忠预料金军肯定会因战粮不足而不久踞江南，于是开始大量造战舰以在金军撤军途中拦截。

果然在大肆掳掠之后，金兵于第二年开始北撤。出乎韩世忠的预料，金军已由临安经吴江、平江向镇江撤退。听到消息后韩世忠急率水军八千人，在金军之前赶至镇江，截击金军于焦山、金山之间。此后双方在长江上展开激战，韩世忠夫人梁红玉亲自擂鼓助威，宋军士气大振，重挫金军。金军溯江而上，韩世忠亦率军沿江追击，且战且行，在宋军的阻击下，金军进入了河道湮塞处的黄天荡。黄天荡原是江中一处断港，前无进路，后退受阻，金军硬是被逼在黄天荡停留了长达 40 天。终于在一个乡人的指引之下发现，在黄天荡北边 10 多里地的地方有一条老鹳河，可以直通秦淮河，只要挖通老鹳河引水到此就可以顺水逃出黄天荡。于是金兵一夜之间凿通老鹳河故道三十里，于四月十二日，逃出黄天荡，反居宋军上游。

恰巧被困金兵逃出黄天荡之时，在真州和金军援兵接应上了，完颜宗弼遂决定折返黄天荡，与韩世忠军对决。韩世忠水军多海舰，形体高大，稳定性好，攻击力强。为了发挥这个优势，韩世忠令工匠制作了许多用铁链联结的大铁钩，并挑选健壮的水兵练习使用，用以对付金军的小战船。为寻破敌之计，金军出榜招贤。不久，便有人献计：在战船内装土，上铺木板，两舷凿洞安置桨棹，待无风时出击，可用火箭射宋船篷帆；船内装土，可以增大船的稳定性，不易倾覆；

铺上木板，使对方无处下钩；无风时出击，既可避免小船不耐风浪的弱点，又可发挥其机动灵活的优势；而宋船体积大，无风不能动，反而成了火攻的好对象。完颜宗弼采纳了这个建议。于是派部分金兵奋力划船接近宋军的船队，然后往宋军的船上射火箭，瞬时间宋军的大船火势连江，宋军的军队也死伤无数。果然，宋军遭到惨败。韩世忠只能只身逃回临安，金军则浩浩荡荡地渡江北归。

金兵根据宋军的情况，在不利地势的形势下，灵活迎战，一是通过老鹳河逃出黄天荡。二是听从建议，用小船逼近宋军，火烧宋军大船，因而取得了黄天荡一战的胜利。

九地篇第十一

题解

　　《九地篇》中的九地指的是散、轻、争、交、衢、重、圮、围、死九种，不同地形有不同的应战方式，因此将帅要发挥主观能动性应地之变而谋之。因而提出"兵贵神速""深入则专""围则御，不得已则斗，过则从""践墨随敌，以决战事"等主动进攻的军事思想。

兵地之九，据情应之

原文

孙子曰：用兵之法，有散地，有轻地，有争地，有交地，有衢地，有重地，有圮地，有围地，有死地。诸侯自战其地，为散地①。入人之地而不深者，为轻地②。我得则利，彼得亦利者，为争地③。我可以往，彼可以来者，为交地④。诸侯之地三属⑤，先至而得天下之众者，为衢地⑥。入人之地深，背城邑多者，为重地⑦。行山林、险阻、沮泽，凡难行之道者，为圮地。所由入者隘，所从归者迂，彼寡可以击吾之众者，为围地。疾战则存，不疾战则亡者，为死地。是故散地则无战，轻地则无止⑧，争地则无攻⑨，交地则无绝⑩，衢地则合交⑪，重地则掠⑫，圮地则行，围地则谋，死地则战⑬。

注释

①散地：指诸侯在自己的领地内与敌作战，其士兵在危急时很容易逃散，所以叫散地。

②轻地：指军队在进入敌境不深的地区作战，士兵离本土不远，危急时易于轻返，所以叫轻地。

③争地：谁先占领就有利的必争之要地。

④交地：地势平坦，交通方便的地区。

⑤三属：指敌我和其他诸侯国连接的地区。属（zhǔ），连接。

⑥衢地：谁先到就可以结交并能取得支援的与周边接壤的地区。

⑦重地：指入敌境已深，越过很多敌国城邑的地区。

⑧无止：不要停留。止，停留。

⑨争地则无攻：双方必争的要害地区，应先于敌人占领，若敌人已先占领，则不宜强攻。

⑩无绝：指在"交地"，军队各部之间应保持联系，互相支援，不可断绝，以防敌人截击。绝，断绝。

⑪合交：指结交邻国。

⑫重地则掠：指深入敌人腹地，后方接济困难，必须就地解决军队的补给问题。掠，夺取。

⑬死地则战：处于"疾战则存，不疾战则亡"的"死地"，就应激励士兵殊死战斗，死中求生。

译文

孙子说：用兵的原则要考虑所在的地区，可分为散地、轻地、争地、交地、衢地、重地、圮地、围地、死地等九类。诸侯在本国境内作战的地区，叫做散地；进入敌国境内不深的地区，叫做轻地；我先占领我有利，敌先占领敌有利的地区，叫做争地；我军和敌军都可以来往的地区，叫做交地；许多国家交界地方，先到达就可以得到列国诸侯援助的地区，叫做衢地；深入敌国境内，贴近敌人众多城邑的地区，叫做重地；山林、险阻、沼泽等道路难于通行的地区，叫做圮地；进入的道路狭隘，退回的道路迂远，敌人能用少数兵力击败我众多兵力的地区，叫做围地；奋勇急战才能生存，稍不奋勇急战就会被消灭的地区，叫做死地。因此，在散地不宜作战；在轻地不可停留；遇争地应先于敌占领，如敌人已先占领，不可强攻；在交地各部队不要断绝联系；在衢地应结交邻国；在重地应夺取物资，就地补给；在圮地应迅速通过；在围地应善用计谋；在死地应拼命死战以求生存。

解析

兴师出征，会遇上九种地形——散、轻、争、交、衢、重、圮、围、死，不同的地形会对士卒的心理产生不同的影响。将帅要以这九种作为作战应该遵循的基本原则，根据各种地形产生的具体情况进行战术安排，一方面相应地鼓励士气，另一方面根据地形对作战的利弊进行战略安排，采取不同的战术以获得胜利。

信息时代，世界政治局势变化快，在争取政治利益的时候就要根据时势的变化采取不同的外交策略。绝对不能以静止的思维方式思考和解决问题，要动态地根据各方变化进行政治利益的抢夺。

商场形势千变万化，企业在生产和发展的过程中，同样也会遇到形形色色的问题，就好像作战中遇到的九种地形一样，不同的问题会对企业造成不同程度的影响。针对不同的形势及时采取相应的策略，才能在激烈的市场竞争中立于不败之地。

经典战例

翻越安第斯山隘口

圣马丁是拉丁美洲独立战争时期杰出的军事将领。1812 年，圣马丁从西班牙回到阿根廷，投入保卫阿根廷独立的斗争。圣马丁慎重地考虑了地形之后，做出决定：翻越安第斯山（该山险恶、高、陡，是作战军事要地），进入智利；然后取道海路进攻秘鲁，从而扭转战争形势，将西班牙势力彻底打垮，推翻殖民统治。

军事策略决定之后，圣马丁首先组建一支精干的小部队，由地势稍缓的拉普拉塔隘口过山，以引开殖民军的主力。然而这个任务是非常具有挑战性，又较难实现的。可以说这支部队是决胜的关键。为了实现这一作战计划，圣马丁前往库约省担任了军政长官，着手组建安第斯山远征军。经过两年多的艰苦努力，圣马丁终于成功地建立了一支 4000 多人的训练有素的"安第斯山军"。

1817 年 1 月，一切军事准备工作就绪。圣马丁亲自率领这支军队，携带大批骡马和装备，开始翻越安第斯山，向智利进军。圣马丁首先派一支人数不多但很精干的队伍，从地势稍缓的拉普拉塔隘口过山，以引开敌人主力；而安第斯山军的主力则直奔安第斯山终年积雪的两个最险要的隘口，以避开敌人，出其不意地进入智利。战士们克服疾病，或者由于很冷和缺氧而引起的死亡，坚忍不拔，一往无前，在人数和骡马死亡过半的情况下经过 20 天的艰难跋涉，终于成功翻越了安第斯山，抵达智利境内。

智利的军队看到圣马丁率领安第斯山军突然出现，犹如神兵天降，被吓得魂飞胆破。在毫无准备的情况下，驻智利殖民军慌忙拼凑部队，试图阻止圣马丁的部队。这支临时拼凑的部队毫无战斗力可言，几个小时内就被安第斯山军消灭了。拉丁美洲的独立战争从此由防御转向了进攻。

兵贵神速，攻其不备

原 文

　　所谓古之善用兵者，能使敌人前后不相及，众寡不相恃①，贵贱②不相救，上下不相收③，卒离而不集，兵合而不齐。合于利而动，不合于利而止。敢问："敌众整而将来，待之若何？"曰："先夺其所爱④，则听矣。"兵之情主速⑤，乘人之不及，由不虞之道⑥，攻其所不戒也。

注 释

　　①众寡不相恃：指大部队与小部队之间不能互相依靠和协同。

　　②贵贱：这里指军队的官兵。

　　③上下不相收：指部队建制被打乱，上下失去联系，不能收拢。收，聚集，收拢。

　　④爱：指敌人最关注、最重要的地方。

　　⑤兵之情主速：即"兵贵神速"之意。

　　⑥由不虞之道：要走敌人不易料到的道路。虞，预料。

译 文

　　所谓古时善于指挥作战的人，能使敌人前后无法相顾及，大部队与小部队无法相依恃，官兵无法相救援，主帅与部下互不联络，士兵溃散，无法聚集，即使聚集也很不整齐。坚持有利就打，对我无利就按兵不动。请问："如果敌军众多而且阵势齐整地向我进攻，用什么办法对付他呢？"回答是："先夺取敌人的要害之处，这样，敌人就会被迫听任我的摆布了。"用兵之理，贵在神速，乘敌人措手不及的时机，走敌人意料不到的道路，攻击敌人没有戒备的地方。

解析

异地作战，远离本国，本身军备、军粮及兵力的补给就困难，要取得胜利必须速战速决。速度给作战带来的不仅仅是效率，更重要的是速度能带来更大的冲击力，一方面在心理上能够打压敌军士气，另外一个方面，敌人遭到突击，定会仓促应战，敌人在没有完全准备好的时候出兵作战，必定遭遇失败。因此，可以说速度是资源的一种替代，一定程度上可以以少胜多，在敌人无法集中作战时，以速度和敌人竞争，在敌人支援没有到来之前，逐一击垮敌军，步步为营。

在政治过程中，速度带来的是效率，规范化的管理过程就是合理利用资源，提高执政效率的体现。信息时代中的一些行政管理手段，如电子化管理，提倡使用现代技术规范并推动执政效率化和信息化，给国家节约更多的人力资源和物资资源。

企业竞争的目的是抢占商机，特别是在产品市场上机会是转眼即逝的，快速出手，把握时机就首先能够抢得商机，占领市场。另外，对于企业生产来说，速度意味着效率，生产效率的提高能够使得同一时间内生产更多的产品，较快的速度就等于较少的资源投入，进而也就等于投资的更高回报，就此赢得量的胜利；产品更新换代的速率加快，证明企业的创新力足够，这些较之于竞争对手，就是优势。占有优势，又能够瞄准时机出击，就能够攻竞争对手于不备，从而取得竞争胜利。

经典战例

苹果公司抢占先机

商场谋金，贵在速战速胜，旷日持久的商业竞争会使商家疲惫，锐气受挫。所以挽危局于速胜之中，讲求速胜是根本。苹果公司的成长为我们证明了"兵贵神速"的道理。

苹果公司最开始只是由21岁的史蒂夫·乔布斯和26岁的斯蒂芬·沃兹奈克建立的，最初，这个公司只拥有一个汽车厂房作为工作地点。而此时计算机研制大规模兴起，但多数厂家都是将重点放大型计算机上，连 IBM 也是如此。他们眼光锐利，将研究重点放在家庭使用的个人计算机上。

1974 年，乔布斯和沃兹奈克就已研制出了个人计算机，于是决定将研究成果付诸实践，开辟一条新路。创业伊始，困难重重，由于资金缺乏他们卖掉了自己心爱的汽车和计算机，在汽车库里弄来廉价零件，利用业余时间苦干，终于在 1976 年研制成功一台家用电脑，命名为"苹果 1 号"。当他们把这台电脑拿到俱乐部去展示时，立刻吸引了不少电脑迷。这些电脑迷们一下子订购了 50 台。为了生产这 50 台电脑，他们跟几家电子供应商谈妥，以 30 天的期限让电子供应商们赊了 25 万美元的零件，结果在 29 天之内就装配了 100 台家用电脑。他们用 50 台电脑换了现金，偿还了供应商的借款。

从此，他们的订单源源不断地飞来。于是，他们想成立一家公司，专门生产个人计算机。这个想法得到了投资家马古拉的支持，他愿意投资 91 万美元。美国商业银行也贷给了他们 25 万美元的资金。这样，1977 年，"苹果计算机公司"正式宣告成立。

公司成立后，他们又开始网罗各方面的人才，进一步研制和改良家用电脑，陆续向市场推出"苹果二号""苹果三号"和"里萨"等个人电脑新产品。苹果电脑公司的产品问世后，迎合了美国大众的需要，销路非常好。可以用火箭般的速度来形容苹果公司的发展，当 IBM 已经意识到自己已经错失良机想再次夺取市场时，苹果公司早就已经声名鹊起了，一直保持着 26% 的市场份额。1982 年，在美国《幸福》杂志上所列的全美 500 家大企业的名单上，赫然跃出了一名新秀——苹果计算机公司。这家名列第 411 位的大公司，年仅五岁，是美国 500 家大公司中最年轻的公司。一年后奇迹再次发生了，年轻的苹果计算机公司青云直上，一举跃到第 29 位，年营业额达 98 亿美元，职工人数为 4600 人。美国企业界开始对它刮目相看。

深入则专，主人不克

原文

凡为客①之道，深入则专②，主人③不克；掠于饶野，三军足食；谨养而勿劳，并气积力④；运兵计谋，为不可测。投之无所往⑤，死且不北，死焉不得⑥，士人尽力。兵士甚陷则不惧，无所往则固⑦，深入则拘⑧，不得已则斗。是故其兵不修而戒⑨，不求而得，不约而亲，不令而信⑩。禁祥去疑⑪，至死无所之。吾士无余财，非恶货也；无余命，非恶寿⑫也。令发之日，士卒坐者涕⑬沾襟，偃⑭卧者涕交颐⑮，投之无所往者，诸刿⑯之勇也。

故善用兵者，譬如率然⑰；率然者，常山⑱之蛇也。击其首则尾至，击其尾则首至，击其中则首尾俱至。敢问："兵可使如率然乎？"曰："可。"夫吴人与越人相恶也，当其同舟而济⑲，遇风，其相救也如左右手。是故方马埋轮，未足恃也⑳；齐勇若一，政之道也㉑；刚柔皆得，地之理也㉒。故善用兵者，携手若使一人㉓，不得已也。

注释

①客：客军，即离开本国进入别国作战的军队。

②专：专心一意，指深入敌国重地，士兵无法逃散，只好死战。

③主人：指被进攻的一方。

④并气积力：提高士气，积蓄力量。

⑤投之无所往：把部队投置于无路可走的绝境。投，投放、投置。

⑥死焉不得：指士兵死都不怕了，那还有什么不可得呢？

⑦固：牢固，这里指军心稳定。

⑧拘：束缚，这里指人心专一而不涣散。

⑨不修而戒：指不待整治督促，就知道加强戒备。修，治。

⑩不令而信：不待申令就能信守纪律。信，信守、服从。

⑪禁祥去疑：禁止迷信活动，消除疑虑和谣言。祥，妖祥，这里指占卜等迷信活动。

⑫无余命，非恶寿：指士兵不怕死，并不是不想活下去。恶，厌恶。

⑬涕：这里指眼泪。

⑭偃：仰倒。

⑮颐：面颊。

⑯诸刿：诸，专诸。春秋时吴国的勇士；刿（guì），曹刿，又名曹沫，春秋时鲁国武士。

⑰率然：古代传说中的一种蛇。

⑱常山：即恒山，在今山西浑源南。

⑲济：渡。

⑳方马埋轮，未足恃也：把马并排地系在一起，把车轮埋起来，想以此来稳定军队，是靠不住的。方，并列，指系在一起。

㉑齐勇若一，政之道也：要使士兵整齐一致，奋勇杀敌，就要靠组织指挥得法。政，正，这里指治理、统率。

㉒刚柔皆得，地之理也：强者和弱者都能各尽其力，在于恰当地利用地形。刚柔，强弱。

㉓携手若使一人：提挈全军，就像使用一人那样容易。携手，提挈。

（译文）

凡是进入敌人境内作战的原则：进入敌境越深，就越是军心专一，敌人就越是不能取胜我军；在富饶的田野上夺取粮秣，全军就有足够的给养；注意休养士兵，不使其过于疲劳，提高士气，积蓄力量；合理用兵，巧设计谋，使敌人无法察知。把部队置于走投无路的绝境，士兵宁可死也不会败退；既然士兵连死都不怕了，怎能会不尽力作战呢？士兵陷入危险境地，就不恐惧；无路可走，军心就会稳固；深入敌境大家就会拧成一团，迫不得已就会拼死战斗。因此，这样的军队不待整治就能加强戒备，不等要求就会完成任务，不等约束就能亲近相助，不等申令就会严守纪律。要禁止迷信活动，消除疑虑和谣言，他们面对死亡也不会退避。我军将士没有多余的财物，并不是不爱财物；将士不怕死，并不是不想活下去。当作战命令下达的时候，士兵们坐的泪湿衣襟，躺着的泪流满面；但一旦把他们置于无路可走的绝境，他们就会像专诸和曹刿一样勇敢了。

所以，善于用兵作战的人，其部队在战场上就如"率然"一样。率然是恒山地区的一种蛇，这种蛇，打它的头部，它的尾部就来救应；打它的尾部，它的头部就来救应；打它的中部，它的头尾都来救应。请问："可以使军队也像率然一样吗？"回答是："可以。"吴国人和越国人本来是相互仇恨的，但是他们同船渡河时，如遇大风，他们互相救援就像一个人的左右手一样。因此，想用系住马匹、埋起车轮的方法来稳定军队，那是靠不住的。要使部队官兵都同样勇猛，靠的是组织指挥得法；要使部队强弱都能各尽其力，在于充分利用地理环境。所以，善于用兵的人，提挈全军就像使用一人那样容易，这是因为把士兵置于不得已的境地而造成的。

解析

孙武从心理上分析，军队为何在深入敌人境地时能够无所畏惧，能够战胜敌人。原因在于，越深入敌人的腹地，面临的将是敌人猛烈进攻，既然已经在"走投无路"的情况下，只能做一个选择——同心协力，上下一致听从指挥，以破釜沉舟之势，拼了命也要杀出一条血路来。这样的战斗决心使得军队的战斗力得以大大加强，从而不被敌人打败。另外，本身出兵作战就需要强大的后勤支持，在敌军之地作战，能够奋力杀敌之余，还能以敌粮养我军，何乐不为。

企业的战斗力，一方面来源于创新资源，一方面来源于生产资源。特别在开发新的市场领域时，要善于利用当地的一切可利用的资源，包括政策支持、生产原料等，应该就地取材以节省资源，产生更多的经济利益。在企业管理方面，同样可以采取"深入则专"的方法，关于外派管理，企业可以通过当地招聘，然后外派到企业的各个地方，这样的人员对企业会更加用心，更加忠诚。

经典战例

毛泽东的败敌策略

1945 年，我国进入抗日战争最后时期，必须以"削弱日伪，发展我军，缩小敌占区，扩大解放区"为主要目标。

在中国共产党第七次代表大会上，毛泽东提出了一个口号："壮大人民力量。"并提出实行军事战略的转变，变游击军为正规军，变游击战为正规战。1945 年 8 月 9 日，毛泽东发表《对日寇的最后一战》的声明。他指出，由于苏联宣布对日作战，中国抗日战争已处在最后阶段。全国应积聚中国人民的一切抗日力量举行全国规模的反攻。八路军、新四军及其他人民军队，应在一切可能条件下，对于一切不愿投降的侵略者及其走狗实行广泛的进攻；歼灭这些敌人的力量，夺取其武器和资财，猛烈地扩大解放区，缩小沦陷区。必须放手组织武装工作队，成百队、成千队地深入敌后之敌后，组织人民，破坏敌人的交通线，配合正规军作战。必须放手发动沦陷区千百万群众，立即组织地下党，准备武装起义，配合从外部进攻的军队，消灭敌人。

8 月 10 日和 11 日，八路军总司令朱德发布关于受降和对日展开全面反攻等七道命令，要求我抗日武装部队向其附近伪、日军送出通牒，限他们于一定的时间缴械投降。如遇日、伪军拒降，即应予以坚决消灭，我各区抗日部队进入日、伪侵占的城镇要塞后，由部队司令员实施军事管制。

　　抗日战争结束后，我军仍处于敌强我弱的态势，毛泽东针对这一现实情况，提出了"退出城市和交通干线，占领广大的农村，建立巩固的根据地"的方针，指挥我军以消灭敌人有生力量为主，来发展我军。如在抗日战争结束后，东北成了真空，我军则抓住有利时机，在华北等抗日根据地紧急抽调20万八路军、新四军和地方干部开赴东北建立巩固的东北根据地。蒋介石当然不甘心把东北让给我军，用美国的飞机、军舰向东北运送了48万国民党军。毛泽东审时度势，提出了"让开大路、占领两厢"的建立东北根据地的策略。毛泽东曾下令东北解放军迅速在西满、东满、北满划分军区和军分区，将军队划分为野战军和地方军。将正规军队的相当部分，分散到各军分区去，从事发动群众、消灭土匪、建立政权、组织游击队、民兵和自卫军，以便稳固地方，配合野战军，粉碎国民党的进攻。结果，到1948年，大决战前夕，我军在东北拥有正规军70万人，另外有地方武装33万，为我军发动辽沈战役在兵力上取得了优势。在其他根据地，我军坚持了"针锋相对，寸土不让"的方针，先后粉碎了敌人的全面进攻和重点进攻，并在战争中壮大了自己。正是利用深入人民群众，透过人民群众深入了解敌人的情况，解放军才胸有成竹，一步一个脚印而使得力量壮大，战争全面胜利。

静以幽之，正以治之

原 文

> 将军之事，静以幽^①，正以治^②。能愚士卒之耳目，使之无知。易^③其事，革^④其谋，使人无识；易其居，迂其途，使人不得虑。帅与之期^⑤，如登高而去其梯。帅与之深入诸侯之地，而发其机^⑥，焚舟破釜^⑦，若驱群羊，驱而往，驱而来，莫知所之。聚三军之众，投之于险，此谓将军之事也。九地之变，屈^⑧伸之利，人情之理，不可不察。

注 释

①静以幽：沉着冷静而幽深莫测。静，沉静。

②正以治：要严正到足以使部队治而不乱。正，严正；治，不乱。

③易：改变。

④革：变更。

⑤帅与之期：将帅赋予军队任务。之，代词，指军队。

⑥发其机：击发弩机，矢箭飞出，一往直前。机，弩机。

⑦焚舟破釜：即破釜沉舟，决一死战。釜（fǔ），锅。

⑧屈：曲，不伸展。

译 文

统率军队应做到：沉着冷静，幽深莫测，严肃认真而有条不紊。

要能蒙蔽士兵的耳目，使他们对军机事务毫无所知；变更作战布署，改变原定计划，使他们看不破机关；经常改换驻地，故意迂回行进，使他们猜不到意图。将帅赋予军队任务，要像登高而抽去梯子一样，使他们有进无退。将帅令士兵深入敌国境内，要像击发弩机射出的箭一样，勇往直前。烧掉船只，砸烂军锅，表示必死决心，对士兵像驱赶羊群一样，赶过去，赶过来，让他们不知道要去哪里。聚集全军士兵，投入危险的境地，使他们拼死奋战，这就是将帅的责任。根据不同地区采取不同的行动方针，适应情况，该伸则伸，该屈则屈，掌握士兵在不同情况下的心理状态。这些都是将帅不能不仔细观察并认真研究的。

解析

孙武从两个方面对将帅提出了要求：一方面，要沉着冷静；另一方面要严格公正。因为战争对将帅的依赖性强，将帅的抉择会直接影响到军事行动的成败与否，因此需要一个有勇有谋，更要沉着冷静，能够面对战争中各种突变情况而临危不惧的人作为将帅。从军队管理的角度来说，一支训练有素，上下一心，纪律严明的部队，执行战争指令时更能步调一致，迅速有效。于是，士卒们严守军规，达到威军和上行下效的目的。这些情况具备以后，实行作战计划时，将帅要根据实际情况对战术做相应的隐瞒，使得战术和计划得以顺利执行，另外巧妙地让士卒觉得已无退路可走，从而激起士气获得成功。

作为执政者应该要有"城府"，高深莫测，韬光养晦。一个方面是因为政治意图很多时候是不能让每个人都知道的，了解意图反而会影响工作；另一方面，是为了稳固地位，明哲保身。只要政治意图能够顺利实现，就是执政者的行为目的，而并不在于过程中谁了解政治意图。

企业发展要制定战略目标，有效地按照设想一步步进行。但是很多时候，关于目标的细节是不能够完全向员工透露的。市场变化太快，另外竞争对手时刻都窥探自己的战略战术，一旦透露太多，那么和将自己暴露给竞争对手毫无区别，是会给企业带来严重的后果的。企业严格的规章制度，一方面是为了规范行为，另外一方面是保证企业的机密得以安全。

经典战例

田穰苴威服三军

春秋时期齐桓公死后，齐国的势力逐渐衰落。到了齐景公时期，邻近的晋国和燕国肆无忌惮地夺去了齐国的阿邑、甄邑和黄河以南的大片土地后，仍不停地向齐国内地推进。齐国正处于危难之中，田穰苴因治军有方、战功卓著，此时临危受命而被齐景公任命为大司马，掌握全军的军权。

田穰苴深知自己出身低微，将士们肯定对自己不信任，上任初期首先就应该解决这一问题。于是要求派一个齐景公信任又有地位的人给他做监军。于是庄贾成为了田穰苴的监军。田穰苴与庄贾申明了军法，并且约定第二天正午在军门相会。

到了第二天，田穰苴早早地来到军营，等候庄贾到来升帐点兵。可是，时间过去了，就是不见庄贾的人影。直到田穰苴升帐点兵，操练军队结束，庄贾才醉醺醺地来到军营。原来庄贾一向得到齐景公宠爱，要他委屈当田穰苴的监军，他本身心里就不乐意，于是故意迟到。

田穰苴问庄贾为何迟到，庄贾轻松回答一句："应酬。"田穰苴认为军法有令，须事事以国为先，执行军令不得故意延误时间，否则当斩。于是命人立斩庄贾。虽齐景公得到消息想赶来为庄贾赦罪，但是为时已晚。田穰苴这一举动使得军内士卒令行禁止，全军纪律严明。除了军法严明外，田穰苴还爱兵如子。行军途中，田穰苴对士兵们生活的方方面面照顾有加，士兵们都非常信任和敬仰他。晋军和燕军听到了田穰苴的一系列做法后，知道遇上了劲敌，晋军撤兵回国，燕军也退过黄河。田穰苴乘机全部收复了齐国失地。

围则御之，过则从之

原文

凡为客之道，深则专，浅则散。去国越境而师者，绝地也①；四达者，衢地也；入深者，重地也；入浅者，轻地也；背固前隘②者，围地也；无所往者，死地也。是故散地，吾将一其志；轻地，吾将使之属③；争地，吾将趋其后④；交地，吾将谨其守；衢地，吾将固其结⑤；重地，吾将继其食；圮地，吾将进其涂⑥；围地，吾将塞其阙⑦；死地，吾将示之以不活。故兵之情，围则御，不得已则斗，过则从⑧。

注释

①去国越境而师者，绝地也：离开本国，跨越邻国，进入敌国作战的地区，叫做绝地。

②背固前隘：指背后地势险要，前面道路狭隘，进退受敌控制的地区。

③属（zhǔ）：连接。

④趋其后：指迅速前出到争地的后面。

⑤固其结：巩固与诸侯的结盟。结，指结交诸侯。

⑥进其涂：迅速通过。涂，通"途"。

⑦塞其阙：堵塞缺口，使士卒不得不拼死作战。阙（quē），缺口。

⑧过则从：指士兵陷入危险的境地，就会听从指挥。过，这里指深陷危境。

译文

凡是出国作战的原则，进入敌境越深，士兵就越专心一致，进入敌境越浅，士兵就越容易涣散。离开本国，越过边境作战的地区，叫做绝地；进入四通八达的地区，叫做衢地；进入敌境深的地区，叫做重地；进入敌境浅的地区，叫做轻地；背后地势险要，前面狭隘，进退受敌控制的地区，叫做围地；到处无路可走的地区，叫做死地。因此，在散地上，要统一部队意志；在轻地上，要使部队营帐互相连接；在争地上，要使后面部队迅速跟进；在交地上，要小心谨慎防守；在衢地上，要巩固与邻国的结盟；在重地上，要保证军队食粮的不断供应；在圮地上，要迅速通过；在围地上，要严密把守缺口；在死地上，要鼓动士兵去拼命死战。士兵的心理状态，被包围就会抵抗，迫不得已就会拼死战斗，陷入绝境就会听从指挥。

解析

俗语有道："置之死地而后生。"这是作战的一种心态，当处于被包围的境地时，竭力抵抗，为势所逼拼命战斗；当身处绝境时无法摆脱敌人，只能听从将帅的指挥，齐心作战。客观条件对人的心理有着重要的影响，而作战靠士气，聪明的将帅应该通过制造如此的战争形态去统一军形，激起士卒作战的决心，化解消极的情绪，使一切往积极的方向进展，使战斗力加倍。

这种思想应用于企业中为"危机"战略，通过给员工灌输"努力努力，不然你就会被淘汰了"或者"今天工作不努力，明天努力找工作"类似这样的思想，激起员工的斗志，使得精神活动于积极的状态，在企业上下营造起积极的氛围。员工有了奋发向上的决心，企业就会积极向上，从而能够战胜对手取得竞争优势。

经典战例

破釜沉舟

公元前208年，秦朝大将章邯领兵破项梁（项羽之父）军后，以为南方的楚兵已不足忧，便领兵北渡黄河，攻打赵地。赵王歇与大将陈余、丞相张耳皆退至巨鹿城。章邯派王离、涉间带兵包围巨鹿。楚怀王派上将宋义及项羽、范增援救巨鹿。兵至安阳（今山东省曹县东南）。宋义军驻四十六日不进。项羽劝宋义前进，宋义不听，最后项羽杀了宋义父子。楚怀王任命项羽为上将军。项羽派当阳君英布和蒲将军领兵二万渡漳水（从巨鹿东北流向东南的一条河）救巨鹿。开始，英、蒲战少利，陈余复请兵。这时，项羽下决心率全部兵马渡河决战。

渡过黄河后，项羽即下令全军将士：沉掉船只，砸破釜甑，烧毁营舍，每人只带三天干粮，誓与秦军决一死战。楚军身临绝境，在将军项羽"破釜沉舟"的鼓舞下，个个抱着视死如归的心情，直抵巨鹿城下。秦将王离眼看出军兵临巨鹿城下，立刻调遣军队迎敌楚军。两军对阵，秦军甲仗齐整，队伍雄壮，兵多将广，其势如泰山压顶；但见楚军衣甲简陋，步伐粗疏，三五成群，各自为战，全然不成阵式，只知横冲直闯，似毫无训练的散兵游勇。这正是项羽用兵的精妙之处。项羽清楚：秦楚兵力悬殊，如果按成规兵对兵、将对将、列阵对抗，楚军必败。但项羽从战场情势出发，灵活处置，身先士卒，冲杀在前，命将士不拘阵式，各自为战，只求杀敌取胜。

楚军破釜沉舟，已无后退之路，唯有奋勇向前才可能有活路。将士们又见主帅冲锋在前，士气大振。于是气冲斗牛，以一当十，以十当百，呼声震天，秦军闻声丧胆，战不过几个回合，便败退而去。

项羽也不追击，而是下令宿营休息，饱食干粮，以便再战。第二日出战前，项羽命令将士：今日务必尽扫秦兵。我军粮食已尽，如不胜将全军覆灭。是死是活，就在此一战。楚军将士得令，个个争先，直向秦军杀去。秦军一退再退，不久便溃不成军。章邯仓皇率残部逃回了秦军大营。王离在项羽大战章邯时，勉强守住了本寨，但绝不敢出战。项羽便命英布等领兵堵住道路，自己亲率军马攻打王离，一鼓作气，直捣王离营门。王离想夺路逃跑，却被项羽堵住了出路，只三、四个回合，便被楚军生擒了。

项羽率军抵达巨鹿城下，与秦军大战九次，楚军连连取胜，三日之内便将势力强大的秦军击溃，巨鹿之围一举而解。

践墨随敌，以决战事

　　是故不知诸侯之谋者，不能预交①；不知山林、险阻、沮泽之形者，不能行军；不用乡导者，不能得地利。四五者，不知一，非霸王之兵②也。夫霸王之兵，伐大国，则其众不得聚③；威加于敌，则其交不得合。是故不争天下之交④，不养天下之权⑤，信⑥己之私⑦，威加于敌，故其城可拔，其国可隳⑧。施无法之赏⑨，悬⑩无政之令；犯⑪三军之众，若使一人。犯之以事，勿告以言⑫，犯之以利，勿告以害⑬。投之亡地然后存，陷之死地然后生⑭。夫众陷于害，然后能为胜败。故为兵之事，在于顺详敌之意⑮，并敌一向⑯，千里杀将，此谓巧能成事者也。

　　是故政举之日⑰，夷关折符⑱，无通其使⑲，厉于廊庙之上⑳，以诛㉑其事。敌人开阖㉒，必亟入之。先其所爱，微㉓与之期。践墨随敌㉔，以决战事㉕。是故始如处女，敌人开户㉖，后如脱兔㉗，敌不及拒。

①预交：与诸侯结交。预，通"与"。

②四五者，不知一，非霸王之兵：九地的利害，有一项不知道，就不是霸王的军队。霸王，即霸主，所谓诸侯之长。

③其众不得聚：使敌国军民来不及调动和集结。

④不争天下之交：指不必争着和别的国家结交。

⑤不养天下之权：指不必要在别的国家培植自己的权势。

⑥信：信从，这里指依靠。

⑦私：指自己的力量。

⑧隳（huī）：通"毁"，毁灭的意思。

⑨施无法之赏：施行超出惯例的奖赏，即法外之赏。

⑩悬：悬挂，这里指颁发。

⑪犯：这里指驱使和使用。

⑫言：意图。

⑬害：危害、危险。

⑭投之亡地然后存，陷之死地然后生：指把士卒投入危亡之地，然后可以保存；使士卒陷入死绝之地，然后可以得生。

⑮顺详敌之意：假装顺从敌人的意图。详，通"佯"。

⑯并敌一向：集中兵力指向敌人的一点。

⑰政举之日：指决定战争行动的时候，即战争前夕。

⑱符：古代用木、竹、铜等做成的牌子，上刻图文，分为两半，各执一半，作为凭证。

⑲无通其使：不与敌国的使节来往。使，使节。

⑳厉于廊庙之上：在庙堂上反复计议作战大事。厉，磨励，这里指反复计划。

㉑诛：治，这里引申为研究决定的意思。

㉒敌人开阖：指敌人有隙可乘。阖（hé），门扇。

㉓微：这里作"无"字讲。

㉔践墨随敌：指实施计划时，要随着敌情的变化而不断加以改变。墨，墨线，这里指既定计划。

㉕以决战事：以解决战争胜负问题，即求得战争的胜利。

㉖开户：开门，这里指放松戒备。

㉗脱兔：脱逃了的兔子，比喻行动非常迅速。

译文

所以，不了解各诸侯国的战略图谋，就不要贸然与之结交；不熟悉山林、险阻、沼泽等地形，就不要盲目行军；不雇用向导，就得不到地利。对于九地的利害，有一项不知道，就谈不上是霸王之国的无敌军队。所谓霸王的军队，征讨大国时能使敌人的军民来不及调动和集中；威力加在敌人头上，就能使他的同盟不敢来配合策应。因此，不必争着和别的诸侯国结交，也不必在别的诸侯国培植自己的权势，只要能放手发展壮大自己的力量，把威力加在敌人头上，就可以拔取敌人的城邑，摧毁敌人的国家。在战场上，施行超出惯例的奖赏，颁发打破常规的号令；指挥全军之众如同使唤一个人一样。只命令士兵执行任务，而不告诉他们战略意图；只命令他们去夺取胜利，而不告诉他们危害。把士兵投入危地才能保存，使士兵陷入死绝之地，然后可以得生。士兵陷于危险的境地，然后才能力争胜利。所以，指挥作战的关键，就在于假装顺从敌人意图，集中兵力指向敌人一点，长驱千里，杀他们将帅，这就是所谓巧妙用兵能成大事的意思。

因此，在决定战争行动的时候，要封锁关口，废除通行凭证，停止与敌国使者往来，在庙堂上反复计议，研究作战大计。一旦发现敌人有隙可乘，就迅速乘虚而入。先要夺取敌人最紧要的地方，而不要同敌人约期交战。实施计划时，要随着敌情的变化而不断加以改变，以求战争的胜利。所以，战争开始之前要像处女一样，沉静柔和，使敌人放松戒备，然后，要像脱逃的野兔一样迅速行动，使敌人措手不及，无法抵抗。

解析

《孙子兵法》的观点是运动的，始终将"变"贯穿于其中。一切教条主义和陈规，在战争中都是行不通的，战争形势的变化，使得一些战术不再适应战争需要，因而必须根据敌人的最新形势采取战术，灵活安排行动和作战计划。不拘于成规定俗的作战方式才能时刻保持战争优势，反之面对变化依旧一成不变必然导致失败。因此总结为，在尊重前人的经验的前提下，遵循一般的军事规律与原则，不墨守成规，善于创造性地理解和运用这些原则，将循"常"与求"变"天衣无缝地结合起来，能够做到如此的将帅才能称之为高明。

从政应该时刻保持"世界在变，我也在变"这样的运动的思想，执政方法要随着不同的形态和政治局势作调整，在遵循规律和原则的情况下，随机应变，不拘泥于成规，要有所创新，有所创造，才能给政治补充新鲜的血液，让政治长盛不衰。

经济是有规律的，但是也是时刻在变的。企业在竞争过程中，要依照经济规律办事，但是要以应变的思想解决实际问题。特别是在市场竞争中，营销手段只能在特定的环境下，一段时间内产生明显的作用，当消费者对于营销和产品产生疲惫情绪时，要转换思维，加以创新，以新的、引人注目的点子再次吸引消费者，重获市场赢得胜利。这就是"践墨随敌，以决战事"思想在经济活动中的运用。

经典战例

穆拉维约夫击退英法联军

为了争夺土耳其海峡和君士坦丁堡，1853 年 10 月，沙皇尼古拉统治下的俄国同土耳其之间爆发了长达 3 年的克里木战争。战争同时在陆地和海上打响。战争爆发后，英国、法国坚决支持土耳其，并与土耳其结成同盟。不久，同盟国海军与俄国海军先后在黑海、波罗的海、太平洋进行激战。

当时俄国太平洋的海军力量远不如同盟国，一方面战舰少、破，一方面士兵人数不过 1000 人。但是，统率这支军队的俄国东西伯利亚总督穆拉维约夫伯爵是一个优秀的领导者。穆拉维约夫判断了双方的战备状况，他认为现在敌我实力相差悬殊，以自己微弱的军力防守广阔的地区是不可能的，必须缩短战线，把有限的兵力集中守卫最重要的战略要地，同时用巧计击退敌军。他决定将全部力量投入固守勘察加半岛、阿穆尔河口和萨哈林岛（库页岛）。

1854 年 8 月 29 日，同盟军的国际特遣舰队到达勘察加半岛，并开进海湾，准备寻找俄国舰队决战。穆拉维约夫自知实力悬殊，决定下令让俄海军全部撤入海港，不主动迎战，只从远处运来大炮，加强军港的防御，以拖延时间，等待敌人兵粮缺乏不战而退。果然一段时间后同盟海军找不到俄军又不能长期在外，只好决定强攻俄国海军基地彼得罗巴甫洛夫斯克港。8 月 30 日，英、法联军猛烈炮击该港，俄国防御该基地的大炮大多被炸。但俄军彻夜修复大炮，以最快速度重新布置好了炮火。

英国和法国军队没能从海上攻占彼得罗巴甫洛夫斯克。这时，3个自称从一艘捕鲸船上逃出的美国人来到英国军队指挥部，告诉他们说，从陆上进攻彼得罗巴甫洛夫斯克更容易。英法军队如获至宝，迅速派出 700 人登陆，突袭俄军基地。但是他们逐渐发现，美国人指给他们的那条路崎岖陡峭，极难行走，而且道路两边裸露无遮，毫无掩蔽可恃。再往前走，他们就陷入了埋伏圈。330 个严密隐蔽的俄国士兵突然开火，枪弹密集。英法军队突遭袭击，顿时溃不成军，狼狈逃窜。

击退英法军队后，穆拉维约夫知道，同盟军还会派更强大的兵力来进攻。于是他决定主动把部队转移到更隐蔽的地方。不出所料，1853 年 4 月，一支更雄厚的英法舰队驰抵勘察加外，就在他们还没来得及部署的时候，俄国人已将全部人员和设备装载上船，躲过同盟军巡洋舰，悄然溜走了。

英法联军开始猛烈炮击彼得罗巴甫洛夫斯克，好久之后他们才发现，他们耗费大量炮弹轰击的只是一个空港。他们进入这个港口后，破坏了几处建筑，因为没有任何价值又退回船上。随后，整个夏天，一连几个月，英法军队都在空旷浩森的海洋上漫无目标地搜索俄国舰队。直到 10 月份，他们才终于发现俄国船只在阿穆尔河口集中了很多。

但是在这里，他们的登陆部队又遭到哥萨克移民的痛击。这样，整整一年里，庞大雄厚的英法舰队面对弱小的俄国海军毫无作为，反而几次奔波于北美补给基地和勘察加半岛之间，疲于奔命，迭次受挫，始终未达预期目的。

火攻篇第十二

在本篇中,孙武曰:"以火佐攻者明,以水佐攻者强。"说明火攻是战争的辅助手段,水可使攻势得以加强。火攻作为特殊的进攻战法,必须以"四宿者,风起之日"而行之,结合"火攻,必因五火之变而应之"的策略双管齐下而胜之。此篇再次涉及孙武"慎战论"的思想,提出"主不可以怒而兴师,将不可以愠而致战"的作战思想。

兵之火攻，风起之日

原文

孙子曰：凡火攻有五：一曰火人①，二曰火积，三曰火辎②，四曰火库，五曰火队③。行火必有因④，烟火必素具⑤。发火有时，起火有日。时者，天之燥也；日者，月在箕、壁、翼、轸也，凡此四宿⑥者，风起之日也。

注释

①火人：指焚烧人马。火，焚烧。

②火辎：指焚烧辎重。

③火队：指焚烧运输设施。队（suì），通"隧"，道路，这里指运输设施。

④行火必有因：指在实施火攻时，必须具备一定的条件，如天气干燥、顺风、有易燃物或有内应等。因，条件。

⑤烟火必素具：发火器材必须经常准备好。烟火，指发火器材；素具，经常有准备。

⑥四宿：指廿八宿中箕、壁、翼、轸四个星宿。古代天文学者认为月亮运行到这四个星宿位置时多风。

译文

孙子说，火攻的形式有五种：一是火烧人马，二是火烧粮草储备，三是火烧辎重，四是火烧仓库，五是火烧运输设施。火攻必须有相应的材料器具，这些要在平时就准备好。放火要看天时，行火要看日子。天时是指气候干燥，日子要选在月亮经过箕、壁、翼、轸四座星宿的时候。月亮经过这四个星宿的时候，通常就是起风的日子。

解析

孙武提出进行火攻必须要具备的条件和火攻战术的最好时机。首先要准备好火种和放火的工具，其次要选择好的天气，以及有利于火攻的风向，所有准备就绪之后，最后要伺机行动，一举使得战术成功。这些都是进行火攻的必要条件，缺一不可。它从侧面反映了，一切战术的布置都是需要各项设施和天时地利配合才能发挥最有效的势力，时机是重中之重。

经典战例

火烧连环船

赤壁之战，孙刘联军以 5 万之兵击败曹军 20 万之众，是中国战史上一个以少胜多的辉煌战例。"兵非益多"，必须并力、料敌与取人；然后料敌，能准确判断敌情，针对曹军人虽众却不习水性，连环船笨重呆滞，曹操又骄傲轻敌等弱点，实施诈降和火攻。

官渡之战结束后，曹操统一了北方，乘胜挥戈南下，想一举统一南方。公元 208 年 10 月，他率 20 万大军，先是夺占了战略要地荆州，击败了刘表和刘备，尔后顺流东下，直取江东。当时吴军在赤壁坚守。

面对强敌，孙权、刘备集团的主战派正确地分析了敌我双方的形势，决定联合抗曹。10 月，曹操军队与孙刘联军相遇于赤壁。由于曹军多是北方人，又不习惯水战，战斗力大减，第一次作战便吃了败仗。曹操只好退回长江北岸，与孙刘军队隔岸对峙。为了减少船的颠簸摇晃，使军士避免晕船，曹操命令工匠用铁链把船连在一起，上铺木板。这样一来，风浪之下，曹军再也不晕船，有了"连环船"，曹操以为扫平东吴便指日可待了。殊不知，正是这连环船，使得吴军有了妙计攻破曹军。

　　曹操的连环船整理好之后，只待时机便发起进攻。吴军直到曹军造好"连环船"之后，先锋黄盖便想出一妙计。于是向周瑜献策，黄盖说："曹操军队的船只连在一起，可用火攻便可退魏。"周瑜听了黄盖的计策之后大喜，但是为能在宽广的江面上接近曹军，将带火的箭射向敌船，必须要消除曹操的戒心。为了计划周全，周瑜另外还想了计策以取信于曹操。周瑜和黄盖又使出"苦肉计"，黄盖有意与周瑜闹翻，被周瑜打得皮开肉绽。尔后去信向曹操称降，曹操信以为真，双方约定了黄盖前来投降的时间和信号。

　　到了约定日期，黄盖率领几十艘船，扯满风帆，直驶北岸。曹营将士见他们船上插着约定的信号，不知有诈，纷纷站在船上观望。不料，黄盖的船队靠近后，万支火箭齐发，突然放起了火。另外黄盖的几十艘战船瞬间成了"火龙"，直扑曹军水寨。而正巧天助吴军，突然刮起东风，火势正好随着风势蔓延。曹军战船因被铁链锁住，无法散开，军士无法藏身，最后不是掉进江里，就是被火烧死。顿时江面上漫天火海。趁此机会南岸的孙刘联军乘势渡江，发起总攻。如此强势，曹操只能乘坐小船逃跑。

　　曹操兵败，带领残兵败将逃回北方。

火攻者明，水攻者强

原文

　　凡火攻，必因五火①之变而应②之。火发于内，则早应之于外。火发兵静者，待而勿攻，极其火力③，可从④而从之，不可从而止。火可发于外，无待于内，以时发之。火发上风，无攻下风。昼风久，夜风止。凡军必知有五火之变，以数守之⑤。

　　故以火佐⑥攻者明⑦，以水佐攻者强⑧。水可以绝⑨，不可以夺⑩。

注释

①五火：即上文所提的五种火攻方法。

②应：相应。

③极其火力：让火势烧到最旺的时候。

④从：服从，这里指进攻。

⑤以数守之：等候具备火攻的条件。数，指前面所说的"发火有时，起火有日"等火攻条件。

⑥佐：辅助。

⑦明：显，指效果显著。

⑧强：指威势强大。

⑨绝：断绝、隔绝。

⑩夺：剥夺，这里指焚毁敌人的物资器械。

译文

　　凡是火攻，必须根据五种不同的情况而采取相应的军事举措。从敌人内部放火，要事先把兵力布在外围。敌人内部的火起来了，但是部队依然镇静，要暂时按兵不动，等火势极盛，看情况再进攻，不可攻就罢休。火可以从外面放，这就不用等内应，只要适时放火就行了。从上风放火时，不要从下风进攻。白天风刮久了，夜间就会停息。军队必须懂得灵活运用这五种火攻情势，准确把握火攻的条件。

军队以火助攻，其攻势明显；以水助攻，其攻势强劲。水可以隔绝敌人，但不可以毁灭敌人。

解析

古代战争是冷兵器时代，火攻是有效的、伤亡最少的战术之一，因而得到古往今来许多军事家的推崇。然而，单一战术是具有局限性的，火攻要注意内外结合，若是天公不作美，突然下雨就会导致战术的失败。孙武在这里提出，不应该拘泥于单一的战术安排，应该多管齐下，针对各种可能出现的情况做战术的预备，以防不时之需。在情况允许下，也可以以水攻助之。

从政也一样，时局变化太快，可能出现的情况太多，单一的准备显然不符合现代政治局势的发展。不管是来自国内的，或者是来自国外的一些压力或者临时出现的状况，都会导致政策方针无法实施，因此针对这样的情况，决策者应该开拓思路，不要呆板行事或者教条主义，一定要懂得随机应变，临危不惧，以解危机。

对经营者来说，企业一定要向多元化发展，避免特殊危机的情况下，企业因为产品过于单一，市场过于集中而禁不住危机的冲击，一举被危机击溃。在制定企业发展战略，进行产品研究的过程中，尽可能向多方面思考，开发出更多样性的产品，在进行营销的时候，有战略性地进行地区分布销售，分散危险。

经典战例

关羽水淹七军

三国时期，刘备占领益州之后孙权派人向他讨回荆州，刘备不同意，双方就因此为荆州闹翻了，但是一方面又听说曹操即将南下攻取汉中。为了一致对付曹操，两人只能协议将荆州以水为界分为两个部分，湘水以西归刘备，湘水以东归孙权。曹操南下后与刘备兵力相持一年，最终刘备胜出，夺取汉中，曹操退回长安。

刘备攻取汉中以后，趁胜出击，派驻守荆州的蜀汉大将关羽向曹魏大本营发动全面进攻。关羽派两个部将留守江陵和公安，自己亲自率领大军进攻樊城。樊城的魏军守将曹仁赶快向曹操求救。曹操派了于禁、庞德两员大将率领七支人马前去增援。曹仁让他们屯兵在樊城北面平地上，和城中互相呼应，使关羽没法攻城。

正在双方相持不下的时候，樊城一带下了一场大雨。汉水猛涨，平地的水高出地面有一丈多。于禁的军营扎在平地上，四面八方大水冲来，把七军的军营全淹没了。于禁和他的将士们不得不泅水找个高地避水。关羽早就抓住于禁在平地上扎营这个弱点。他趁着大水，安排好一批大小船只，率领水军向曹军进攻。他们先把主将于禁围住，叫他放下武器投降。于禁被围在汉水中的一个小土堆上，逼得无路可退，就垂头丧气地投降了。

另一面，庞德带了另一批兵士避水到一个河堤上。关羽的水军向他们围攻，船上的弓箭手一起向堤上射箭。庞德手下有个部将害怕了，对庞德说："我们还是投降了吧！"庞德骂那部将没志气，拔剑把他杀死在堤上。兵士们看到庞德这样坚决，也都跟着他抵抗。这时候，大水越涨越高，堤上露出的地面越来越小。关羽水军的大船进攻更加猛烈，曹军兵士纷纷投降。庞德趁着这乱哄哄的时候，带了三个将士，从蜀军兵士中抢了一只小船，想逃到樊城去。不料一个浪头袭来，把小船掀翻了。庞德掉在水里，关羽水军赶上去，把他活捉了。将士们把庞德带回关羽大营。关羽好言好语劝他投降。庞德骂着说："魏王手里有人马一百万，威震天下；你们的主人刘备，不过是个庸碌的人，怎能和魏王相敌。我宁可做魏国的鬼，也不愿做你们的将军！"关羽大怒，一挥手，命令武士把庞德杀了。

关羽消灭了于禁、庞德的七军，乘胜进攻樊城。樊城里里外外都是水，城墙也被洪水冲坏了好几处。曹仁手下的将士都害怕了。有人对曹仁说："现在这个局面，我们也没法守了，趁现在关羽的水军还没合围，赶快乘小船逃吧！"曹仁也觉得守下去没希望，就跟一起守城的满宠商量。满宠说："山洪暴发，不会很久，过几天水就会退下去。听说关羽已经派人在另一条道上向北进攻。他自己不敢进兵，是因为怕咱们截他的后路。要是我们一逃，那么黄河以南，恐怕就不是我们的了。请将军再坚持一下吧。"

曹仁觉得满宠说得有理，就鼓励将士坚守下去。这时候，陆浑（今河南嵩县东北）百姓孙良发动起义，杀了县里的官员，响应关羽。许都以南，其他响应的人也不少。关羽的威名震动了整个中原。

勿怒而兴师，勿愠而致战

原文

夫战胜攻取，而不修其功者凶①，命曰费留②。故曰：明主虑③之，良将修之。非利不动④，非得不用⑤，非危不战⑥。主不可以怒而兴师，将不可以愠⑦而致战。合于利而动，不合于利而止。怒可以复喜，愠可以复悦，亡国不可以复存，死者不可以复生。故明君慎⑧之，良将警⑨之，此安国全军之道也。

注释

①不修其功者凶：不能巩固胜利成果是危险的。修，修治，引申为巩固；凶，祸，这里是危险的意思。

②费留：白费的意思。留，通"流"。另一说：指打了胜仗而不及时论功行赏，叫做留。

③虑：考虑。

④非利不动：不是对国家有利的，就不要采取军事行动。

⑤非得不用：不能取胜，就不用兵。得，指得胜、取胜；用，指用兵。

⑥非危不战：不是到了危险紧迫的时候，就不要轻易开战。

⑦愠（yùn）：怨愤、恼怒。

⑧慎：慎重。

⑨警：警惕。

译文

凡战胜敌人攻取了城池，却不加以治理、巩固的，是一场灾祸，这叫做徒劳无益的"费留"。所以说，贤明的国君要认真考虑这个问题，优良的将领要巩固它。没有利不行动，不能有所得不用兵，不到危急时刻不开战。国君不可因一时愤怒而发动战争，将帅不可因一时气忿而出阵作战。符合利益才发兵，不符合利益就停止。愤怒可以转而欢喜，气愤可以转而高兴，国亡了不可以复存，人死了不能复生。所以贤明的国君要慎重对待战争，优良将领要警惕战争，这是安定国家、保全军队的方法。

解析

首篇孙武就提出了"慎战论"，主张用兵作战之前要对战争带来的利弊进行有效分析，尽量使用"不战而胜"的方法取得目标利益，减少物资消耗和人员伤亡。"慎战论"在这里表现为，不能因为将帅或者君主的个人情感色彩而发起战争，要慎重权衡利弊得失。"怒"和"愠"都是非常危险的情绪，往往会使得人情绪失去控制，从而感情用事，过于鲁莽地做出相关决定，从而造成难以弥补的损失。

政治家最忌讳过于勇敢，无所忌讳，对自己情绪不能加以控制的人，若是因为自己一时的好恶而迁怒于下属，迁怒于群众，失去理智似的报复，那么这些人绝不是出色的政者。出色的政者应该具备以下条件，不为情所动，安心立命，在任何恶劣的情况下都能保持平静的心态，镇静地分析解决问题。

企业的经营者和管理者是企业的核心力量，决定着企业的去向，甚至生死存亡。若是企业决策者对自己的情绪不能加以控制，导致的结果会是决策失误，给企业造成重大损失，后果严重的话，企业将会因为一时之气而烟消云散，不复存在。

经典战例

杨玄感因怒而败

隋朝末年，督运粮草的礼部尚书杨玄感平时就对隋炀帝不满，于是趁机起兵造反，挥师直取东都洛阳。因为当时隋炀帝穷兵黩武，四方征战，早已引起天下百姓的怨恨，杨玄感起义深得百姓支持，起义队伍迅速扩大到十万余人。西部的代王杨侑听说东部有人起义，危机四起，连忙发四万精兵前去救援。远征高丽的隋炀帝得知消息后，也马上班师回朝以灭杨玄感。

两支援兵都马上要打到跟前了，杨玄感急召好友李密和大将李子雄商议对策。李密和李子雄建议说："洛阳城固兵多，一时攻打不下，如果我们直取潼关，进入关中，开永丰仓赈济百姓，赢得人心，以关中为落脚之地，再伺机东向，争夺天下，未为不可。"杨玄感认为二人说得有理，立即撤去洛阳之围，率大军向潼关疾进。弘农（今河南陕县）是杨玄感大军取潼关的必经之路。弘农太守杨智积对属下说："杨玄感被迫放弃洛阳是因为我方援军即将赶到。如果让他进入关中，以后的胜败就很难预料了，我们应该让他们滞留在这里，待援军来到，一举消灭他们！"

杨玄感率大军经过弘农时，准备绕城而过，突然，杨智积高高站立在城头，对着杨玄感破口大骂，语言污秽之极，不堪入耳。杨玄感勃然大怒，立即命令大军停止前进，将弘农城团团包围起来。李密认为杨智积使的是激将法，于是对杨玄感苦苦相劝："追兵即在身后，此城非逗留之地，小不忍则乱大谋，将军当三思而行！"杨玄感道："量一小小城池，能奈我何？待我捉住杨智积匹夫，以泄我心头之恨！"

杨玄感下令攻城。不料杨智积早有防备，一连三天过去，城未攻克。这时传来飞报："追兵已经接近弘农！"杨玄感大吃一惊，这才慌忙撤去包围，向潼关进军。但是，一切都为时太晚。隋炀帝的大军在潼关外遇上了杨玄感。杨玄感刚吃败仗，军中士气尚未恢复，阵形和战术也未作安排，仓促和隋炀帝的大军交战，连战连败。杨玄感不得不逃向洛阳，在逃往上洛（今陕西商县）的途中，连战马也倒毙了，余卒尽散，只剩下他和兄弟杨积善两个人。杨玄感又悔又恨，对兄弟说："我因一念之差，不能采纳忠言，兵败至此，再无脸面见人。你把我杀死吧！"杨积善举剑杀死哥哥，然后自刎。

用间篇第十三

题解

　　《用间篇》为《孙子兵法》的最后一篇。用兵之事，孙武始终将"知己知彼，百胜不殆"贯穿于整个《孙子兵法》之中。然而，"知己"容易"知彼"难，这里提出"用间"的方法获取敌情。"必取于人，知敌之情者也"，据此提出五种用间之法——因间、内间、反间、死间、生间。

勿取于事，必取于人

原文

孙子曰：凡兴师十万，出征千里，百姓之费，公家之奉①，日费千金；内外骚动，怠②于道路，不得操事③者，七十万家④。相守⑤数年，以争一日之胜，而爱爵禄百金⑥，不知敌之情者，不仁⑦之至也，非人之将也，非主之佐也，非胜之主⑧也。故明君贤将，所以动⑨而胜人，成功出于众者，先知⑩也。先知者，不可取于鬼神⑪，不可象于事⑫，不可验于度⑬，必取于人，知敌之情者也。

注释

①奉：同"俸"，这里指费用。

②怠（dài）：疲惫、懈怠。

③操事：操作农事。

④七十万家：指出兵打仗，要有大量的民众承受繁重的徭役、赋税，不能正常地从事劳动。

⑤相守：相持。

⑥爱爵禄百金：指吝啬爵位、俸禄和金钱而不肯重用间谍。爱，吝啬；禄，俸禄。

⑦不仁：这里指不顾国家和民众的利益。

⑧非胜之主：意为不是能打胜仗的好国君。主，国君。

⑨动：举动，这里指出兵。

⑩先知：指事先知道敌人情况。

⑪取于鬼神：指用祈祷、祭祀鬼神和占卜等迷信办法去取得。

⑫象于事：指以过去相似的事物作类比。象，相类。

⑬验于度：指以日月星辰运行的位置来占卜吉凶祸福。验，应验；度，度数，指星宿的位置，这里指古时候的一种迷信。

译文

孙子说：凡出兵十万，千里征战，百姓的花费，国家的开支，每天要花费千金；举国都被牵动，无数人在道路上疲于奔命，每年不能正常从事耕作的有七十万家。这样双方相持数年，是为了决胜于一旦，如果吝啬爵禄和金钱，不肯重用间谍去探明敌情，那就是不仁到极点了。这样的将帅，不是军队的好将帅，不是国君的好助手；这样的国君，不是能打胜仗的好国君。英明的国君，良好的将帅，之所以一出兵就能战胜敌人，而成功超出于众人之上，就在于事先了解敌情。要事先了解敌情，不可用迷信鬼神和占卜等方法去取得，不可用过去相似的事情作类比，也不可用观察日月星辰运行位置去占卜，必须要从间谍那里去获得敌情。

解析

孙武再次阐述了战争必须"知己知彼"，知己容易，知彼难。用兵作战需要对敌人的实际情况做详细的了解，虽然可以通过视察军情、观察地形等形式取得军情，但因为"形"有假象，无法准确辨别，因而提出重要的"知彼"的方式——取之于人。应该围绕战略目标，尽可能拓展情报收集渠道，不可忽视任何信息获取手段，包括用间。通过人深入敌军具体了解而察军情，这样的信息相对准确。而更重要的是，这是孙武以人为本思想的再次体现，他坚决认为不能相信鬼神，必须通过人而知敌情，也是实事求是和唯物主义认识思想的体现。

一国之政治，除了一些可以在政策上表现出来的政治意图之外，大部分的，特别是有悖于一些国家或者地区意愿的政治取向是不能表现出来的。为了更深入发掘和了解政敌的预谋，必须要通过人采取特殊的途径去了解，以得到真实的、有价值的、可靠的信息，概括为信息的获得与信息的运用。

商业竞争中有实力竞争、人才竞争，更有信息竞争，信息在市场上通常表现为竞争的优势。既然为机密性的信息，那么必然会藏于深处，不易让人发觉和了解。要以最快的速度得到这些信息是制胜的关键，要通过人去深入了解便可得知——用间，始终要强调人在整个过程中的作用，体现人为本的思想。

经 典 战 例

"图—104" 秘密的窃取

"图—104" 飞机是前苏联的骄傲，因为它的制造技术遥遥领先于各国，特别是它上面的发动机，是当时世界上第一流的喷气式飞机发动机。这使得各国对这项技术都倍感"兴趣"。20 世纪苏法通航后，两国通航的飞机就是"图—104"飞机，法国一直觊觎着。法国航空科研机关曾几次和国外情报和反谍局"第七处"的情报专家马尔赛勒罗瓦·芬维尔中校密商，要取得这项技术，但是前苏联对技术的安全防范严密，要得手是非常困难的。

终于有一天机会来了，一架"图—104"飞机由于发动机出了故障，在法国的布尔热机场停飞了，领班机长电告苏联国内，要求派人维修。这真是天赐良机，芬维尔乘隙开始了预谋已久的计划。为了使"图—104"飞机重新启航，苏联用重型运输机把一台新发动机和几名机械师运到布尔热机场，进行检查和维修。对这个近在咫尺的庞然大物，芬维尔本想立即动手，无奈苏联人早存戒心，严密地监视着现场，不让法国人靠近一步。于是芬维尔只能耐心地窥视着现场，最后发现机械师把装上飞机的新发动机拿走了，留下了坏的发动机在机场，锁在了仓库里。无可奈何芬维尔只能伺机在前苏联运走之前，将发动机偷回。

芬维尔立即谋划一个能为苏联运输发动机的运输公司。于是转瞬间，一个"国际运输公司"宣告开张了。这个公司"经理""职员""秘书""打字员""业务员""司机""搬运工"等一整套人员，十分齐全，拖挂运输卡车、吊车等运输设备应有尽有，就连公章和印着"国际运输公司"红字的便函也有了。芬维尔印发营业广告，招揽生意，机场上的"好心人"也向苏联人推荐。最后，该公司终于以"价格便宜，服务周全，运输能力强"等优点压倒其他投标公司，被苏联人优先选中。双方都十分满意地迅速签订了合同，搬运期定在两天之后，天黑启程。

那天晚上，芬维尔扮成装卸工，同他的助手，"司机"科伊东，穿着蓝色的工作服，开着一辆10吨大卡车来到了机场。在两名苏联人的监视下，他们把那台坏发动机装上了大型载重卡车，向火车站的方向驶去。法情报部门事先安排的一辆装有无线电的雷诺汽车悄悄地抢在卡车前面，另一辆装有无线电的"DS"牌汽车紧跟在卡车的后面。芬维尔在卡车里通过报话机和这两辆汽车直接联系。他得到"DS"牌汽车报告，说苏联人也乘一辆雷诺牌卡车，紧跟在情报局车队后面进行监视。

"必须甩掉苏联人！"芬维尔用报话机向接应的特工人员发出了命令。开卡车的科伊东是个老手，他知道如何完成上司的命令。当科伊东快要行驶到一个十字路口时便放慢了车速，计算着时间，使车开到十字路口时正好是黄灯的最后一瞬。科伊东便在红灯闪亮之前的一刹那开着卡车冲了过去。紧跟大卡车的"DS"车一见红灯亮了，就来了个急刹车，正好挡住了后面苏联人的雷诺牌卡车。两个苏联人火冒三丈，他俩重任在身，跟踪心切，便像疯子一样绕过"DS"车，去闯红灯。就在这时，一辆事先安排好的旧卡车从十字路口左侧冒了出来。

苏联人的车子来不及躲闪，一头撞在旧卡车上。一场由芬维尔导演的而苏联人却被蒙在鼓里的"车祸"就这样发生了。待苏联人惊魂稍定，在发现自己的车子损伤程度不太大时立马去追赶撞他们车子的大卡车。这一追，苏联人就彻底被这位"卡车司机"粘上了。科伊东甩掉苏联人之后，就掉过头来，一路绿灯，直奔特里贡的法国空军基地，于晚上 10 时 30 分在基地的一个库房前停了下来。

30 多个法国航空技术专家、技师，早已焦急地等在那里。车一到，他们立即拥到这个神秘的发动机周围，打开木箱，把发动机分解开来。各种零件摆满了整个库房。画图的画图，拍照的拍照，测数的测数。技术熟练，手脚麻利。就这样前苏联"图—104"飞机的机密就这样到手了。据法国情报专家透露，法国国外情报和反谍局这次智窃发动机的成功，使法国航空工业的发展足足加快了 10 年。

用间有五，因敌用之

原文

故用间有五：有因间①，有内间，有反间，有死间，有生间。五间俱起，莫知其道②，是谓神纪③，人君之宝也。因间者，因其乡人而用之④。内间者，因其官人而用之⑤。反间者，因其敌间而用之⑥。死间者，为诳事于外⑦，令吾间知之，而传于敌间也⑧。生间者，反⑨报也。

注释

①因间：间谍的一种。

②道：途径、规律。

③神纪：神妙莫测之道。纪，道。

④因其乡人而用之：指利用敌国的普通人作间谍。因，凭借、根据，这里引申为利用。

⑤内间者，因其官人而用之：所谓内间，是指收买敌国官吏作间谍。官人，指敌国官吏。

⑥反间者，因其敌间而用之：所谓反间，就是收买或利用敌方派来的间谍，使其为我所用。

⑦为诳事于外：故意向外散布虚假的情况，假装泄露了机密，以欺骗、迷惑敌人。诳（kuáng），迷惑、欺骗。

⑧令吾间知之，而传于敌间也：指让我方间谍了解我所故意泄露

的虚假情况，并传给敌人，使敌人上当。

⑨反：同"返"。

译文

国家用于军事方面的间谍有五种：有因间，有内间，有反间，有死间，有生间。这五种间谍都能同时分别使用起来，就能使敌人摸不到规律而无从应付，这就是所谓"神纪"，是国君制胜敌人的一大法宝。所谓因间，就是利用敌人乡里的普通人作间谍。所谓内间，就是指收买敌国的官吏作间谍。所谓反间，就是指收买或利用敌国的间谍作间谍。所谓死间，就是指在外面故意散布虚假情况，让我方间谍知道而传给敌方，让敌人落入我方圈套，敌人发现中计之后，我方间谍不免要被处死。所谓生间，就是指探明敌情后返回来报告的间谍。

解析

不能完全依赖任何一种情报手段。全面使用间谍，能扩大军情的来源，也能保证军情的完整性、准确性、周密性，根据这些情报制定出来的战术，能令敌人防不胜防，无所适从。用间是获得军情最具有杀伤力的方式，但是因为敌情各不相同，因此对于不同的作战方式及将领，要采取不同的用间方法。一方面体现了"间"法的多样性，另一方面也体现了动态的作战方法，因敌制宜。这就要求军事活动中，要建立具有高度组织效率的情报系统体系，以高效运作，全方面入手，点线面都能顾及的用间方式。

政治间谍和军事间谍一样，需要根据政敌的不同、时间的不同、形势的不同采取不同的用间方法，动态地运用间谍的同时，能动态地根据敌情制定动态的对战策略，从而取得事半功倍的效果。

处于信息时代，信息的变化几乎分秒一变。商业竞争中，更加需要根据不同的情况对市场行情，对竞争对手发展动向，特别是对产品技术信息进行深入了解。通常由于技术信息属于商业的极度机密，常常是藏于"九地之下"，因此需要各个方面同时下手，在竞争企业内发展"内线"和"关系人"，通过不同的渠道细致分析了解，以能从各方面结合入手，取得机密。机密一旦获得，意味着竞争对手失去竞争优势，并且对于自己的竞争对手不再具有主动权，更不能对竞争策略进行有效的应对，因此对于就能取得胜利。

经典战例

一间除将，反败为胜

用间之法有五种，要根据敌人的情况分别采用不同的间法。而将领是制胜的关键，因此古往今来许多谋臣都是用间除掉主帅，从而取胜的。秦王嬴政和曹操都分别用过"离间"除掉敌军的关键人物，取得战争的胜利。

公元前229年，秦王嬴政派大将王翦和杨端分兵两路进攻赵国，赵王迁命李牧和将军司马尚领兵阻击秦军。秦将王翦久经沙场，智勇双全，李牧与王翦战了个平手，交战一年之久，双方各有胜负。秦军攻战，远离本土，时间长了，后勤供应发生了困难，而且士兵厌战情绪高涨。秦嬴政为了尽快结束战争，下决心用离间计除掉李牧。于是派遣王敖到赵国作间谍。

王敖接到嬴政的密令后，借故来到秦的军营，对王翦说："秦王让我们尽快除掉李牧，打败赵国，请老将军给李牧写封信，商议讲和，其余的事情由我来做。"王翦知道王敖是"自己人"，对王敖的话心领神会。王敖走后，王翦立即写好讲和的书信，派使者送给李牧。李牧不知是计，于是回了封信，派使者送给王翦。于是这样来来回回通书信，对讲和的条件"讨价还价"。王敖回到赵国都城邯郸，立刻贿赂赵国的重臣郭开，并对他说："李牧在与王翦秘密来往，据说，秦主答应李牧，破赵之后，封李牧为代王……"郭开得知这一消息，认为是向赵王邀宠的好时机，急忙报告给赵王。赵王半信半疑，派人去李牧处察访，果然发现了李牧与王翦来往的许多信件。王敖乘机对赵王说："李牧驻守北疆，十几万匈奴人都不是他的对手；四年前肥之战，把占优势的秦军打得大败而退。如今王翦只有几万人马，他却按兵不动，这不是心怀叵测是什么？"赵王迁认为王敖的话有道理，回去后马上派赵葱到营地接过李牧的兵权。

赵葱有郭开作后盾，强行接管了李牧的兵权并将李牧杀害。王翦得知李牧已死，挥兵长驱直入。赵葱指挥不利，一败而不可收拾，还赔上了自家性命，秦军大获全胜。如此一朝离间，就要了李牧的性命，赵军也大败。

赤壁之战以后，三国鼎立局面形成。曹操开始平定关中地区，以稳固自己在北方的势力。关中诸将恐危及自己的安全，于是马超与韩遂、杨秋、李堪、成宜等联合反叛曹操。曹操亲自率兵征讨马超，夺取了潼关，在渭南安下营寨，不久又向北渡过渭水。马超几次向曹营挑战不成，只好请求割地、送子作人质以求和。曹操见马超与韩遂结盟，势力非同小可，想拆散这一同盟，正苦于无计可施。贾诩为曹操出谋划策说："可以先答应他的请求，再设法离间马超与韩遂的关系，以便各个击破。"曹操接受了他的建议。正巧韩遂求见曹操以叙旧情，曹操同意和他单独会面。于是两人各自离开本营，会谈一个多时辰，十分投机，不时拊掌欢笑，显得很亲密。叙谈完毕之后，韩遂回营，马超问他："刚才曹操同你说了些什么？"韩遂说："不过是谈谈往日的旧交情，与今天的战事丝毫无关。"马超顿生疑心。几天后，曹操又派人送给韩遂一封书信，字里行间似乎有被人改动的痕迹。马超见信，更怀疑韩遂与曹操之间有鬼。于是两人之间产生隔阂。曹操知道时机已到，便下书与马、韩交战，关陇诸将大败，成宜、李堪被斩，马超、韩遂等人落荒而逃。曹操采用贾诩离间之计，轻而易举地平定了关中地区。

圣贤智者，无所不间

原文

故三军之事，莫亲于间①，赏莫厚②于间，事莫密③于间。非圣智④不能用间，非仁义不能使间⑤，非微妙⑥不能得间之实⑦。微哉！微哉！无所不用间也。间事未发，而先闻⑧者，间与所告者皆死。

注释

①三军之事，莫亲于间：军队最亲信的人中没有比间谍更为亲信的了。

②厚：优厚。

③密：机密，秘密。

④圣智：指才智过人。

⑤非仁义不能使间：这里指不吝啬优厚的爵禄赏赐，并以诚相待；这样，间谍才会下决心为其效命。

⑥微妙：精细奥妙，这里指用心精细、手段巧妙。

⑦实：指实情。

⑧闻：听到，这里为泄露之意。

译文

所以全军之中的事，没有比间谍更可作亲信人的，奖赏没有比间谍更优厚的，事情没有比用间谍更机密的。因此，不是才智过人的将帅不能使用间谍；不是仁厚慷慨的将帅也不能使用间谍；不是用心精细、手段巧妙的将帅不能通过间谍得到真实情报。微妙啊！微妙啊！真是无时无处不可以使用间谍的。间谍工作还没有施行，就被泄露出去，间谍和听到秘密的人都要处死。

解析

情报是夺取胜利的先决条件，那么用军将帅必定要具有高超的获得情报的能力。用间首先给将领和决策者提出要求，必须是智慧高超的人，必须深明国家战略与军事战略，必须能够透彻地掌握军事原则与战争规律。另外，将帅对间谍的任用也是十分重要的，必须保证间谍要忠于自己，为国家效力至死不渝，因此非一般人是不能准确把握间谍任用的人才标准的。将领面临的不管是"知己""知彼"中的任何一个时，都需要进行判断，若是连自己的目标都不清楚，那么就根本不可能搜集到对自己有用的情报。另外因为搜集到的情报是多、杂、乱的，将领必须要有聪明的才智和准确的判断力，能对各项情报有效分析，取其精华去其糟粕。

对应军事活动中的将领，政治层面的即为决策者，政治领域中用间，必须"智"为先，不管是决策者还是间谍，必须把握住才智关。用间中双方不管是任何一方出现差错就会导致政治目标的败露。政治决策是针对政治目标制定的，而决策者首要的就是要对政治目标有明确的了解，另外再对政治目标进行了解后要分析实行政治目标需要什么，清楚明白后便能实施"用间"。同样要求"非圣贤不能用间"。

对企业发展来说，制定发展战略，提高创新能力固然重要，但是对手的发展动向和产品信息动向也是至关重要的。作为企业领导者要有智有谋、开拓思路，利用各种渠道收集信息，而且这些信息的搜集是有目的和有"预谋"的，领导者首先需要对信息的取向给间谍做相应的指引，目的在于搜集到的情报有用。

经典战例

珍珠港的谍影

珍珠港被袭之前，日军在情报收集方面做了大量的工作，日本间谍科派一位名叫吉川的书记生到日本驻夏威夷领事馆，名为工作，实情是帮日本搜集珍珠港情报，以便日军发动太平洋战争，袭击美国太平洋舰队。

吉川每天都要从头到尾地阅读檀香山出版的报纸，从字里行间捕捉有价值的船舶信息和美国海军人员的社会新闻。然后到处"观光"——观察地形，观察美国海军情况。通过和不同的人聊天得到有用的信息。最后还认识了一名日本"女朋友"，以作为身份的掩护。每次他们都在珍珠港边约会，花上几分钟观察珍珠港。每周总有那么三五次，他要带上女友到靠珍珠港最近的一家日侨开的小饭店去吃快餐，以根据自己的海军舰船知识观察港内军舰的情况。或者去那些美国水兵常常光顾的酒吧，以套取有用的军务信息。最后将一天的所得用特别的符号记下来，并将其置于能想到的、安全的地方。最后通过一系列的方法躲开美国人的窃听传给领事。

一天，喜多总领事带他到一个叫春潮楼的日侨酒馆去喝酒。吉川惊喜地发现，从酒馆的二楼可以俯瞰整个珍珠港和希根机场。为了能更好地观察，他故意喝醉，得以在这里住下。清晨，吉川发现了一个重要情报：几十艘美军舰艇正在启航！他全神贯注地观察着舰队布阵的方式，每一艘舰船的位置，并核对了舰队出港的时间。自此以后，吉川常在春潮楼醉而不归。随着大本营偷袭日期的确定，到1941年10月加强了与珍珠港领事馆的联系。10月23日，一艘日本客轮开进檀香山港。喜多领事到客轮上与大本营派来的人接头（他不让吉川出面，以防备美国间谍的注意），他给吉川带回一个精心捻成的纸捻。

吉川展开一看，上面写满密密麻麻的铅笔小字，列出了要他回答的97个问题。回答97个问题之后，还要求附上一张详细的珍珠港地图，标明瓦胡岛上每个美军军事设施的位置、规模和力量。要求吉川尽快准备好，待下次来船时交上。吉川不敢急慢，立即根据自己7个月来绞尽脑汁所得到的情报，夜以继日地整理这些问题。他力求自己的情报准确无误，有些是他经过多次侦查，反复核实的。

12月6日，是一个平静的星期六。港内军舰特别多，太平洋舰队全部战列舰都进港了。整齐地排列在蔚蓝的海面上，在黄昏的阳光下熠熠发光。吉川在傍晚又到春潮楼上去做每天必做的观察。看着看着，吉川不敢相信自己的眼睛了，因为他发现两艘航空母舰和10艘重巡洋舰不见了，而他上午观察时还清楚地看见它们停泊在港内。他急忙向东京发出急电将情况报告给日军。发完这份电报已是晚上9点多了。吉川不知道，这是他在夏威夷发出的最后一封电报。而此时，日本特遣舰队距离珍珠港只有300多英里，并且已开始加速前进了。根据这些情报，日本舰队有效调整战术，使得珍珠港战役大胜。

上智为间，必成大功

原文

　　凡军之所欲击，城之所欲攻，人之所欲杀，必先知①其守将②、左右③、谒者④、门者⑤、舍人⑥之姓名，令吾间必索⑦知之。必索敌人之间来间我者，因而利⑧之，导而舍⑨之，故反间可得而用也。因是而知之⑩，故乡间、内间可得而使⑪也。因是而知之，故死间为诳事，可使告敌。因是而知之，故生间可使如期⑫。五间之事，主必知之，知之必在于反间，故反间不可不厚也。

　　昔殷⑬之兴也，伊挚⑭在夏⑮；周⑯之兴⑰也，吕牙⑱在殷。故惟明君贤将，能以上智⑲为间者，必成大功，此兵之要⑳，三军之所恃而动㉑也。

注释

①先知：预先了解。知，知道、了解。

②守将：主管将领。

③左右：指守将身边的亲信。

④谒（yè）者：指负责传达通报的官员，一说接待宾客事务的官员。

⑤门者：指负责守门的官吏。

⑥舍人：指守将的门客幕僚。

⑦索：搜索、侦察。

⑧利：利用。

⑨舍：释放。

⑩因是而知之：指从反间那里得知敌人内情。

⑪使：使用、派用。

⑫期：期限。

⑬殷：公元前十七世纪，商汤灭了夏桀后建立的奴隶制国家，建都"亳"，历史上叫商代。后来，商王盘庚迁都到"殷"，因而商亦称"殷"。

⑭伊挚：即伊尹，原为夏桀之臣。商汤灭夏时，用他为相，灭了夏桀。

⑮夏：夏启所建立的奴隶制王朝，建都安邑、阳翟等地。

⑯周：公元前十一世纪，周武王灭商后建立的奴隶制王朝，建都镐京。

⑰兴：兴起。

⑱吕牙：即姜子牙，俗称姜太公。曾为殷纣王之臣。周武王伐纣时，用他为师，打败了纣王。

⑲上智：指具有很高智谋的人。

⑳要：重要、关键。

㉑所恃而动：指依靠间谍所提供的情报而采取行动。恃，依靠，依恃。

译文

凡是要攻打的敌方军队，要攻占的敌国城邑，要刺杀的敌方人员，必须预先了解主管将帅、左右亲信、掌管传达通报的官员、负责守门的官吏和门客幕僚的姓名，指令我方间谍一定要侦察清楚，获得真实情报。还必须查出敌方派来侦察我方的间谍，以便依据情况进行收买、利用，设法诱导他，并交给一定的任务，然后放他回去。这样，他就成为反间并为我所用了。因为用这样的手段而了解敌情，所以，乡间、内间就可以为我所用了。因为用这样的手段掌握了敌人的情况，所以死间就可以散布、制造谣言和虚假情况，并让他传给敌人。因为用这样的手段了解了敌人情况，所以生间就可以遵照预定的期限，及时回来报告敌情。五种间谍的使用情况，国君必须全部了解，获得情报的关键在于会用反间。因此，对反间不可不给予优厚的待遇。

　　从前商朝的兴起，是因为重用了在夏朝为臣的伊尹；周朝的兴起，是因为重用了在殷朝为臣的姜子牙。所以，只有明智的国君和贤能的将帅，能用有很高的智谋的人做间谍，这样做必定能成大功业。这是用兵成败的关键，整个军队都要依靠间谍提供情报而采取行动。

解析

　　整篇《孙子兵法》极少用实际的例子，这里孙武用了商朝和周朝的兴起作为"上智为间"的例证。由此说明用间的重要性，而且用间也是衡量将帅是明智还是愚蠢，是仁贤还是凶劣的标准，极力提倡用间、重间。智者必须根据本国的目标，判断哪些是必不可少的情报和必须搜集的情报，并全力以赴地加以搜集。对于情报分析，智者在拓展情报搜集渠道，提升情报搜集能力的同时，充分发掘情报工作者智慧的潜力，利用现有的情报，进行富有想象力的排比分析，得出最为近似的结论，就是一个至为重要的工作。在搜集工作和分析工作上都能充分发挥聪明才智，那么战争必定会取得成功。

　　企业发展过程中，战略的体现和产品的研制都需要长期的过程，但是对于企业来说时间就是生命，争取在最短的时间内了解清楚竞争对手的战略和产品信息，就可以在有限的时间内根据情报制定相关策略，争取能够在竞争对手出手之前先发制人，取得成功。国内，包括世界大企业的领导者，无一不懂得这样的道理。

经典战例

美女间谍奥莉嘉

　　1945 年 7 月的一天深夜，莫斯科克里姆林宫斯大林的办公室。一位名叫奥莉嘉的美丽少妇因为长期活跃在希特勒身边做间谍为苏联取得了许多珍贵的机密，正在接受斯大林、莫洛托夫和贝利亚等人的嘉奖。

　　二战爆发前，奥莉嘉就和丈夫米哈伊尔·契诃夫滞留在德国。数年后，夫妇两人分道扬镳，奥莉嘉来到法国巴黎。在这里奥莉嘉遇上了一个能让自己回去苏联的男人，但是条件是必须为这位使馆的工作人员做苏联情报工作——间谍。奥莉嘉思乡心切，于是答应了。

　　随后，在克格勃的安排下奥莉嘉奉命返回德国工作。她以一位艺术家的身份开始活跃于柏林的上流社会。后来通过德国党卫军领袖鲍尔曼认识了希特勒，希特勒也被她美丽的面孔和曼妙的身材迷住了。不久，奥莉嘉在拉脱维亚首都里加同克格勃的一位领导人克里维茨基秘密地见了面。她接受的任务是：进一步与希特勒和纳粹高级领导人接近……

周游于上层社会与领袖的夫人们之间，那些饶舌妇和喜欢出入社交场的高级官员们为她提供了大量宝贵的情报和信息。奥莉嘉随后记录下来送给高级时装店"老板"玛尔塔那，为了避免麻烦，她们从未谋面。

1945 年 3 月的一个晚上，发生了一件任何人都想不到的事情，盟军飞机在对柏林实施轰炸时，时装店老板玛尔塔那被炸成重伤，临终前，她向牧师忏悔，将奥莉嘉是间谍的事实告诉了德国的牧师。这一消息很快被希特勒知道了，并下令立刻要逮捕奥莉嘉。第二天早上，8 辆小汽车来到奥莉嘉的私人住宅。巧的是，希特勒正撞见奥莉嘉与爱娃·布劳恩在一起。他不敢贸然行事，只得先溜之大吉。

送走希特勒，又碰巧赶上盟军飞机大轰炸。奥莉嘉趁着混乱驾车逃到马格德堡附近的一个小村庄。夜里，她在柏林的房子、剧院全被炸毁，这使得希特勒的手下确信她已被炸死，便放弃了追查。1945 年 7 月，三位苏联军官救出了奥莉嘉并把她送回了莫斯科。